AF565895

Gerhard Wohland Matthias Wiemeyer

DENKWERKZEUGE DER HÖCHSTLEISTER

Warum dynamikrobuste Unternehmen Marktdruck erzeugen

UNIBUCH Verlag

Scharnhorststr. 1, 21335 Lüneburg

Umschlaggestaltung und Layout: handwäsche schwarz + peter GbR, Köln
Herstellung: Bookfactory – Der Verlagspartner GmbH & Co. KG, Bad Münder

ISBN 978-3-934900-11-0

Bibliografische Information der Deutschen Nationalbibliothek
Die Deutsche Nationalbibliothek verzeichnet diese Publikation in der Deutschen Nationalbibliothek; dataillierte bibliografische Daten sind im Internet über http://dnb.d-nb.de abrufbar

Dieser Titel ist bisher erschienen:
- 2006 im Verlag Monsenstein und Vannerdat OHG, Münster, als „Denkwerkzeuge für dynamische Märkte - Ein Wörterbuch"
- September 2007 im Murmann Verlag GmbH, Hamburg, als „Denkwerkzeuge der Höchstleister – Wie dynamikrobuste Unternehmen Marktdruck erzeugen"

Weitere Informationen rund um die Themen dieses Buches finden Sie online unter **www.höchstleister.de**, dem Internetauftritt des Instituts für dynamikrobuste Höchstleister (IdH).

1 Inhalt

2 Vorwort zur 1. Auflage

Dieses Buch ist für die Managementliteratur untypisch. Es vereinigt eine gut informierte Theorie mit einer erfahrenen Praxis. Und es verfolgt eine ebenso einfache wie weitreichende These. Gerhard Wohland und Matthias Wiemeyer unterlaufen die erschöpften Diskussionen über Hierarchie versus Teamorganisation, über Organisationsentwicklung versus *Shareholder value*-Modelle oder über Zentralisierung versus Dezentralisierung mit der These, dass eine Unternehmensstruktur so oder so nach dem Prinzip der Unterscheidung von Zentrum und Peripherie funktioniert. Und das hieß bislang: Das Zentrum führt, die Peripherie arbeitet und informiert.

Dieses Modell war immer schon so elegant und einleuchtend, dass man kaum gemerkt hat, wie es sich zu überleben begann. War es den Massenmärkten des Taylorismus wie auf den Leib geschnitten, so erweist es sich in den Kundenmärkten des Toyotismus wie ein Korsett, das nur noch einzwängt und nichts mehr ermöglicht.

Dieses Buch plädiert dafür, das Prinzip beizubehalten, aber die Struktur zu ändern. Jetzt soll es darum gehen, überspitzt formuliert, dass die Peripherie kommuniziert und das Zentrum entscheidet. Oder anders: Die Peripherie generiert das Wissen über den erfolgreichen Umgang mit den Märkten, und die Führung entscheidet, wie dieses Wissen mit den Erwartungen der Kapitalgeber abgeglichen werden kann.

Das ist allerdings leichter gesagt als getan. Hatte man es bisher mit einer versteckten, so bekommt man es jetzt mit einer offenen Rückkopplungsstruktur zu tun. Tat man bisher alles dafür, die Konflikte unter den Tisch zu kehren, so muss man sie jetzt lustvoll suchen. Aber vor allem: Viel Mühe muss eine Unternehmensorganisation in den Versuch investieren, den Blick im Unternehmen, gebannt von der Spitze der Hierarchie, auf das Prinzip der Unterscheidung von Zentrum und Peripherie zu lenken und dann dafür zu schärfen, dass dieses Prinzip nicht nach dem Muster der Hierarchie, sondern nach dem Muster der Heterarchie, nicht nach dem Muster der Befehlskette, sondern nach dem Muster des Netzwerks funktioniert.

Diese Aufgabe wird dadurch nicht einfacher, sondern eher schwerer, dass dies in der Praxis nichts Neues ist. Denn bisher operierte die Praxis auf klügste Weise im Schatten einer Ideologie der Hierarchie, die darauf hinauslief, das Gegenteil zu behaupten und das Loblied der vertikalen Kommunikation, natürlich eingebettet in die Werte der Aufrichtigkeit, der Offenheit und des Vertrauens, zu singen. Kopf und Mund, wenn man so sagen darf, fielen auf diese Ideologie hinein, Hand und Fuß jedoch waren bei der ganz andersartigen, der ebenso horizontalen wie vernetzten, der ihr Vertrauen nicht verschenkenden, sondern prüfenden Praxis.

Dem vorliegenden Buch gelingt es auf beeindruckende Art und Weise, den Blick für die Praxis zu schärfen, die einst hervorragenden, aber mittlerweile überholten Gründe für die tayloristische Organisation zu benennen und für eine überschaubare Menge an Werten zu plädieren, an denen man sich orientieren kann, wenn man seinem Kopf und seinem Mund die Zeit gönnen will zu lernen, was Hand und Fuß schon wissen. Wir leben ja im Zeitalter der Kommunikation. Aber das bedeutet interessanterweise, dass wir immer weniger auf unser eigenes Reden und Wünschen hereinfallen und uns immer genauer nach unserem eigenen Tun und Lassen erkundigen. Praxis ist das, was man tut, und nicht das, was man sagt.

Die eigentliche Pointe jedoch ist, dass man für eine gute Praxis nicht auf die Theorie verzichtet, sondern für die gute Praxis nach einer besseren Theorie sucht. Für dieses Kunststück bieten die beiden Autoren ein hervorragendes Beispiel, weswegen ich ihnen mit diesem Buch den verdienten Erfolg wünsche. Die Aufmerksamkeit der Peripherie ist ihnen gewiss. Aber auch in den Zentren sollte man ihnen zuhören. Dort hat man es noch nötiger.

Prof. Dr. Dirk Baecker

3 Vorab

3.1 Zur dritten Auflage

Die dritte Auflage wird unterstützt von der ITyX Gruppe[1], der Trägerin des Instituts für dynamikrobuste Höchstleistung (˘IdH). Deswegen haben wir uns nun Farbe leisten können. Das ist hilfreich, da wir unserer wichtigsten Unterscheidung inzwischen die Farben *Blau* und *Rot* zugeordnet haben. Mit der Farbe konnten auch die sogenannten „Denkzettel" aufgenommen werden. Das sind abgeschlossene Kurzbeschreibungen von Denkwerkzeugen, die sich einzeln lesen lassen. Soweit sie thematisch passen, haben wir sie in den Text eingefügt. Die Denkzettel mit neuen Themen finden Sie ab Seite 85. Ein Verzeichnis aller Denkzettel findet sich im Kapitel 17.1 „Verzeichnis aller Denkzettel", Seite 84. Alle Denkzettel sind auch online auf www.höchstleister.de zu finden. Sie können dort die monatlichen Denkzettel abonnieren.
Ansonsten wurde der Text zum Teil erheblich überarbeitet und aktualisiert.

3.2 Zur zweiten Auflage

Fast wöchentlich erscheinen neue Managementratgeber. In denen ist jeweils zu lesen, welche neuen Managementmethoden der bisherigen Praxis überlegen sind. Sie verkaufen sich umso besser, je konkreter die Handlungsempfehlungen sind, die sie enthalten.

Dieses Buch enthält keine Handlungs-, sondern Denkempfehlungen. Gerade deshalb könnte es eine Lektüre sein, die Sie weiterbringt als üblich. Hier geht es nicht um Leistungen, die mit etwas Fleiß und Disziplin jeder erbringen kann, sondern um moderne ˘Höchstleistung in Unternehmen. Dafür gibt es keine Patentrezepte. Aus „Malen nach Zahlen" folgt kein van Gogh.

3.3 Alte und neue Höchstleistung

Die Merkmale von ˘Höchstleistung haben sich mit der Zeit verändert. Zu Beginn der Industrialisierung, als es noch viele weite und leere ˘Märkte gab und Elektrizität und Dampfmaschinen die Herstellung von Massengütern revolutionierten, war Höchstleistung beinahe gleichbedeutend mit Kostensenkung durch Größe. Die Effizienzgewinne durch Maschinenkraft und Automatisierung waren so groß, dass es vor allem darauf ankam, diese neuen Ressourcen zu nutzen.

[1] ITyX ist ein Softwarehaus. Es entwickelt und vertreibt Systeme auf Basis der sogenannten neuen Künstlichen Intelligenz (nKI).

Dazu mussten die Arbeiter so berechenbar werden wie die Maschinen, die sie bedienten. Um in der Manufaktur Kundenaufträge zu bearbeiten, wurden noch erfahrene Handwerker mit breiter Kompetenz benötigt. Mit der Industrialisierung wurden Kopf- und Handarbeit getrennt. Vom Fabrikarbeiter („Blaukittel") wurde nur erwartet, die von den „Weißkitteln" entwickelten Arbeitsanweisungen und Prozesse diszipliniert auszuführen. Kreativität, Intelligenz und Ideen konnte diese Form der Höchstleistung zumindest in der laufenden Wertschöpfung nicht gebrauchen. Sie hätten nur den durchdachten Ablauf gestört.

Fast hundert Jahre lang war diese als Taylorismus bekannte Organisationsform industrieller Wertschöpfung unschlagbar. Das änderte sich erst, als die Märkte enger und damit dynamischer wurden . Jetzt wurden auch in der Wertschöpfung wieder Kreativität und Wendigkeit benötigt, um konkurrieren zu können.

Diese neue Marktsituation bevorzugte Unternehmen die – meist instinktiv oder als Reaktion auf Krisen – dynamikrobuste Strukturen ausprobierten. Wir nennen sie die modernen oder dynamikrobusten Höchstleister. Sie erzeugen heute den Marktdruck, unter dem alle anderen leiden. Sie ergänzen die wissensorientierte Frage „Wie macht man es richtig?" durch die talentorientierte Frage „Wer von uns kann das?" Das unterscheidet sie von den tayloristischen Höchstleistern früherer Tage.

3.4 Die Idee zu diesem Buch

Die Autoren dieses Buches beschäftigen sich seit Jahren mit den modernen Höchstleistern. Sie haben viele dieser Unternehmen persönlich untersucht, mit Managern und Mitarbeitern gesprochen. Obwohl an der Oberfläche kein Höchstleister dem anderen gleicht, haben sie schließlich doch gemeinsame Merkmale gefunden. Das ist schwierig, denn diese Unternehmen wissen über die Gründe ihres Erfolgs meist nur wenig oder halten das, was sie vom Durchschnitt unterscheidet, für unwichtige Selbstverständlichkeiten. Ohne hohe, theoriegestützte Abstraktion kommt man ihnen nicht auf die Schliche.
Wer in der Tradition des Taylorismus denken gelernt hat, sucht zunächst nach besonders ausgefeilten Methoden, raffinierten Planungstools oder integrierten EDV-Systemen. In dieser Hinsicht findet man allerdings wenig Spektakuläres. Es gibt viele fast bankrotte Unternehmen, die in diesen Disziplinen beschlagener sind.

Moderne Höchstleister sind „anders anders". Nicht wie sie handeln, sondern wie sie denken, unterscheidet sie vom Rest. Die aus gestiegener Dynamik resultierenden Probleme lösen sie nicht, indem sie nach „Best Practices" suchen, sondern indem sie das „Best Thinking" ihrer Talente nutzen.

Ihre Leistung ist nur möglich, weil sie ihre ˘Talente zur Leistung provozieren. Das hat viele Vorteile und einen gravierenden Nachteil: Sie sind auf ihre Talente angewiesen. Wenn Emil Meier geht, können sie ihn nicht einfach durch Fritz Müller ersetzen. Dann müssen sie ein anderes Talent finden, das die Probleme lösen kann, die bislang Emils Spezialität waren. Und: Weil Emilia, die Neue, ihre eigenen Talente mitbringt, wird sie anders arbeiten als Emil. Das stört aber niemanden, solange die Ergebnisse beim Kunden überzeugen.

Diese Umorientierung von Methoden und Prozessen zu Personen entspringt nicht humanistischer Gesinnung, sondern veränderten wirtschaftlichen Bedingungen, wie sie durch Globalisierung entstanden sind. Ohne die Ursache immer zu verstehen, haben die heutigen Höchstleister akzeptiert, dass das alte Arbeiten immer schlechter funktioniert, und entdeckt, dass das individuelle Können ihrer Mitarbeiter eine konkurrenzstarke Ergänzung geworden ist.

Die Gestalt ihrer Höchstleistung ist stets einzigartig. Sie kann nicht kopiert werden, weil sie an Personen und Umfeld gebunden, also ˘konkret ist. Kein Unternehmen kann sich vom ˘Marktdruck befreien, indem es einen Höchstleister imitiert. Eine Kantine wird kein Gourmettempel, nur weil man dort Rezepte eines Sterne-Kochs benutzt.
Wer sich die besondere Klasse der Höchstleister als Vorbild nehmen möchte, muss sich von ihrer Haltung, ihrem Denken und ihren Gefühlen zu eigenen ˘Ideen provozieren lassen. Das heißt zuerst: die ˘Denkfallen der tayloristischen Managementlehre erkennen, um ihnen aus dem Weg gehen zu können.

3.5 Aufbau und Lesehinweise

Wir haben die Denkwerkzeuge der Höchstleister in vielen Projekten, Seminaren und Vorträgen vorgeführt. Dabei war immer die erste Hürde, dass viele Begriffe anders oder präziser benötigt werden, wenn Höchstleister verstanden werden sollen. Deshalb war dieses Buch ursprünglich nur als Wörterbuch angelegt.

Das Wörterbuch heißt inzwischen Glossar und beginnt auf Seite 90. Vorangestellt haben wir einige Kapitel in denen der Gebrauch der begrifflichen Werkzeuge vorgeführt wird. So wie in Baumärkten neue Werkzeuge oft mit Hilfe von Videos präsentiert werden, um ihren Gebrauch vorzuführen.

Begriffen im Text, die im Glossar erläutert sind, haben wir das Zeichen „˘" vorangestellt. Damit der Text nicht mit den Verweiszeichen überschwemmt wird, haben wir sie in jedem Kapitel nur bei der ersten Nennung des Begriffes verwendet.

Die Kapitel setzen einander nicht voraus. Sie können also in beliebiger Reihenfolge gelesen werden. Dabei sind einerseits Wiederholungen nicht ganz zu vermeiden. Andererseits gibt es immer wieder Argumente, die sich erst an anderer Stelle, in einem anderen Zusammenhang erschließen. Weil uns immer wieder bestätigt wird, dass es sich lohnt, raten wir zur Geduld.

Der Aufbau der Kapitel ist fast immer gleich. Am Anfang steht eine Selbstverständlichkeit der traditionellen Managementlehre. Zum Beispiel: „Um erfolgreich zu sein, müssen sich Unternehmen an den Wünschen ihrer Kunden orientieren." Diese Aussage wird dann als Spezialfall für träge Märkte enttarnt. Es wird gezeigt, dass bei hoher Marktdynamik alte Selbstverständlichkeiten zu gefährlichen Irrtümern werden können. Wir hoffen, damit zu zeigen, wie mit den Denkwerkzeugen hinderliche Denkfallen sichtbar gemacht werden können.

Wer sich dem Buch „vorsichtig" nähern möchte, kann dies über die „Denkzettel" tun. Das sind abgeschlossene Kurzbeschreibungen der wichtigsten Denkwerkzeuge. Auch sie können in beliebiger Reihenfolge gelesen werden. Sie benötigen nur wenig Vorwissen, nützlich sind die Kapitel 4 und 5.

Die Denkzettel beschreiben meist ein Problem und machen einen Denkvorschlag, der zeigt, in welcher Richtung man nach der Lösung suchen könnte. Sie sind ein praktisches Werkzeug. Wenn Sie in Ihrem Unternehmen ein Problem haben, zu dem, einer der Denkzettel passt, können Sie z.B. eine Kopie des Denkzettels an die Teilnehmer eines Workshops verteilen. Das erleichtert das gemeinsame Nachdenken.

Vielleicht müssen Sie sich an unseren Schreibstil gewöhnen: Wir lieben es knapp. Wenn wir eine treffende Formulierung gefunden haben, wiederholen wir sie nur, wenn es sich nicht vermeiden lässt. Wir rechnen also mit Ihrer Aufmerksamkeit.

Geehrt fühlen wir uns durch das vorangestellte Vorwort von Dirk Baecker. Er ist einer der wichtigen Schüler von Niklas Luhmann, dem leider schon verstorbenen Begründer der funktional orientierten Systemtheorie. Wir benutzen diese Theorie so gut wir können als Denkhintergrund. Wir sind uns bewusst, dass unser Niveau das von gebildeten Laien nicht übersteigt.

Im Anhang finden Sie ab Seite 204 eine kommentierte Literaturliste und ab Seite 208 die „Stimmen zur 1. Auflage des Buches", einige Kommentare der ersten Leser. Zum Schluss die Verzeichnisse von Abbildungen auf Seite 220 und Denkzetteln auf Seite 84, sowie das Stichwortverzeichnis zum Glossar ab Seite 220.

3.6 Vorwissenschaftliches Management

Die gängige Managementlehre geht von Voraussetzungen aus, die längst nicht mehr gelten. Über Generationen fuhr man gut damit, Managementprobleme mit den Methoden des sogenannten Taylorismus zu bearbeiten. Fast die gesamte Betriebswirtschaftslehre ruht auf diesem Fundament. Diese Denktradition entstand, als die Märkte noch weit und träge waren. Für enge und dynamische Märkte ist die gesteuerte Organisation des Taylorismus keine Lösung, sondern das Problem.

Hohe Dynamik heißt nicht nur schneller und billiger. Damit hätte die Betriebswirtschaftslehre wenig Mühe. Sie hat sehr wirksame Methoden entwickelt, genau dies zu erreichen. Ihre Achillesferse ist der Umgang mit Überraschungen. Die Zukunft ist so überraschungsreich geworden, dass ihre Vorwegnahme für Zwecke der Unternehmenssteuerung nicht mehr in ausreichender Qualität gelingt. So stehen Planung, Budgetierung und Anreizsysteme – die das Rückgrat des Taylorismus bilden – nur im Weg. Derart ihrer Orientierung beraubt, erzeugt die Steuerung statt wertschöpfender Ausrichtung mehr und mehr wertverbrauchenden Unsinn. Irgendwann ist die Ertragslage so schlecht, dass als letzte Rettung nur noch radikale Sparmaßnahmen und Massenentlassungen in Betracht kommen.

Das erinnert an die vorwissenschaftliche Medizin des Mittelalters, die mit „Schröpfen", „Aderlass" und vor allem mit dem Glauben auskommen musste.

3.7 Höchstleister als Vorbild

Das Vorbild der Höchstleister kann nur als Provokation für das eigene Denken benutzt werden. Kopieren geht nicht. Damit die Provokation nützlich wird, müssen nicht nur Unterschiede, sondern auch deren Hintergrund verstanden sein. Das verstehen wir als moderne Beratung: Voraussetzungen schaffen, damit die Höchstleister zum Vorbild genommen werden können.

Im Kontext hoher Dynamik sind Handlungsempfehlungen alter Schule nur noch albern. Beratung muss heute das liefern, was ein Unternehmen nur schwer selbst herstellen kann: Werkzeuge für problemlösendes Denken. Deshalb haben wir versucht, die „Denkwerkzeuge" zu entwickeln, mit denen man dynamikrobuste Höchstleister verstehen kann. Die Basis dieser Werkzeuge sind begriffliche Unterscheidungen. Im Folgenden beschreiben wir als erstes Beispiel die Unterscheidung lebendig und tot. Beachten Sie dabei, dass wir in unseren Grafiken Lebendiges stets *rot* und Totes stets *blau* darstellen.

3.8 Das erste Denkwerkzeug: *Blau* und *Rot*

Es ist banal, aber zum Einstieg wichtig: Wir unterscheiden, um Zusammenhänge zu beschreiben. Wo man keinen Unterschied bemerkt, sieht man auch keinen Zusammenhang. Sie werden merken: Unterscheidungen sind nicht objektiv gegeben. Sie werden vom Beobachter gewählt und machen, je nach Wahl, andere Zusammenhänge sichtbar. Weil wir uns für neue Zusammenhänge interessieren, müssen wir neue Unterscheidungen machen.

Für dynamikrobuste Höchstleistung ist die wichtigste Unterscheidung: „lebendig und tot" beziehungsweise *rot* und *blau*. Mit *Rot* bezeichnen wir den lebendigen, dynamikrobusten Anteil einer Unternehmensfunktion, mit *Blau* den jeweils formalen und toten. *Rote* Funktionen können nur von Menschen erfüllt werden, *blaue* auch von Maschinen. Bei tayloristischer Massenfertigung bestimmt das *Blaue* die Konkurrenzkraft, bei dynamikrobuster Wertschöpfung das *Rote*.[1]

Weil als Nächstes ein Denkzettel folgt, bietet es sich hier an, ihren Gebrauch zu erklären. Die Unterscheidung zwischen *Rot* und *Blau* führt zu einer weiteren: der Unterscheidung zwischen Dynamik und Chaos. Beides ist eine Form von Durcheinander, das zunächst gleich aussieht. Wer die Unterscheidung zwischen *rot* und *blau* benutzt, kann sehen, dass das Durcheinander aus sehr unterschiedlichen Gründen entsteht: einmal, weil Wissen fehlt, und einmal, weil Ideen lästig werden. Damit diese ungewohnte Unterscheidung im Denken präsent bleibt, kann man beim Problemelösen gelegentlich auf diesen Denkzettel schauen.

[1] Siehe Denkzettel 1 „**Chaos und Dynamik** – die Unterscheidung von *Blau* und *Rot*", Seite 16

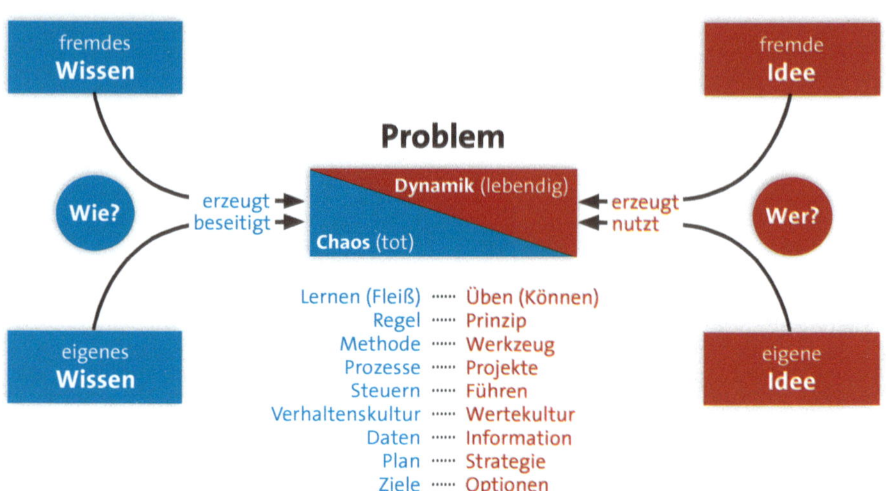

Chaos ist blau, nur Dynamik ist rot.

Die Organisation eines Unternehmens hat den Zweck, Probleme zu lösen. Probleme sind nicht ignorierbare Ereignisse. Sie haben verschiedene Ursachen und verschiedenen Charakter.

Der erste Problemtyp entsteht durch Unwissenheit. Wer die Betriebsanleitung einer Maschine nicht kennt, wird überrascht. Das lässt sich durch Lernen oder Zukauf von Wissen vermeiden.

Der zweite Problemtyp entsteht durch Ideen, meist Ideen eines Konkurrenten. Wissen nutzt da wenig. Das einzige, was jetzt hilft, sind eigene Ideen. Die erhält man nur von Menschen, die in solchen Situationen kreativ werden und so Dynamik bewältigen können. Wir nennen sie Talente.

Im ersten Fall steht also die Frage „Wie geht es?" im Vordergrund, im zweiten die Frage „Wer kann es schaffen?"

Chaos entsteht durch Mangel an Wissen, Dynamik durch Ideen – ein wichtiger Unterschied.

Aus Gewohnheit versuchen die meisten Unternehmen, beiden Typen von Überraschung durch Wissen zu begegnen. Weil bei Dynamikproblemen die Wirkung ausbleibt, wird immer mehr Wissen produziert. Resultat sind geschwollene, entzündete Prozesse ohne Chance, mit dynamischen Störungen fertig zu werden. Das nennen wir eine Havarie.

Höchstleister schützen ihre *blauen* Prozesse vor *roter* Dynamik, indem sie Talente in ihre Abläufe integrieren. Das macht sie schlank und dynamikrobust.

4 Taylorismus – Aufstieg und Fall einer genialen Idee

4.1 Der Ursprung des Taylorismus

Die Ursachen der charakteristischen Merkmale moderner, dynamikrobuster ˘Höchstleistung sind Veränderungen in der Marktumgebung von ˘Unternehmen. Dazu müssen wir zunächst auf ihren historischen Vorläufer, den Taylorismus, eingehen. Der aus einer Quäkerfamilie stammende amerikanische Ingenieur Frederick Winslow Taylor (1856–1915) gilt als Begründer der modernen Arbeitswissenschaft und als Schöpfer eines der erfolgreichsten Konzepte industrieller Fertigung, des sogenannten ˘Taylorismus.

Zu Taylors Zeiten war der vorherrschende Organisationstyp für Produktionsunternehmen die Manufaktur: In ihr arbeiteten qualifizierte Handwerksmeister mit ihren Gesellen, eigenen ˘Methoden und Werkzeugen. Die Manufaktur war ein Organisationstyp, der durch seine hohe ˘Komplexität an lokal begrenzte dynamische ˘Märkte gut angepasst war. Wie heute erforderten diese Märkte hohe Flexibilität der konkurrierenden Unternehmen. Billige Massenproduktion für große Märkte war noch kein Thema. Der Transport über große Entfernungen war noch zu teuer.

Am Ende des 19. Jahrhunderts wurde das anders. Durch billige Transportmöglichkeiten wie Eisenbahn und Dampfschiff entstanden große, träge Märkte. Sie saugten die billigen Massengüter auf wie der Wüstenboden die Regentropfen. Für diese neuen Märkte war die Manufaktur unnötig komplex, also den damals neuen Taylor-Strukturen unterlegen. Taylor präsentierte ein Konzept, das den Horizont der üblichen technologisch basierten Strategien zur Produktivitätssteigerung sprengte. Seine Idee war, das Können der Meister in der Manufaktur durch wissenschaftlich erworbenes Wissen der Ingenieure zu ersetzen. Im Bereich der Organisation von Arbeit war das eine epochemachende Innovation. Er nannte fünf Schritte für seine Vorgehensweise:

1. Auswahl weniger Werker, die eine Arbeit im Sinne des Unternehmens am besten tun
2. Beobachtung und Dokumentation ihrer Arbeitsschritte
3. Auswahl der jeweils schnellsten Schritte durch Messung mit der Stoppuhr
4. Weglassen nutzloser Schritte
5. Zusammensetzen des neuen Arbeitsprozesses aus den jeweils schnellsten Schritten

Kurz: Nicht mehr der qualifizierte Werker gestaltet seine Arbeit, sondern der „Wissenschaftler" tut das für ihn. Er erforscht die Arbeitsweise der Besten und leitet daraus einen optimalen Arbeitsablauf für alle ab. Dieses tayloristische Kernprinzip des „Best Practice" gilt bis heute als modern und ist immer noch weit verbreitet.

Das Verblüffende und Geniale an Taylors Idee war, dass bei trägen Massenmärkten die Produktivität steigt, wenn menschliche Fähigkeiten wie Intelligenz, Phantasie und Initiative stillgelegt werden. Wir sagen heute: Taylor reduzierte die überflüssig gewordene Komplexität der Manufaktur auf ein Niveau, das zu den trägen Massenmärkten passte.

Basis dieses enormen Erfolges ist nicht menschenverachtende Unterdrückung, sondern im Gegenteil ein bis heute wirksamer sozialer Konsens. Er lautet: „Dienst ist Dienst, und Schnaps ist Schnaps." Oder anders: Wenn ein Arbeiter für acht Stunden am Tag auf seine Bürgerrechte verzichtet, entsteht für den Rest des Tages gut finanzierte „Freizeit", in der mehr Menschenwürde realisiert werden kann als vorher. Obwohl der 8-Stunden-Tag, der höhere Lohn und die menschenwürdige Freizeit zur Idee von Taylor gehörten, mussten diese Elemente immer wieder durch harte Arbeitskämpfe realisiert werden.

Die tayloristische Arbeitsorganisation steigerte die Produktivität innerhalb von zwei Generationen um das Hundertfache. Taylorismus war die Höchstleistung dieser Zeit.

4.2 Die Folgen der Globalisierung

1991 erschien die heute berühmte Womack/Jones-Studie zur Zukunft der Automobilwirtschaft. Zum ersten Mal wurde publik, dass sich die Situation geändert hatte. „Marktdruck", nicht nur aus Japan, wurde zum dominierenden Lebensgefühl tayloristischer Unternehmen. Die Globalisierung fast aller wichtigen Märkte blieb aber als Grund für die neue Situation verborgen. Märkte globalisieren sich durch Wachstum in der Fläche. Ist ein Markt schließlich global, ist seine Ausbreitung zu Ende. Es wird eng, weil sich die Marktteilnehmer nicht mehr ausweichen können. Mit der Globalisierung von bisher lokalen Märkten wird meist die Vorstellung von wachsender Weite verbunden. Internationale Logistik über große Entfernungen, Mehrsprachigkeit oder weltweit vernetzte EDV sind typische Themen. Hier ist aber ein anderer Aspekt wichtig, er kann auch im Biologielabor beobachtet werden: Wenn eine wachsende Population verschiedener Mikroben den Nährboden einer Petrischale schließlich ganz bedeckt, wird es eng. Die Lebensbedingungen verändern sich. Plötzlich sind die giftigen den schnell wachsenden Pilzen überlegen. Sie erobern neuen Lebensraum, weil es eng ist.[1]

[1] Siehe Bild 1 „Dynamik durch Enge", Seite 19

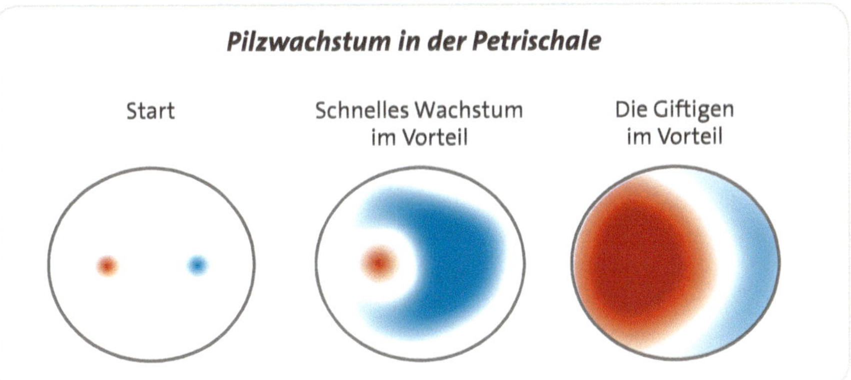

Bild 1: Dynamik durch Enge

Zunächst sind die schnellwachsenden Pilze im Vorteil. Sie füllen den leeren Raum. Sobald es aber eng wird, sind die giftigen Pilze (rot) im Vorteil.

Die Enge verändert die Lebensbedingungen der Konkurrenten. Im „globalen Käfig" ist kreative Wendigkeit, also ˘Dynamik, wichtiger als Größe und minimale Kosten. Überraschung wird zur taktischen Waffe. Wer seine Wettbewerber mit einer guten ˘Idee (zum Beispiel einem neuen Produkt) auf dem falschen Fuß erwischt, gewinnt zu deren Lasten Marktanteile.

Den ˘Marktdruck erzeugen in diesem Umfeld flexible ˘Unternehmen, die ihre Konkurrenten ständig mit Ideen oder anderen Überraschungen belästigen, selbst aber gegen Überraschungen robust sind. Marktdruck wird oft auch als Preis-, Termin- oder Kundendruck bezeichnet. Das verleitet zu dem Irrtum, Marktdruck sei das gemeinsame Schicksal aller. Es wird übersehen, dass Marktdruck nur von anderen Unternehmen stammen kann – von Unternehmen, die etwas besser können als das eigene. Das war schon immer so. Nur sind heute die Qualitätskriterien andere. Marktdruck stammt heute von dynamikrobusten Unternehmen. Wir nennen sie Höchstleister. Unternehmen, die an den gewohnten Spielregeln festhalten, geraten in gefährliche Bedrängnis.

Der nachfolgende Denkzettel beschreibt den historischen Verlauf von Absenkung und Wiederanstieg der Dynamik von Unternehmen und Marktumgebung.[2]

[2] Siehe Denkzettel 2 „**Die Taylorwanne** – das Ab und Auf der Dynamik", Seite 20

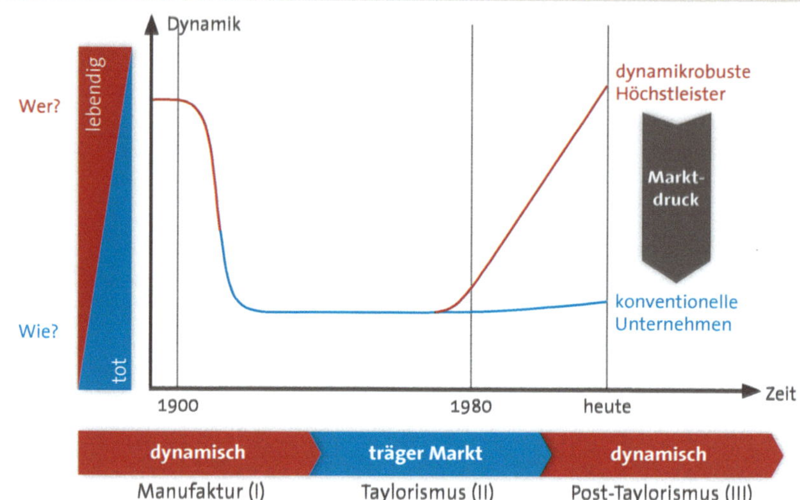

Die Grafik zeigt den groben historischen Verlauf der Marktdynamik und die jeweils dominierenden Produktionstypen.

(I) Bis etwa 1900 sind die Transportkosten so hoch, dass die meisten Märkte nur eine geringe Reichweite haben. Sie sind lokal und damit eng. Die Konkurrenten können einander nicht ausweichen. Dieser direkte Kontakt erzwingt Kreativität und erzeugt Dynamik. Die dominierende Form der Wertschöpfung ist die industrielle Manufaktur. Sie ist flexibel, kundenorientiert und innovativ.

(II) Besonders durch technische Innovation reduzieren sich schließlich Tausch- und Transport-Kosten. Neue große Massenmärkte mit hoher Kaufkraft breiten sich schnell aus. Der Konkurrent stört kaum, und wenn, kann man ihm ausweichen. Die Märkte werden weit und träge. Die Kreativität der Unternehmen wendet sich nach innen, auf Produkte, Prozesse und Kosten. Die kundenorientierte Flexibilität der Manufaktur ist jetzt nutzlos. Frederick Taylor entwickelt den theoretischen Hintergrund für eine Wertschöpfung, die zu den neuen Märkten passt, den sogenannten Taylorismus. Nicht mehr das Können der Werker (Wer?) ist die Basis, sondern die Wissenschaft (Wie?). Henry Ford ist einer der ersten, der dies spektakulär nutzt. Die neue Produktion ist dynamikempfindlich, was in den trägen Märkten aber nicht auffällt. Die industrielle Produktivität steigt auf das Hundertfache in nur zwei Generationen.

(III) Schließlich aber stoßen die meisten Märkte an ihre globale Grenze. Das Wachstum in der Fläche ist abrupt zu Ende. Erneut wird es eng und dynamisch. In Japan sind die verlorenen Tugenden der Manufaktur noch lebendig. Dort entsteht die neue Wertschöpfung. Als erstes Unternehmen verbindet Toyota die Flexibilität der Manufaktur mit der Kostenorientierung des Taylorismus zu einer dynamikrobusten Massenfertigung. Sie passt perfekt zur Dynamik moderner Massenmärkte. Heute gibt es diese neuen Höchstleister überall auf der Welt. Sie sind immer noch die Minderheit. Sie erzeugen aber den Marktdruck für die tayloristischen Nachzügler. Diese beschränken ihre Anstrengungen stur auf Methoden, Prozesse und Kosten und verschwenden damit die Innovationskraft ihrer Talente. Mit Höchstleistern als Vorbild ließe sich das ändern.

4.3 Zentrum und Peripherie – Kollaps der Steuerung

In diesem Abschnitt wird beschrieben, wie die hohe ˘Dynamik moderner Märkte auf tayloristische ˘Unternehmen wirkt.

Jedes Unternehmen hat sich mindestens bezüglich zweier Zwänge zu bewähren: Diese beiden Zwänge sind der ˘Markt und die Gewinnerwartung der Kapitalgeber. In träger Umgebung wirken beide Zwänge auf das ˘Zentrum. Die Zeit reicht aus, um auch die peripher wirkenden Marktzwänge an zentrale Stellen „durchzuleiten" und dort in Steuerungsimpulse an die ˘Peripherie zu übersetzen.

Mit wachsender Dynamik muss viel schneller reagiert werden. Der Umweg über die Zentrale dauert jetzt zu lange. Die entsprechenden ˘Probleme müssen direkt in der Peripherie, ohne das Zentrum, bearbeitet werden. Wo Probleme gelöst werden, wächst Beurteilungs- und Handlungskompetenz. So entsteht neben dem Kompetenzbereich Zentrum eine Vielfalt dezentraler ˘Kompetenz – die Peripherie. Zumindest operativ wird die Peripherie klüger als das Zentrum. Kunden in dynamischen Märkten bevorzugen Unternehmen mit peripherer Kompetenz, da diese schneller und flexibler sind. So wird diese Kompetenz zum Konkurrenzkriterium.

Im ˘Unternehmen hat die ˘Kompetenz der ˘Peripherie nur eine geringe ˘kommunikative Reichweite. Außerhalb ihrer Grenzen wird ihr ˘Wissen zur Meinung unter vielen. Es steht daher für die Herstellung von ˘Entscheidungen im ˘Zentrum nicht zur Verfügung. Damit gerät die zentrale ˘Steuerung in Bedrängnis.

Steuerung ist die Übertragung von Wissen, setzt also ein Wissensgefälle voraus. Nur wer etwas besser weiß, kann dem, der es nicht weiß, sinnvolle Handlungsanweisungen geben. Wenn die steigende Beurteilungs- und Handlungskompetenz der Peripherie das Wissensgefälle zwischen Zentrum und Peripherie aufhebt, kollabiert die Steuerung.

Für konventionelle ˘Organisation ist dies eine lebensgefährliche Bedrohung. Besonders dann, wenn das Zentrum bis an die Grenze eigener Erschöpfung versucht, die Steuerung zu „reparieren". Das kann natürlich nichts werden, weil ja nichts kaputt ist. Diese sinnlose Anstrengung verbraucht die Energie des Zentrums, die dringend für Führung und Innovation gebraucht würde. So steigen die Kosten, und die Konkurrenzkraft nimmt ab. Die aufgeblähte, aber nutzlose Steuerung wird zum lebensbedrohenden Parasiten.

Höchstleister ergänzen die ˘Steuerung durch ˘Führung. Die Führung übernimmt die dynamischen Anteile des ˘Managements. Dadurch wird die Steuerung entlastet. Sie wird nur noch dort eingesetzt, wo das Zentrum noch einen Wissensvorsprung hat. Die Steuerung wird zu einer wichtigen Nebensache.[1]

[1] Siehe Denkzettel 17 „**Steuerung und Führung** – die zwei Seiten des Managements", Seite 140

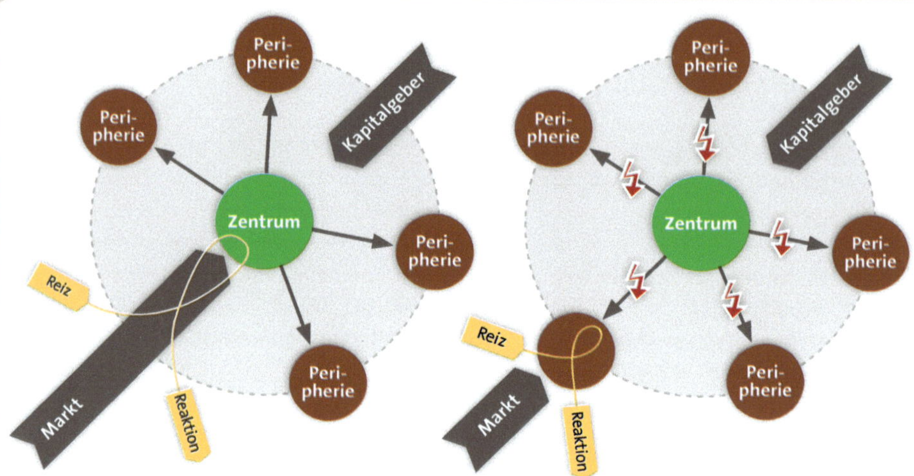

Bei hoher Dynamik wirken die Reize des Marktes nur noch auf die Peripherie. Das Zentrum verliert seinen Kompetenzvorsprung. Die Steuerung kollabiert.

Der Erfolg eines Unternehmens ergibt sich aus zwei externen Kriterien, dem Markt (Konkurrenten und Kunden) und den Kapitalgebern. Wir nutzen dies, um Unternehmen mit der Unterscheidung Zentrum / Peripherie zu beschreiben. Damit werden Dynamikprobleme sichtbar, die mit der gewohnten Unterscheidung Aufbau- und Ablauf-Organisation unsichtbar bleiben.

Zentrum nennen wir alle Tätigkeiten im Unternehmen, die sich mit den Interessen der Kapitalgeber auseinandersetzen. Alle Tätigkeiten, die mit den Anforderungen des Marktes wertschöpfend umgehen, nennen wir **Peripherie**. Wichtig: Es geht um Tätigkeiten, nicht um Menschen oder Orte. Vorstand und Zentrale sind nicht gleich Zentrum, die Werker in den Niederlassungen sind nicht gleich Peripherie.

Früher, in träger Umgebung, konnte das Zentrum auch die Anforderungen des Marktes bearbeiten. Die Peripherie reagierte darauf nur indirekt über das steuernde Zentrum.

Heute, bei hoher Dynamik, bleibt weniger Zeit, Probleme der Wertschöpfung zu lösen. Sie müssen ohne Umwege dort gelöst werden, wo sie entstehen – in der Peripherie. Da das Zentrum nicht mehr beteiligt ist, verliert es seine operative Kompetenz. Jetzt kann es kaum noch nützliche Anweisungen geben. Wir sagen: Durch die Dynamik kollabiert die Steuerung.

Weil das Zentrum die Ursache nicht sieht, verrennt es sich in dem aussichtslosen Versuch, die Steuerung zu „reparieren". Damit ist es so hoffnungslos überlastet, dass seine nicht delegierbare Arbeit (Strategie und Innovation) liegen bleibt. Die Organisation verblödet trotz reichlich vorhandener Intelligenz.

Wo Dynamik dominiert, schalten Höchstleister von Steuerung auf Führung um. An die Peripherie werden nicht nur steuernde Anweisungen verteilt, sondern Probleme. Anschließend werden die Lösungen eingesammelt. Damit nehmen Höchstleister die neue dezentrale Kompetenz in Gebrauch, ohne sie steuern zu müssen. Das funktioniert nur, wenn die Führung hohes Ansehen genießt. Nicht bessere Steuerung, sondern dieses Ansehen ist heute das zu lösende Problem.

4.4 Resümee

Wir werden oft gefragt, wie das nun gehe, eine tayloristische Organisation in einen Höchstleister zu verwandeln. Das ist, mit Verlaub, eine falsche Frage. Jede Antwort darauf wäre auch falsch.

Höchstleistung kann nicht „von außen" über Methoden und Berater ins Unternehmen hineingetragen werden. Sie ist schon drin. Weil sie aber in der vergangenen tayloristischen Periode empfindlich gestört hätte, ist sie „ruhig gestellt". Höchstleistung ist ein betäubter Riese, heute würde es wieder nützen, ihn aufzuwecken.

Aufgeweckt wird die Höchstleistung immer von einem talentierten Könner, der die Organisation mit seinen Ideen irritieren kann. Wenn ein solches Führungstalent wirksam wird, entwickelt sich die Höchstleistung – sogar gegen Widerstand.

Ohne diesen Visionär sollte man die Finger davon lassen. Es reicht völlig, sich die Höchstleister als Provokation zu nehmen, die eigenen Probleme besser, billiger und schneller zu lösen. Das macht noch keinen Höchstleister, ist aber besser als immer wieder mehr vom Gleichen.

Höchstleistung ist kein Ziel, das man anstreben könnte, sondern die Wirkung einer Resonanz zwischen einem Talent und „seinen" Leuten.

5 Die Vernunft im Unsinn

In vielen Unternehmen staunen Mitarbeiter und Management über die Stabilität allseits beklagter Missstände. Auch regelmäßige Umorganisation verschafft keine Linderung – selbst dann nicht, wenn sich alle einig sind, dass sich etwas ändern muss. Zum Beispiel Bürokratie, keiner will sie, trotzdem nimmt sie zu, und alle leiden – was für ein Unsinn.

Aus Gewohnheit werden Schuldige gesucht. Dass diese nicht die Ursache sind, könnte man schnell einsehen. Denn oft werden sie ausgetauscht, und trotzdem bleibt alles, wie es ist. Es entsteht nur die Illusion, dass endlich mal was geschieht. Selbst ein raffiniertes Change-Management-Projekt verpufft schnell. Der Unsinn schlägt immer wieder durch, wie ein schon oft übermalter Riss im Putz.

Unsere These: Solange Schuldige (oder Helden) gebraucht werden, um eine Situation plausibel zu erklären, ist sie noch nicht verstanden. Für dynamikrobuste Organisationsentwicklung ist die Schuldzuweisung immer ein Fehlstart.
Hier berichten wir über Denkalternativen.

5.1 Die *Hinterbühne*

Wer das Geschehen in seiner Firma als Unsinn beschreibt, der redet Unsinn, denn hinter dem alltäglichen Chaos steckt Vernunft. Was auf den ersten Blick verwirrt, ist bei genauem Hinsehen oft eine brillante Lösung.

Weil diese Vernunft verborgen ist, nennen wir sie die Vernunft der *Hinterbühne*. Wie im Theater ist das Strippen-Ziehen und Möbel-Rücken auf der *Hinterbühne* unentbehrlich für eine gute Aufführung. Und wie im Theater ist es entscheidend, dass der Beitrag der *Hinterbühne* unbemerkt bleibt.

Im Unternehmen besteht die *Hinterbühne* aus den unsichtbaren Anteilen der Kultur, den sogenannten „weichen Faktoren". Dazu gehören zum Beispiel der Flurfunk, die Werte, der Teamgeist oder das Mobbing. Diese informellen Strukturen sind nirgendwo beschrieben. Sie haben kein Büro und können nicht eingefordert oder bestritten werden. Dennoch sind sie das „Kraftfeld", in dem sich alle bewegen.

Die *Hinterbühne* ist kein Makel, sondern das Rückgrat einer Organisation. Besonders wenn ein Unternehmen durch Dynamik überlastet wird, verhindern die Reflexe der *Hinterbühne* den Kollaps. Sie ist die Vernunft im Unsinn. Nur weil es sie gibt, sind viele Organisationen noch da. Allerdings verhindert sie nur den Untergang. Ein stolzes Unternehmen kann sie nicht bewirken.

5.2 Warum das Alte so zäh ist

Zu Beginn der Industrialisierung war tayloristische Organisation Voraussetzung für Höchstleistung. Wie erwähnt, hat sich das geändert. In modernen dynamischen Märkten sind Unternehmen im Vorteil, die auch mit Überraschungen souverän umgehen. Früher war die Hauptaufgabe des Managements die gestaltende Vorwegnahme der Zukunft durch Planung. Hohe Dynamik macht planerische Annahmen über die Zukunft unzuverlässig. Bewährte Methoden versagen. Die formalen Elemente der Organisation mit ihren Gremien, Prozessen und Sitzungsprotokollen werden zunehmend hilflos. Die Organisation „verblödet" und wird schließlich nur noch von ihrer *Hinterbühne* zusammengehalten .

Meist vermutet das Zentrum Disziplinmangel oder Unverständnis der Schuldigen als Ursache. Dieser Irrtum hält sich umso länger, je erfolgreicher das Unternehmen aktuell ist oder früher war. Er blockiert die Einsicht, dass dynamische Zukunft nicht geplant werden kann – weder durch Disziplin noch durch hochgerüstete technische Systeme. Wird es dennoch versucht, endet dieses Bemühen zuverlässig in einer Havarie.

Hält das Elend lange genug an, dann wird der zentralen Steuerung die Gefolgschaft verweigert – nicht aus Bequemlichkeit oder Aufsässigkeit, sondern aus Notwehr. Die Anweisungen des Zentrums passen nicht mehr zur Lage. Die Peripherie ist gezwungen, nach eigenen Einsichten zu handeln. Das Zentrum weiß das. Da aber eine Alternative fehlt, hält es aggressiv-resignierend den alten Kurs.

Offiziell wird die „Aufsässigkeit" der Peripherie als Ursache für den ausbleibenden Erfolg behauptet. Üblich sind dann allerlei Erziehungsmaßnahmen, wie zum Beispiel Zielvereinbarungen, finanzielle Anreize und formelle Beurteilungsgespräche. Das Problem wird mit seiner Ursache bekämpft. Auch hier wäre ohne die stumme Intelligenz der *Hinterbühne* der Kollaps unvermeidlich. Inoffizielle kollegiale Netzwerke übernehmen das Kommando. So kann auch außerhalb der vorgeschriebenen Prozesse – auf dem berühmten „kleinen Dienstweg" – gehandelt werden. Diese „zweite Struktur" auf der *Hinterbühne* ist der Grund für die erstaunliche Zähigkeit von Unternehmen. Selbst im allgemeinen Chaos findet immer noch Wertschöpfung statt. Diese „Vernunft der Not" ist kein Unsinn – so wenig, wie das Fieber die Krankheit ist, deren Heilung es begleitet.

5.3 Der Staat im Staate

Eine Integration der informellen Strukturen in die offizielle hierarchische Autorität des Unternehmens ist nicht möglich. Man kann den Flurfunk nicht zu einer Sitzung laden und einen Kompromiss verhandeln.

Trotzdem sind formelle und informelle Strukturen ineinander verwoben. Schon deshalb, weil die meisten Mitarbeiter beiden Strukturen angehören. Die *Hinterbühne* allein kann kein Unternehmen managen. Dynamik-kranke Unternehmen bleiben leidlich am Leben, solange keine Seite die Alleinherrschaft erringt. Der Balanceakt zwischen bürokratischer Erstarrung und kreativem Chaos führt nicht zur Meisterschaft. Er ist ein Durchwursteln, mit dem man Zeit gewinnt. Allerdings nur so lange, bis ein moderner Höchstleister als direkter Konkurrent auftaucht.

Auch die formelle Organisation wird durch die Hilfsaktionen der *Hinterbühne* unberechenbar. Dann heißt es: Wir können zwar gut planen, aber es nur schlecht umsetzen. Wie könnte es auch anders sein. Die informellen Strukturen können nur im Verborgenen wirken. Sonst würden sie „aufgeräumt". Weil sie in Planungen nicht einbezogen werden können, machen sie sich erst später als Widerstand bemerkbar.

Wie gesagt, Informelles und Formelles sind getrennte Bereiche. Dass die meisten Mitarbeiter zu beiden gehören, ändert daran nichts. Kegelclub und Buchhaltung sind ja auch getrennte Systeme, obwohl der Buchhalter in beiden Mitglied ist.

5.4 Systeme bestehen nicht aus Menschen

Alle Systeme, auch diese beiden, bestehen eben nur aus Kommunikation, nicht aus ihren Mitgliedern. Das klingt fremd – zugegeben –, ist aber zum Verständnis typischer Dynamikprobleme sehr hilfreich.

Weil wir diesen Gedanken immer wieder verwenden, sei er hier in Beispielen dargestellt: Die Fankurve eines Fußballstadions verhält sich in ähnlichen Situationen immer gleich – egal, welche Personen gerade zusehen und auf welchen Plätzen sie sitzen. Eigene Tore werden bejubelt, Gegentore erschreckt und stumm ertragen. Das geschieht, ohne dass die Fans sich vorher darauf einigen müssten. Die Kommunikation erzeugt im Laufe der Zeit aus den verschiedenen Erwartungen der Teilnehmer eine gemeinsame Kultur. Sie wirkt dann wie ein Kraftfeld, in dem alle verschieden denken und verschieden handeln. Kultur normiert nicht, aber sie stiftet einen gemeinsamen Stil, auf den sich dann alle verlassen.

Auch in einem Konzertsaal oder auf einer Trauerfeier bilden sich Systeme, aber mit anderer Kultur und anderem Stil. Keiner muss sich fügen, aber jede Rebellion hat erwartbare, meist unangenehme Konsequenzen.

Sie sehen: Die Kommunikation macht das System, das dann Umgebung für Menschen ist. Die Einzelnen sind austauschbar.

Wer diesem Gedanken folgt, braucht sich nicht mehr zu wundern, warum sich kaum etwas ändert, wenn Personen, auch Vorstände, ausgetauscht werden. Auch die Neuen können sich nur zur gegebenen Kultur verhalten – konform oder als Rebell. Wer übertreibt, wird vom Immunsystem der Kultur kommentarlos „ausgeschwitzt“.

5.5 Resümee

Die neue Dynamik setzt konventionelle Unternehmen unter Druck. Sie werden hilflos und überleben nur durch das Notprogramm ihrer *Hinterbühne*. Deren Gründe sind nicht durchschaubar und erscheinen daher als Unsinn.

Wenn allerdings die Vernunft im Unsinn sichtbar gemacht werden kann, dann kann aus dieser Notlösung dynamikrobuste Organisation entwickelt werden. Denn die *Hinterbühne* enthält bereits alle notwendigen Elemente.

Deshalb nutzen Höchstleister ihre *Hinterbühne* als wichtiges Führungswerkzeug. Über das Instrument der Kulturbeobachtung ist sie ein wichtiger Sensor bei unternehmerischer Entscheidung.

6 Bei hoher Dynamik ist Können wichtiger als Wissen

Die Studie „Vom Wissen zum Können“[1] hat ergeben, dass die Leistungen der Höchstleister weniger auf ihrem Wissen beruhen, sondern vor allem auf dem Können ihrer Mitarbeiter. Können ist das, was verschwindet, wenn erfahrene Mitarbeiter gehen. Wissen ist das, was sie dalassen können, wenn sie wollen. Wissen kann man kaufen und stehlen, mit dem Computer speichern und verarbeiten. Mit Können geht das nicht. Der Grund: Wissen ist ein Merkmal des Verstandes. Ein anderer kann es verstehen und übernehmen. Es ist übertragbar. Können ist ein Merkmal der Gefühle. Wie diese „klebt“ Können am Könner.

Es war eine der Stärken tayloristischer Organisation, dass Können dort keine Rolle spielte, zumindest in der Wertschöpfung nicht. Deshalb dominiert immer noch die Meinung, mit Wissen sei alles Nötige benannt; es gehe nur darum, Wissen zu erzeugen, zu dokumentieren, zu erwerben und zu verbreiten – kurz, Wissen zu managen. Wer mit der Zeit geht, hat einen Wissensmanager, ein Wissensmanagement-System oder gar ein Verfahren zur Messung des angehäuften Wissenskapitals.

Der in dynamischer Umgebung entscheidende Bereich des Könnens bleibt immer noch ausgeblendet. Den meisten Unternehmen fehlt es aber nicht an Wissen, sondern an Können. Deshalb enden Projekte zum Wissensmanagement oft in teuren Havarien. Hier wird erklärt, warum.

6.1 Wissen und Wahrheit

Wer Wissen hat, so kann man in Schule und Seminar hören, weiß Bescheid. Eine Landkarte, der Satz des Pythagoras oder ein Kochrezept sind Elemente von Wissen. Tatsächlich ist Wissen aber nie unbestreitbar gegeben. Seine Verbindlichkeit entsteht nur dadurch, dass niemand widerspricht. Wissen wird durch Kommunikation erzeugt oder bestritten oder genauer: „konstruiert“. Schon der Wortsinn des deutschen Begriffs „Tatsache“ und des englischen „fact“ (von lat. facere – machen, tun) erinnert daran. Und weil es durch Kommunikation gemacht ist, reicht es auch nicht weiter als diese. Jenseits dieser kommunikativen Reichweite muss mit Widerspruch gerechnet werden. Dann wird aus Wissen eine Meinung unter vielen.

[1] Siehe Studie „Vom Wissen zum Können“:
https://www.detecon.com/de/publikationen/studien/studien.html?unique_id=2090

Das ist nicht nur in der Wirtschaft so. Auch für Teilchenphysiker, Ärzte oder Nationalökonomen ist die kommunikative Reichweite beschränkt. Auch sie können sich nicht alle einigen, was als gesichertes Wissen gelten darf. Wissen ist nur innerhalb seiner kommunikativen Reichweite als Wissen übertragbar. Das ist nicht immer einfach, aber mit etwas Fleiß und Disziplin immer möglich. Dafür gibt es Schulen, Seminare oder Bücher. Der wissende Lehrer erklärt dem unwissenden Schüler, was der Fall ist. Dann weiß es auch der Schüler. Damit der Schüler aus dem Wissen des Lehrers keine Meinung macht, braucht der Lehrer Autorität oder besser Macht. Sie sehen: Wissen braucht Gefolgschaft dringender, als gute Argumente.

6.2 Können und Talent

Können ist die Fähigkeit einer Person, problemlösende Gefühle zu erzeugen. Ein Radfahrer kippt nicht um, weil sein Körper ständig die Gefühle erzeugt, mit denen er sich „richtig" verhalten kann. Der Verstand kann das Verhalten beobachten, aber nicht verstehen. Wenn ein passendes Talent vorhanden ist, entsteht Können durch Üben.

Der Könner kann sein Können nicht auf einen anderen übertragen. Wer es auch können will, muss schon selber üben, und weil er ein anderer ist, wird er dabei auf andere Schwierigkeiten stoßen als sein Vorbild.

Die Grundlage von Können ist Talent. Es gibt häufige Talente und seltene. Radfahren kann irgendwann fast jeder. Aber sechs Bälle gleichzeitig jonglieren, ein Team an seine Leistungsgrenze führen oder Industrieanlagen verkaufen, das können nur wenige.

Alle Menschen haben Talente, aber nicht alle die gleichen. Die meisten Talente einer Person werden nie herausgefordert und bleiben verborgen. Wenn Talente benötigt werden, sind Menschen nicht austauschbar. Wenn ein Talent geht, auf dessen Können es ankam, kann man es nicht einfach ersetzen. Dann muss die Arbeit anders gemacht werden. In traditionellen Unternehmen ist diese Abhängigkeit von einzelnen Personen unangenehm. Höchstleister ähneln mehr einem Fußballteam. Da wundert sich keiner, wenn der Trainer Spielsystem und Mannschaft umbaut, wenn ein wichtiger Spieler kommt oder geht.

Können entsteht also ganz anders als Wissen. Der Schüler muss es selbst herstellen. Wenn der Meister ein Talent ahnt, provoziert er zum Üben und spendet Trost bei den unvermeidlichen Niederlagen. Der Meister kann nur zeigen, was möglich ist, aber nicht, wie es geht. Er überträgt kein Können.

Ein Könner ist jemand, dem etwas leichtfällt, was anderen schwerfällt. Die meisten Könner halten das, was sie können, für einfach. Sie wundern sich, dass es nicht alle so machen.

Da Können auf Talent und Gefühlen basiert, lässt es sich nicht formal beschreiben oder messen. Auch mit Skill-Profilen, Zeugnissen oder Zertifikaten wird nur Wissen beschrieben. Das Können einer Person lässt sich nur erahnen – von einem Könner.

6.3 Kompetenz

Wissen und Können ist nur im Zusammenwirken nützlich. Die Einheit dieser Unterscheidung nennen wir Kompetenz. Die Kompetenz hat also einen *blauen* (Wissen) und einen *roten* (Können) Anteil.

Wissen ohne passendes Problem ist unnütz wie ein falscher Stadtplan. In einem Meer von Wissen das Passende zu finden und den Rest zu „vergessen“, ist selbst kein Wissen, sondern Können. Erst der Könner korreliert Problem (Frage) und passendes Wissen (Antwort). Ohne Können ist Wissen nichts Wert und umgekehrt.

Dieses Können kann heute als Lernumgebung für lernende Software benutzt werden. Wenn kein Bewusstsein nötig ist, können diese Systeme die unbewussten Operationen des Gehirns nachahmen. Ergebnis ist ein System, dass zwei freie Texte als Frage und Antwort korrelieren und alle anderen Texte (Wissen) ausblenden kann.

Wir nennen dieses Verfahren „Technisierung von Alltagskönnen“ (TAK)[1] und den Kompetenzbereich „neue Künstliche Intelligenz“ (nKI). Leider wird diese innovative Technik mit dem veralteten Begriff „Wissensmanagement“ benannt und damit meist missverstanden.

6.4 Können als Wettbewerbsvorteil

Auch wenn die Dynamik dominiert, ist Wissen unverzichtbar. Denn nie ist alles Überraschung. Dort, wo die Wirklichkeit lange genug „stillhält“, kann sie verstanden und beschrieben werden. Es wäre viel zu teuer, dieses Wissen nicht zu nutzen und stattdessen das Rad immer wieder neu zu erfinden. Der wissensbasierte Anteil der Wertschöpfung ist bis heute immer noch wesentlich größer als der dynamische.

[1] Siehe Denkzettel 15 „**Neue Künstliche Intelligenz (nKI)** – Nachahmen statt Verstehen“, Seite 133 und Denkzettel 16 „**Technisierung von Alltagskönnen (TAK)** – was mit dem Computer möglich ist“, Seite 134

Wissensbasierte Prozesse lassen sich mit den bekannten Methoden des Prozessmanagements gestalten, sind leicht zu verbreiten, unabhängig vom Talent der Mitarbeiter und unempfindlich gegen Seitenwind. Wegen dieser Robustheit waren sie erfolgreich und gelten in der konventionellen Managementlehre bis heute als Maßstab professioneller Betriebsführung.

Doch die Zeiten, in denen es vor allem auf Wissen ankam, sind vorbei. Die hohe Marktdynamik des globalisierten Wettbewerbs erzeugt viel mehr Innovationen als früher. Innovationen sind historisch neu. Darüber kann es noch kein Wissen geben. Sonst wäre es keine Innovation. Deshalb kann man einer fremden Innovation nur mit einer eigenen begegnen. Oder anders: Wenn unserem Konkurrenten etwas eingefallen ist, dann muss uns auch etwas einfallen.

Das geht nicht ohne Könner. Jeder kennt sie. Man fragt sie um Rat, wenn man nicht weiterkommt. Nehmen wir Emma. Sie ist begehrtes Teammitglied bei schwierigen Projekten im Ausland, obwohl sie nur hessisch spricht und auch ihr Fachwissen nicht das beste ist. Aber wenn Emma dabei ist, sind Mitarbeiter und Kunden meist zufrieden. Das ist die Hauptsache. Wenn es mal brenzlig wird, mischt Emma sich ein: „Man muss mit den Leuten nur vernünftig reden", sagt sie, und alle wundern sich, warum ausgerechnet sie das schafft.

6.5 Höchstleister als Vorbild

Bei Höchstleistern haben wir beobachtet, wie sie Können sichtbar machen und nutzen. Hier einige Denkanregungen:

Personalauswahl: Konventionell wird Personal ausgewählt, indem zwei formale Beschreibungen verglichen werden: das Anforderungsprofil einer Stelle und das Skill-Profil des Kandidaten. Das Problem: Beide beziehen sich nur auf Wissen. Vom Können des Bewerbers bemerkt man allenfalls die Fähigkeit, im Bewerbungsgespräch zu beeindrucken oder im Assessment-Center zu glänzen.

Höchstleister nutzen die Erkenntnis, dass sich Talente nur gegenseitig erkennen. Sie bringen einen ihrer Könner mit dem Bewerber zusammen und lassen sie an einem aktuellen Problem arbeiten. Danach verlassen sie sich auf das Urteil ihres Könners. Die Personalabteilung stellt nur noch die passende Umgebung, aus der Bewertung hält sie sich raus.

Problemlöserkarrieren: Viele Höchstleister haben neben der üblichen Linienkarriere einen zweiten Karriereweg für Problemlöser. Sie bewegen sich von Problem zu Problem.

Wichtig ist, dass Talent und Problem möglichst gut zusammenpassen. Der Karriereweg eines solchen Mitarbeiters ist eine Kette gelöster Probleme. Projektleiter sind typische Problemlöser in diesem Sinne.

Personalentwicklung: Wir meinen damit die Entwicklung der Kompetenz der Belegschaft. Für die Mehrung von Wissen gibt es genügend leistungsfähige Instrumente. Die Förderung von Können bleibt meist unterentwickelt, da die konventionelle Managementlehre nur Wissen kennt und meint, mit „Wissensmanagement" sei alles abgedeckt.

Da Höchstleister zwischen Wissen und Können unterscheiden, können sie auch die Entwicklung von Können fördern. Naturgemäß gibt es dafür weder Methoden noch Prozesse. Können wird gefördert, indem ein Meister einem vermuteten Talent ein Problem zeigt. Wenn Talent und Problem in Resonanz geraten, entsteht maximale Motivation und, wenn man Glück hat, auch Können. Zwei Werkzeuge dieser Talentförderung sind das sogenannte Meister-Schüler-Verhältnis und die *Meisterloge*.

6.6 Resümee

In der betrieblichen Praxis wird zwischen Wissen und Können meistens nicht unterschieden. Sämtliche Kompetenzen werden als Wissen bezeichnet. Wann immer ein Mitarbeiter einer Aufgabe nicht gewachsen ist, wird mangelndes Wissen unterstellt. Schulungen sollen die Lücken schließen. Wie oben ausgeführt, sind Schulungen nur zur Verbreitung von Wissen geeignet. Zur Förderung von Können sind sie bestenfalls nutzlos. Wahrscheinlich schaden sie, weil sie knappe Ressourcen vergeuden, Frustration erzeugen und das Denken in falschen Kategorien zementieren.

Höchstleister unterscheiden Wissen und Können und fördern auch das Können.

7 Blinde Kostensenkung verbessert nicht die Effizienz

Viele Unternehmen meinen – immer wieder – unter zu hohen Kosten zu leiden. Immer wieder stellen sie fest, dass sie viel zu viele Mitarbeiter beschäftigen, viel zu viel Geld für ihre EDV ausgeben oder ganze Standorte nicht wirtschaftlich arbeiten. Dann ist es wieder höchste Zeit für ein Kostensenkungsprogramm.

Dieses Vorgehen scheint ohne Alternative. Wenn die Gewinne zu gering sind und die Preise sich nicht erhöhen lassen, müssen die Kosten runter. Das ist doch völlig klar. Irritierend ist allein die Erfahrung, dass die pauschalen Kürzungen, die nun folgen, immer nur für kurze Zeit Entlastung schaffen. Spätestens nach einigen Jahren steht man wieder vor dem gleichen Problem.
Hier überlegen wir, warum.

7.1 Weniger Verschwendung statt weniger Kosten

Der Controllingbegriff „Kosten“ verdeckt eine Unterscheidung: einerseits Kosten, die nichts zur Wertschöpfung beitragen, und andererseits Kosten, die die Wertschöpfung ermöglichen. Die ersten sind Verschwendung, die den Gewinn schmälern, die zweiten sind Investitionen, die Gewinn erst möglich machen. Kostensenkung hat nur Sinn, wenn sie sich auf die Verschwendung bezieht und Investitionen ungeschoren lässt.

In dynamischer Umgebung hat es zum Beispiel keinen Sinn, einen Prozess billiger zu machen, wenn dadurch die nächste Produktanpassung unmöglich wird. Eine Investition in flexible Alternativen brächte langfristig vielleicht mehr Gewinn als Kosten.

In dynamischen Märkten ist die Grenze zwischen Kosten und Investitionen ständig in Bewegung. Es ist schwierig, immer richtig zu unterscheiden. Wer es aber schafft, kann die fantasielosen Kostensenker schlagen. In dynamischer Umgebung sind konventionelle Kostensenkungsprogramme ein gefährlicher Blindflug.

Oder ein anderes Bild: Um im Notfall schnell zu steigen, hat ein Heißluftballon Ballast an Bord. Wer aber nicht nur die Sandsäcke, sondern auch die Gasflaschen abwirft, kann zwar einen grandiosen Effekt erzielen, aber keinen Wettbewerb gewinnen. (Es sei denn, die anderen sind auch nicht klüger.)

7.2 Mehr Steuerung heißt weniger Durchblick

Die meisten Manager wissen schon, dass es keine Erleichterung bringt, die zentrale Steuerung (Planung und Kontrolle) auszubauen. Doch solange die Alternative unbekannt ist, gilt das Motto: „Irgendwas muss man doch machen!"

Für die dynamischen Anteile des Managements ist Steuerung aber grundsätzlich untauglich. Bei hoher Dynamik kann sich die Steuerung nur an sogenannten internen Referenzen orientieren – auch wenn sie mit hohem Aufwand „modernisiert" ist. Das heißt, sie beschäftigt sich immer schneller und besser mit sich selbst. Die Welt draußen bleibt jenseits des Horizonts. Man sieht sie zwar, reagiert aber nicht darauf.

Ein Bild: Einige Havarien in Kernkraftwerken sind entstanden, weil das Personal nur noch das Kontrollzentrum bedient hat und nicht mehr das Kraftwerk. Der Qualm wurde zwar bemerkt, er wurde aber ignoriert, weil die Instrumente nichts Ungewöhnliches angezeigt haben.

Um zu steuern, braucht man Messwerte. Wegen der gewachsenen Dynamik sind diese außerhalb des Unternehmens schwer zu beschaffen. Deshalb wird lieber intern gemessen. Die Begründung lautet meist, dass nur wichtig ist, was gemessen werden kann, über den Teich geschwappt als „What gets measured gets done". Bei hoher Dynamik sind aber Ideen das Wichtigste und die sind nicht messbar. Sie können nur von talentierten Könnern mit dem Risiko des Irrtums beurteilt werden.

George Yau, ein begnadeter Controller der niederländischen Rabobank, hat den obigen Glaubenssatz abgewandelt zu: „What gets measured gets cheated upon." Dieser Aussage wird meistens zugestimmt. Wie sollte es auch anders sein: Wo Nichttriviales systematisch ausgeblendet werden muss, können talentierte Manager sinnvolle Entscheidungen nur dadurch begründen, dass sie die Zahlenbasis so lange fälschen, bis die Schlussfolgerungen wieder zu ihrer komplexen Realität passen.

7.3 Resümee

Solange die Steuerung nicht durch eine dynamikrobuste Kopplung von Zentrum und Peripherie[1] ergänzt wird, entsteht immer wieder existenzgefährdende Verschwendung. Hilflos wird dann alles, was das Controlling Kosten nennt, gekürzt. Das führt oft zu gefährlicher Unterversorgung zukunftsträchtiger Bereiche, während anderswo die Verschwendung schnell wieder altes Niveau erreicht.

[1] Siehe Denkzettel 17 „**Steuerung und Führung** – die zwei Seiten des Managements", Seite 140

Überlastete Taylor-Unternehmen leisten sich einen unbewusst verschwenderischen Umgang mit knappen Ressourcen. Diese Verschwendung kann man auch als Reserve deuten. Höchstleister nutzen diese Reserve, indem sie Verschwendung systematisch aufspüren und unterbinden. Diese Optimierung der Wertschöpfung ist die intelligente Alternative zur üblichen Kostensenkung nach der „Rasenmähermethode“. Denn selbst wenn der Rasen so kurz ist, dass er nicht weiter gemäht werden kann, sind die Kosten immer noch um Größenordnungen höher als bei den Höchstleistern.

8 Der Erfolg macht gute Kultur – nicht umgekehrt

Die konventionelle Managementlehre sagt, dass die Kultur eines Unternehmens zu den sogenannten Erfolgsfaktoren gehört. Für den Erfolg sei sie mindestens so wichtig, wie schlanke Prozesse, der sparsame Umgang mit knappen Ressourcen oder eine moderne EDV. Auch die Höchstleister scheinen dies zu bestätigen. Wer dort einen Besuch macht, spürt die besondere Kultur und zieht den Schluss: Eine gute Unternehmenskultur ist eine der Voraussetzungen für ihren Unternehmenserfolg.

Das ist falsch. Hier erfahren sie, warum.

8.1 Was ist Kultur?

Kulturentwicklungsprojekte scheitern immer. Wer daher glaubt, Kulturentwicklung sei unmöglich, der irrt und hat recht. Kulturentwicklung ist ein unlösbares Problem, weil es keines ist.

Die Kultur ist nicht Ursache, sondern Folge der Verhältnisse im Unternehmen. Weil eine beeindruckende Kultur und Höchstleistung nur gemeinsam beobachtet werden kann, können Ursache und Wirkung leicht verwechselt werden. Kleinen Kindern kann man noch erzählen, der Wind komme von den Windrädern. Das ist aus den gleichen Gründen plausibel und genauso falsch.

Die Kultur einer Organisation ist wie ein Schatten. Sie folgt dem, was ist. Ändern sich die Verhältnisse, dann ändert sich die Kultur. Kultur stiftet die Identität sozialer Systeme, ähnlich wie das Gedächtnis die Identität von Personen stiftet. Wie sonst könnten wir beim Aufstehen noch wissen, dass wir der sind, der sich gestern schlafen legte.

Erfahrungen werden in Form von Werten aufgehoben. Sie sind die Atome der Kultur und wirken als Kraftfelder für Verhalten. Das heißt: Sie legen bestimmtes Verhalten nicht fest, erleichtern oder erschweren es aber. Etwa so, wie eine Landschaft keine Wege vorschreibt, aber manche Wege leichter zu gehen sind als andere. In einem Trauerzug wirken andere Werte als für einen Zug im Karneval. Man kann Werte ignorieren und sich auf einer Beerdigung aufführen wie im Karneval. Das hat aber unangenehme Konsequenzen.

Sind Erfahrungen erst einmal in das kulturelle Gedächtnis aufgenommen, kann sich jeder auf ihr Wirken verlassen. Sie sind für alles Denken und Handeln als selbstverständ-

licher Kontext gegenwärtig – wie ein Gedächtnis eben. Ohne das Kulturgedächtnis wäre Kommunikation zu schwierig. Nichts wäre selbstverständlich. Über alles müsste immer wieder neu verhandelt werden. Kultur erleichtert die Kommunikation in Organisationen, indem sie Selbstverständlichkeiten zeigt und Verstöße sanktioniert.
In diesem Sinne wirkt Kultur konservativ.

Andererseits gibt es im Zuständigkeitsbereich einer Kultur immer wieder Situationen, in denen die zuständigen Werte nicht passen oder sich gar widersprechen. Das ist gut so. Denn wären die Werte logisch konsistent, wäre irgendwann alles klar, alles wäre gesagt, Kommunikation nicht mehr nötig. Nur weil die Kultur so gebaut ist, dass sie nicht zur Ruhe kommen kann, ist sie noch da.

Weil die Kultur eben auch mit Unklarheit versorgt, provoziert sie Entwicklung. Immer wieder muss ausprobiert werden, ob und für welche Situation welcher Wert noch Geltung hat. Kultur ist eine unruhige Abbildung der Verhältnisse. Sie provoziert zum Bewahren und zum Lernen.
In diesem Sinne sorgt Kultur für Neugier und Innovation.

Weil die Kultur nur die bestehenden Verhältnisse abbildet, kann sich ein Unternehmen seine Kultur nicht aussuchen. Es muss mit der Kultur zurechtkommen, die es hat. Es ist sinnlos, von den Mitgliedern einer Organisation eine bestimmte Kultur zu fordern. Da sie ihre Kultur nicht „gemacht" haben, können sie diese auch nicht ändern. Jeder ist beteiligt, aber keiner ist Autor der Kultur – so, wie auch keiner die Rushhour macht und doch alle gemeinsam im Stau stecken.

Kulturentwicklung als Erziehung von Menschen endet immer in einer Havarie. Weil das Kulturproblem nicht aus der Dummheit oder dem bösen Willen einzelner Personen besteht, kann es durch Belehrung und Ermahnung nicht gelöst werden.

Wer nun glaubt, sich mit einer unangenehmen Kultur auf immer abfinden zu müssen, liegt auch falsch. Kultur ist keineswegs starr. Sie ändert sich ständig. Wie jedes Gedächtnis nimmt sie alles auf, was geschieht. Was aber damit gemacht wird, was vergessen und was mit welcher Bedeutung erinnert wird, entscheidet sie selbst.
In diesem Sinne ist Kultur autonom.

8.2 Kultur zeigt das Dynamikproblem

Unternehmen, die in träger Marktumgebung erfolgreich waren, kennen nur die Kultur tayloristischer Wertschöpfung. Diese Kulturen stabilisieren Hierarchie, Disziplin, Ordnung und Gehorsam, weil ihre Träger über Generationen die Erfahrung gemacht haben, dass sie damit gut fahren. Diese Werte scheinen ohne Alternative zu sein; waren sie doch schon immer so – und: Wie sollte es denn anders gehen? Diese Haltung passt zur trägen Umgebung.

Heute bewegen sich auch diese Unternehmen in dynamischer Umgebung. Wegen der geringen Lernfähigkeit ihrer Organisation können sie sich nur schwer an veränderte Bedingungen anpassen. Die Konkurrenzkraft schwindet. Es kommt zu einer permanenten Überlastung der Organisation, ihrer Organe und Mitglieder – und damit zu einer weiteren Reduktion der Lernfähigkeit. Bleibt diese Situation länger bestehen, so „verblödet" die Organisation schließlich. Die Kultur spiegelt diese Tragödie nur wider, sie ist nicht die Ursache.

8.3 Die zwei Aspekte der Unternehmenskultur

Verhaltenskultur der *Vorderbühne*

Den sichtbaren Teil einer Kultur nennen wir die *Vorderbühne*. Sie besteht aus Geschäftsordnungen, aus Prozesshandbüchern, Protokollen, Zielvereinbarungen, Verträgen, Betriebsvereinbarungen und dem Verhalten der Mitarbeiter im Umgang mit diesen Dokumenten. Wir nennen diesen Kulturaspekt Verhaltenskultur.

Hier kann man gestalten: Wenn's in der Tiefgarage eng wird, gibt's eine neue Parkplatzordnung. Tayloristische Organisation funktioniert schon, wenn Regeln eingehalten werden. Deshalb besteht tayloristische Kultur fast nur aus der gestaltbaren *Vorderbühne*, aus dem sichtbaren Verhalten von Menschen. Werden die gesetzten Regeln eingehalten, ist die Kultur in Ordnung. Wenn nicht, muss sie „repariert" werden. Steht genügend Macht zur Verfügung, so ist dies mit den drei Werkzeugen „Argument", „Belohnung" und „Strafe" relativ leicht möglich.

Wertekultur der *Hinterbühne*

Die unsichtbaren Anteile einer Kultur nennen wir die *Hinterbühne*. Sie besteht aus Gerüchten, Ängsten, Seilschaften und aus Werten wie Vertrauen, Hass, Ehrlichkeit, Misstrauen oder Humor. Wir nennen diesen Kulturaspekt die Wertekultur.

In dynamischer Umgebung gibt es viele Überraschungen. Für Überraschungen gibt es keine Regel – sonst wären sie ja keine. Trotzdem muss gehandelt werden. Wo Regeln fehlen, braucht es Entscheidungen. Als Orientierung gibt es nur die Kraftfelder individueller Werte. Damit die Vielfalt der zu treffenden Entscheidungen ein harmonisches Ganzes ergibt, müssen die individuellen Werte zueinander passen. Bei gesunden Unternehmen übernimmt die *Hinterbühne* diese Aufgabe. Sie harmonisiert die individuellen Werte durch Kommunikation und erzeugt so ein leistungsfähiges „Wir". In überlasteten

Unternehmen ist auch die *Hinterbühne* überlastet. Die Werte bleiben individuell. Das „Wir" fehlt.

Kleines Fazit

Wenn Macht zur Verfügung steht, kann das Verhalten auf der *Vorderbühne* verändert werden, je nach Situation durch Argumente, Belohnung oder Strafe.

Die *Hinterbühne* als Kern der Kultur ist unsichtbar und nur an ihrer Wirkung erkennbar. Sie kann nicht verändert werden, sie verändert sich. Sie kann aber beobachtet werden, und sie reagiert auf die gewonnenen Erkenntnisse.

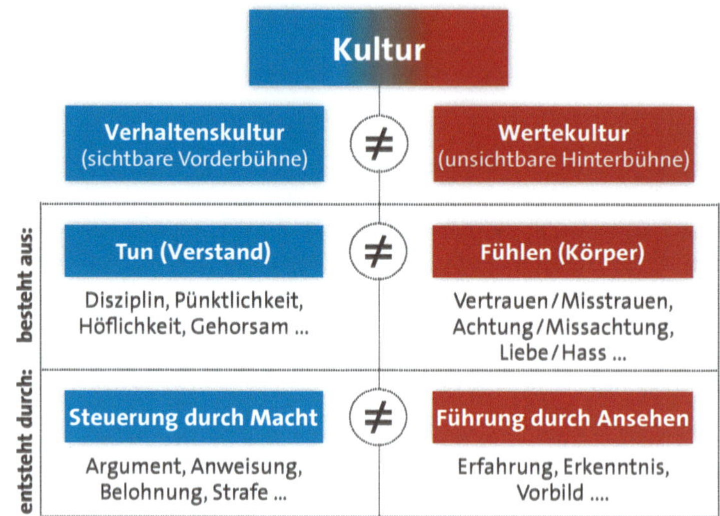

Verhaltenskultur ist das, was man sieht und gestalten kann (Vorderbühne). Die Wertekultur steckt unsichtbar dahinter und gestaltet sich (Hinterbühne).

Die Kultur eines Unternehmens hat eine sichtbare *Vorderbühne* und eine unsichtbare *Hinterbühne*. Die *Vorderbühne* besteht aus dem Verhalten der Mitarbeiter. Nur dieses kann direkt beobachtet werden. Die *Hinterbühne* wirkt durch unsichtbare Werte. Werte sind Gefühle, die ein bestimmtes Verhalten angenehm oder unangenehm machen. Aus dem sichtbaren Verhalten kann nur sehr schwach auf die unsichtbaren Werte geschlossen werden: Menschen können lügen und heucheln.

Bei niedriger Dynamik gibt es viel Routine und wenig Überraschung. Es ist möglich, Regeln für richtiges Verhalten zu formulieren und ihre Einhaltung zu fordern. Da das Verhalten dem Willen unterliegt, kann diese Forderung erfüllt werden. Verhalten sich Mitarbeiter richtig, so ist die Verhaltenskultur in Ordnung. Wenn nicht, so kann sie durch Argument, Belohnung und Strafe „repariert" werden.

Bei hoher Dynamik muss auch dann gehandelt werden, wenn es keine Regeln gibt (Überraschung). Dieses autonome Handeln braucht Entscheidungen. Diese können nur im Kraftfeld eigener Werte getroffen werden. Anders als Verhalten können Werte nicht willentlich verändert werden. (Verändern Sie mal Ihre Lieblingsfarbe!)

Werte funktionieren wie ein Gedächtnis. Sie bilden und verändern sich ständig – aber nur durch Erfahrung, nicht durch willentliche Gestaltung. Kultur ist nicht Ursache der Verhältnisse, sondern ihr Abbild oder besser: ihr Schatten.

Fast alle großen Unternehmen lassen immer wieder ihre kulturellen Werte bearbeiten. Wenn überhaupt, verändert dies nur das Verhalten, die Werte bleiben wie sie sind oder reagieren negativ.

Höchstleister versuchen nie, ihre Kultur zu entwickeln. Sie entwickeln dynamikrobustes Geschäft. Kultur wird nur beobachtet, denn sie zeigt, ob und wie gut dies gelingt. So wird aus der eigenen Kultur eine Lernumgebung, aus der das Management die Qualität der eigenen Arbeit ablesen und verbessern kann.

8.4 Wer Werte fordert, bekommt Heuchelei

Weil das Verhalten einer Person ihrem Willen unterliegt, kann die Forderung nach einem bestimmten Verhalten erfüllt werden.

Werte sind Gefühle, sie unterliegen nicht dem Willen. Wie ein Gedächtnis ändern sich Werte oft und leicht. Das kann beobachtet, nicht aber gestaltet werden. Positive Werte zu fordern, erzeugt fast immer das Gegenteil.

Nehmen wir den Wert Vertrauen. Er gilt als Basis für dynamikrobuste Organisation. Was aber geschieht, wenn in einer Misstrauenskultur mit Argumenten, Belohnung oder Strafe Vertrauen gefordert wird? Da bleibt nur die Möglichkeit, Vertrauen zu spielen oder, wenn man Manager ist, Vertrauen „vorzuleben". Meist fliegt die Heuchelei nicht auf. Wir erinnern uns: Werte sind unsichtbar. Nur das (geheuchelte) Verhalten kann direkt beobachtet werden. Allerdings: Wer den Zwang zur Heuchelei an sich bemerkt, vermutet ihn bei für anderen. Irgendwann wissen alle von allen, dass geheuchelt werden muss, um sich zu arrangieren. In dieser Situation ist es unvermeidlich, sich zu misstrauen. Die Forderung nach Vertrauen erzwingt also Misstrauen. Am Ende entsteht nicht die angestrebte Vertrauenskultur, sondern das Gegenteil.

Vertrauen ist das Kreditwesen der Kommunikation. Wie jeder Wert entsteht auch Vertrauen nur aus der Erfahrung, dass sich Vertrauen lohnt. Bleibt diese Erfahrung aus, entsteht Misstrauen. Wer das ändern will, muss die Ursache für Misstrauen finden und beseitigen. Wenn dann Vertrauen entsteht, war es die richtige Ursache, wenn nicht, muss man weiter suchen.

8.5 Das Problem formaler Befragung

Wer seine Kultur beobachten möchte, muss sie beschreiben. Dazu werden oft Mitarbeiterbefragungen empfohlen. Mit diesem Verfahren werden jedoch nur individuelle Meinungen erfasst und statistisch aufbereitet. Da die Kultur eines Unternehmens aber weder von Personen gemacht ist, noch aus ihnen besteht, ist Kulturbeobachtung so nicht möglich.

Beispiel: Applaus oder Buhrufe im Theater oder Stadion. Erst die (nichtverbale) Kommunikation unter Anwesenden erzeugt ein Publikum mit einer „Meinung", der sich der Einzelne dann anschließt oder nicht. Dieses „Wir" kann aus erfragten Einzelmeinungen nicht errechnet werden. Trotzdem wird es vielfältig gemacht. Aus Einschaltquoten beim Fernsehen, Wahlergebnissen oder Meinungsumfragen wird „der Fernsehzuschauer",

„der Wähler", „der Bürger" oder eben „der Mitarbeiter" errechnet. Alles nur Pappkameraden ohne wirkliche Entsprechung.

Ein alternatives Beispiel stammt von einem Hersteller jugendlicher Sportschuhe. Die Entscheidung über Entwurfsalternativen wurde lange Zeit aus Umfragen abgeleitet. Als dies immer weniger funktionierte, wurde der Firmenparkplatz in ein Eventareal für Jugendliche umgestaltet. Die Jugendlichen hatten ihren Spaß, und das Management beobachtete, bei welchen der ausgestellten Schuhmodelle sich die größten Trauben bildeten. Diese wurden produziert, die anderen nicht. Der Erfolg hält bis heute an.

Hier wurde beachtet, dass kein Jugendlicher allein wissen kann, was „Hip" ist oder sein wird. Erst die Kommunikation unter Anwesenden kann das. Der Einzelne wäre manchmal wohl selbst überrascht, wenn er schon vorher wüsste, was er am Ende für gut halten wird.

Wer sich an statistischen Phantomen orientiert, läuft Gefahr, Maßnahmen zu ergreifen, die zwar die Messwerte verbessern, nicht aber die Situation oder die Meinung darüber. Die Wertekultur eines sozialen Systems setzt sich nicht aus den Meinungen ihrer Mitglieder zusammen, sondern wird immer wieder neu durch Kommunikation erzeugt.

8.6 Kulturbeobachtung

Die Verhaltenskultur der *Vorderbühne* kann leicht beobachtet und verändert werden. Aber gerade deshalb gibt die *Vorderbühne* nur wenig Auskunft über die Wertekultur der *Hinterbühne*. Aus Verhalten kann nur dann auf Werte geschlossen werden, wenn es freiwillig geschieht und ohne Risiko unterbleiben könnte. Oder anders: Kultur lässt sich nur dort beobachten, wo keine Macht benutzt wird.

Wenn ein bestimmtes Tun oder Unterlassen mit Belohnung oder Strafe korreliert, wird nicht die Wirkung von Kultur, sondern von Macht beobachtet. Auch finanzielle Anreize oder Aktivitäten zur Kulturentwicklung behindern die Beobachtung von Kultur. Denn beides legt nahe, Werte auch dann zu zeigen, wenn sie nicht vorhanden sind. Um dazu nicht „heucheln" sagen zu müssen, sagt man „vorleben".

Beispiel: Die Kantine eines Software-Unternehmens hat eine Kasse, aber keinen Kassierer. Die Mitarbeiter legen das Geld für ihr Mittagessen in die Kasse und entnehmen das Wechselgeld. Wenn jemand, ohne zu bezahlen, an der Kasse vorbei geht, werden gute Gründe unterstellt. Vielleicht hat er sein Geld vergessen und zahlt morgen. Oder er zahlt nur einmal die Woche. Wichtig ist: Wenn die Kantine Gewinn macht, zeigt die Kultur auf keinen Mangel. Macht sie aber Verlust, muss der Grund gesucht und beseitigt werden.

Hier eine Liste mit weiteren Möglichkeiten zur Kulturbeobachtung:

- Beiträge in Kundenzeitschriften: langweilige Pflichtübung oder lesenswert?
- Betriebsrat: ein Sensor für Angst
- Zustand der Toiletten und der Kaffeeküche: Welche Zettel hängen an den Wänden?
- Krankenstand
- Fehlerraten, Kundenreklamationen
- Gerüchte (Intensität, Inhalt, Qualität ...)
- Lebensdauer von Verschleißgegenständen (Notebooks, Büromöbel, Dienstwagen ...)
- Alltagskleidung der Mitarbeiter: lebensfroh oder schlampig?
- Humor und seine Rolle im Alltag
- Gestaltung der Arbeitsplätze
- Betriebszeitung: freiwillige Beiträge, Leserbriefe ...?
- Schwarze Bretter: Aktualität, Gestaltung ...
- Zahl der Mails mit Absicherungskopien
- Gesprächsthemen in der Kantine: nur Urlaub und Fußball oder auch die Arbeit?
- Gestaltung von Betriebsfeiern: eigene Beiträge oder gekauftes Entertainment?
- Meldefloskel am Telefon: individuell oder gelernter Text?
- Umgang mit Anreizsystemen: Welche Rolle spielen sie bei der Verteilung und Organisation von Arbeit?

8.7 Resümee

Kultur ist nicht Ursache, sondern Wirkung herrschender Verhältnisse. Deshalb kann und braucht sie nicht entwickelt zu werden. Wenn es gelingt, die Verhältnisse zu ändern, verändert sie sich von allein. Im Kontext hoher Dynamik ist die Entwicklung von Kultur kein eigenständiges Problem mehr. Das Problem ist die Anpassung der inneren Verhältnisse eines Unternehmens an seine Umgebung. Kultur ist nur insofern wichtig, als sie die Qualität dieser Bemühungen sichtbar macht. Sie ist ein unbestechlicher Sensor für die Organisationsentwicklung.

Höchstleister betreiben keine Kulturentwicklung, aber sie haben meist eine empfindliche Kulturbeobachtung.

Noch ein Hinweis: Ein bewährtes Werkzeug zur Kulturbeobachtung von außen sind die sogenannten *verketteten Gespräche*.

9 Informationsflut – ein Denkfehler

Eine Mail geht ein, ein Buch erscheint, die Tagesschau wird gesendet. Diese Ereignisse werden Information genannt. Wenn mehr solcher Ereignisse stattfinden, als der Empfänger verarbeiten kann, nennt man das Informationsflut. Sie wird allgemein als lästig und unangenehm beklagt (E-Mail-Pest).

Wenn jemand etwas erfährt, was er schon lange wissen wollte, heißt dieses Ereignis auch Information. Kann es von solchen nützlichen Ereignissen auch ein Übermaß geben, das als lästig beklagt wird? Wohl nicht.

Mit dem Begriff Information werden also zwei sehr verschiedene Ereignistypen bezeichnet. Wir brauchen für jeden Typ einen eigenen Begriff, also eine Unterscheidung. Wir schlagen vor, nur die nützliche Neuheit als Information zu bezeichnen. Den Rest als Mitteilung oder als Daten.

Mit dieser Unterscheidung behaupten wir, dass die aktuelle Datenflut einen Informationsmangel erzeugt.

9.1 Information und Daten

Daten sind formale Strukturen. Sie haben keinen festen Ort oder Zeitpunkt, lassen sich also transportieren, übertragen, verarbeiten, speichern, aufschreiben, verkaufen oder stehlen. Daten findet man in den Speichermedien eines Computers, in Büchern, Landkarten und Konstruktionszeichnungen. Daten existieren auch dann, wenn sie niemand beachtet. All das ist bei Informationen anders.

Information ist ein Ereignis in einem Bewusstsein. Als Ereignis hat Information einen festen Ort, wie ein Autounfall. Sie lässt sich weder transportieren noch übertragen oder identisch wiederholen. Sie ist die Veränderung, die sich einstellt, wenn eine Mitteilung einen Unterschied hinterlässt. Zur Illustration: Jemand fragt: „Welcher Tag ist heute?" Die Antwort „Freitag" löst im Bewusstsein des Fragenden ein Ereignis aus: „Aha, heute ist Freitag." Dieses Ereignis ist Information. Der Unterschied zwischen Daten und Information wird deutlich, wenn dieser Vorgang wiederholt wird. Die Frage lautet erneut „Welcher Tag ist heute?", und „Freitag" ist die Antwort. Die Mitteilungen (Daten) und ihre Wahrnehmung haben sich wiederholt. Das Ereignis, die Information „Aha, heute ist Freitag!", kann sich nicht wiederholen, da der Fragende schon Bescheid weiß.

Computer verarbeiten nur Daten, keine Informationen. Der Begriff „IT“ (*information technology*) ist irreführend. Der Begriff „EDV“ (*Elektronische Daten-Verarbeitung*) ist präziser, deshalb vermeiden wir den Begriff „IT“. Dass „EDV“ altmodisch und „IT“ modern klingt, zeigt ein Problem: Wenn Daten und Informationen nicht unterschieden werden, wird EDV eingesetzt, wenn Information fehlt – eine Havarie. Wer weiß, wie teuer EDV-Projekte sind, ahnt, wie viel Geld fehlende Unterscheidungen kosten.

9.2 Daten können Information töten

Mehr Daten sind also nicht mehr Information. Im Gegenteil: Werden mehr Daten bereitgestellt, als bearbeitet werden können, entsteht weniger Information und damit weniger Übersicht. Deshalb sagen wir: Daten können Information töten.

Eine Mail zum Beispiel ist eine Mitteilung (Daten). Der Leser kann daraus Information gewinnen oder nicht. Wenn aber mehr Mails eintreffen, als der Empfänger lesen und verstehen kann, gehen auch die Mails verloren, aus denen er Information hätte gewinnen können. Zu viele Mails ergeben weniger Information. Oder anders: Datenflut erzeugt Informationsmangel.

Eine Lösung: Ein bekannter Konzernvorstand teilte mit: „Ich lese keine E-Mails mehr. Wenn mir aber jemand etwas handschriftlich mitteilt, bearbeite ich es innerhalb weniger Stunden.“ Er reduziert den Datenverkehr, indem er ihn erschwert. Jetzt kann er aus den Mitteilungen mehr Information gewinnen.

Wenn es Mühe macht, Daten zu senden, hat der Sender Anlass, alles wegzulassen, was den Empfänger nicht interessiert. Die oft geforderte Transparenz entsteht also nicht, wenn alle Daten möglichst vollständig übermittelt werden, sondern wenn unwichtige Daten weggelassen werden. Was wichtig und was unwichtig ist, muss vom Sender im Interesse des Empfängers entschieden werden. Nur wenn der Sender einen Vorteil davon hat, dass der Empfänger versteht, kann mehr Information erzeugt werden.

9.3 Resümee

Da Information nur vom Adressaten erzeugt werden kann, kann es keine Informationsflut geben. Niemand kann sich mit Leistungen seines eigenen Bewusstseins überfluten. Wenn es eine lästige „Informationsflut“ gäbe, wäre es vernünftig zu fordern: „Weniger Information!“ Schon diese Negation macht deutlich, dass mit dem Begriff etwas nicht stimmt.

Was es geben kann, ist eine Datenflut, die es schwieriger macht, Information zu gewinnen. Wenn die Datenflut Informationsflut genannt wird, wird das Problem unsichtbar.

In dynamischer Umgebung ist Information lebenswichtig. Wir brauchen uns jetzt nicht mehr zu wundern, dass es bei Höchstleistern immer wieder Manager gibt, die keine Mails lesen. Weil das jeder weiß, sind sie gut informiert.

10 Interne Anreize reduzieren die Leistung

Wenn das Management mit der Leistung der Mitarbeiter unzufrieden ist, werden oft interne Anreizsysteme[1] empfohlen. Dabei werden Ziele für bestimmte Kennzahlen vorgegeben. Werden sie erreicht, gibt's eine Belohnung, sonst das Gegenteil.

Mit solchen Anreizen lassen sich Kennzahlen verändern. Wird zum Beispiel ein Bonus abhängig vom Umsatz oder Deckungsbeitrag gezahlt, werden verstärkte Anstrengungen unternommen, diese Kennzahlen zu steigern. Wieso also die in der Überschrift formulierte Skepsis gegenüber internen Anreizen?
Hier erfahren Sie, warum.

10.1 Interne Anreize sind Elemente von Steuerung

Als die Märkte noch weit und träge waren, konnte sich das Zentrum eines Unternehmens durch sorgfältige Analysen einen Kompetenzvorsprung erarbeiten. Dieser wurde über Planung und Steuerung und eben Anreize der Peripherie zur Verfügung gestellt.

Heute sind die meisten Märkte eng und dynamisch. Das zwingt die Peripherie, sich direkt mit dem dynamischen Alltag auseinanderzusetzen. Wenn sie das durchhält, wird sie irgendwann operativ klüger als das Zentrum. Das Zentrum verliert seinen Kompetenzvorsprung, die Steuerung kollabiert.[2]

Unter diesen Bedingungen kann das Zentrum keine nützlichen Anreize mehr setzen. Wird es trotzdem gemacht, dann mutet das operativ „dumme" Zentrum der „klugen" Peripherie zu, sich nach seinen Vorgaben zu richten. Die Organisation verblödet.

10.2 Warum Höchstleister keine internen Anreize setzen

Höchstleister betrachten interne Anreize als Form von Verschwendung, weil sie teuren Aufwand erzeugen und in dynamischer Umgebung nur schaden.

[1] „System" ist hier als Ordnungsstruktur gemeint, nicht als System im Sinne der Systemtheorie. Im weiteren Verlauf wird, um Verwechslungen zu vermeiden, nur noch von internen Anreizen gesprochen.

[2] Siehe Kapitel 4.3 „Zentrum und Peripherie – Kollaps der Steuerung", Seite 21

Einige Beispiele:

Belohnung wird wichtiger als richtiges Handeln

Wie jede Steuerung sind interne Anreize Werkzeuge zur Umsetzung von Plänen. Kommt es aber anders, wird der Plan sinnlos, und die gesetzten Anreize würden jetzt falsches Verhalten belohnen. Weil kompetente Mitarbeiter dies sehen können, geraten sie in ein Dilemma:

Entweder: Die falsch gewordenen Ziele werden wider besseres Wissen weiter verfolgt. Das sichert die vereinbarte Belohnung, schadet aber dem Unternehmen.

Oder: Es wird im Sinne des Unternehmens das Richtige getan. Das kostet die Belohnung und bringt Ärger.

Irgendwann entscheidet sich jeder für die Belohnung.

Ablenkung statt Konzentration

Wenn Dynamik dominiert, müssen sich die Mitarbeiter der Peripherie auf die Marktüberraschungen konzentrieren. Etwa so, wie Fußballer sich auf die Aktionen der Gegenmannschaft konzentrieren. Wenn sie Prämien erhielten, wenn das Sponsorenlogo im Fernsehen erscheint, wären sie abgelenkt. Sie müssten neben dem Spielgeschehen auch die Fernsehkameras beobachten. Gegen eine Mannschaft, die sich voll aufs Spiel konzentriert, wären sie im Nachteil.

Interne Anreize können dem überraschenden Marktgeschehen nicht folgen und haben irgendwann nichts mehr damit zu tut. Sie lenken nur noch ab. Deswegen ist bei hoher Dynamik ein Unternehmen ohne interne Anreize überlegen.

Talent und Können werden behindert

Dynamikrobuste Organisation wird getragen von talentbasierten Könnern. Werden Talente gefördert, dann entsteht Vielfalt, denn: „Jeder Jäck ist anders!", wie die Kölner sagen. Alles, was diese Vielfalt behindert, behindert die Dynamik.

Interne Anreize gelten meist für ein ganzes Jahr. Auf spontane Chancen oder Risiken können sie keine Rücksicht nehmen. Genau das ist aber die Stärke der Könner: Ideen und überraschende Aktionen. Mit Anreizen können nur Leistungen gefördert werden, die schon bekannt sind. Genau das ist aber die Schwäche der Könner: bekannte Routine.

Interne Anreize fördern bekannte Routine und behindern Talent, Können, Ideen und Innovation. Damit verhindern sie Höchstleistung.

Misstrauenskultur wird stabilisiert

Jeder Mitarbeiter unterschreibt einen Arbeitsvertrag, in dem er sich verpflichtet, seine Arbeitskraft dem Unternehmen zur Verfügung zu stellen. Die Tinte ist kaum trocken, schon wird darüber verhandelt, welche Belohnung er erhält, wenn er das eben Unterschriebene auch einhält. Besser kann ˘Misstrauen kaum zelebriert werden.

Oft wird argumentiert, dass Anreize und Belohnungen „gerecht" seien. Wer viel leistet, bekommt auch viel. Das macht aber aus dem Mitarbeiter einen ˘Zulieferer. Auch der liefert nur, was bestellt und bezahlt wird. Dynamikrobuste Unternehmen brauchen aber Mitarbeiter, die dann Handeln, wenn es nötig ist, nicht nur dann, wenn es extra honoriert wird.

Höchstleister wissen, dass selbstbestimmte Leistung keine Last ist, sondern ˘Motivation. Sie versuchen, die Talente ihrer Mitarbeiter und die zu lösenden ˘Probleme in Resonanz zu bringen. Wenn das gelingt, entsteht die maximale ˘Motivation, die ein Höchstleister braucht. Gelegenheit zur Leistung schafft ˘Vertrauen, nicht umgekehrt. Konventionelle Anreize wirken wie Bestechung und schaffen Misstrauen.

Führung kann sich nur schwer entwickeln

˘Steuerung braucht ˘Wissensvorsprung und die ˘Macht, diesen zu nutzen. ˘Führung braucht Talent und hohes Ansehen, um nützlich zu sein. Nur jemand, der freiwillig um Rat gefragt wird, führt.

Führung und Geführte sind aufeinander angewiesen. Sie brauchen sich als widerständige Lernumgebung. Das heißt, sie müssen auch dann voneinander profitieren können, wenn sie sich nicht voll verstehen. Die Aussage „Was Du da vorhast, kann bei mir nicht klappen." ist auch dann nützlich, wenn sie fachlich nicht verstanden werden kann. Ziel ist, Lösungen zu finden, die die Zwänge und die ˘Kompetenz beider Seiten nutzen.

Nur durch diese besondere ˘Kopplung entsteht die hohe Führungsqualität der Höchstleister. Oder anders gesagt: Nur durch die ˘Widerständigkeit der Peripherie kann sich im Zentrum die Führung entwickeln, die die Peripherie benötigt.

Damit die Peripherie ˘dynamikrobust handeln kann, braucht sie einen zeitlich und sachlich engen Horizont, in dem nur der gerade aktuelle Alltag vorkommt. Ohne die weitblickende Widerständigkeit des Zentrums würde sie in der nächstbesten Sackgasse landen. Die Führung braucht einen möglichst weiten Horizont, in dem auch das noch nicht Aktuelle Platz hat. Ohne die „Erdung" durch die Peripherie würden im Zentrum bald weltfremde Träumereien dominieren.

Wie jede Steuerung sind interne Anreize einseitig. Sie behindern die gegenseitige Widerständigkeit von Führung und Geführten. Weil im Kontext steuernder Anreize sich Führung nicht entwickeln kann, müssen diese Unternehmen mit Steuerung auskommen. Bei hoher Dynamik ein inzwischen gefährlicher Nachteil.

10.3 Belohnung bei Höchstleistern

Interne Anreize aus Zielvorgaben und zugehöriger Belohnung gibt es bei Höchstleistern nicht. Manchmal gibt es eine Anerkennung. Sie wird aber erst am Ende einer Periode ausgelobt. Denn erst dann ist zu erkennen, ob eine bestimmte Vorgehensweise zum Vorbild taugt oder nicht. Wenn ja, wird dies feierlich festgehalten. Die fließenden Beträge oder Werte sind meist so gering, dass sie nur als Symbole taugen.

Diese Form der Belohnung ist dynamikrobust. Sie schränkt intelligentes Handeln nicht ein, gründet nicht auf Misstrauen und kann mit den Anforderungen der Marktumgebung nicht in Konflikt geraten.

Einwurf: Es gibt seltene Fälle, in denen auch Höchstleister sehr hohe Boni zahlen. Im Investment Banking ist das die Regel. Dort werden als Ziele aber nicht bestimmte Handlungen oder Kennzahlen, sondern Beiträge zum Ergebnis vereinbart. Auch solche Vereinbarungen haben ihre Schattenseiten. Immerhin legen sie das Handeln der Mitarbeiter nicht im Voraus fest und sind daher grundsätzlich dynamikrobust.

10.4 Wie kluge Unternehmen interne Anreize abschaffen

Bei Unternehmen, die aus der Steuerung mit internen Anreizen ausgestiegen sind, haben wir Folgendes beobachtet: Das Controlling berechnet den Aufwand für die bisherigen Anreizprozeduren. Er setzt sich zusammen aus den Zeiten für:

- das Aushandeln des Vertrages am Jahresanfang und seine Auslegung am Jahresende,
- die kollegialen Optimierungsgespräche in der Kaffeeküche,
- die Verwaltung des Programms.

Das geldwerte Äquivalent wird anteilig den durchschnittlichen Gehältern zugeschlagen. Obwohl der Umstieg auf das neue Modell freiwillig ist, setzt es sich bald durch – zumindest bei hoher Dynamik.

10.5 Resümee

Interne Anreize sind ein Element der Unternehmenssteuerung. Wie alle Steuerungselemente setzen sie Wissen über die Zukunft voraus. Bei hoher Dynamik besteht die Zukunft vor allem aus Überraschungen. Da Anreizverträge nicht ständig angepasst werden können, zeigen sie bei hoher Dynamik meist in die falsche Richtung.

Der Mitarbeiter ist veranlasst, einen gewichtigen Teil seiner Intelligenz zum Ausbalancieren dieser Diskrepanz zu verwenden. Bei hoher Dynamik erreicht diese Verschwendung gefährlich hohe Werte.

Obwohl diese Erfahrung allgemein bekannt ist, gelten interne Anreize meist als unverzichtbar. Der Grund: Sie entlasten das Management von der schwierigen Aufgabe der Führung und die Mitarbeiter vom vermeintlichen Risiko eigenständigen Handelns. Dynamikrobuste Höchstleister setzen keine internen Anreize.

11 Kundenorientierung ist gefährlich

„Der Kunde und seine Wünsche stehen bei uns im Mittelpunkt", liest man in vielen Unternehmensbroschüren. Ein naheliegender Gedanke, denn nur der Kunde ist die Quelle des Gewinns.

Doch wer ist „der Kunde"? Gibt es eine Person, der man den Gewinn verdankt, die man befragen und hofieren könnte? Wohl nicht. Es gibt eine unübersehbare Anzahl von Kunden. Die, die schon bei Ihnen kaufen, und die, die bei Ihnen kaufen könnten. Selbst kleine Unternehmen haben tausende (potenzieller) Kunden. Und da alle irgendwo Kunden sind, sind es insgesamt mehrere Milliarden. Da nicht alle Menschen die gleichen Wünsche haben, stellt sich nun die Frage, wessen Wünsche im Mittelpunkt stehen sollen. Kundenorientierung ist ein unbestrittener Erfolgsfaktor. Trotzdem ist es ein Denkfehler. Hier zeigen wir, warum.

11.1 Kundenorientierung: ein Experiment

Der Besitzer eines gediegenen Mittelklasseautos besucht seinen Vertragshändler. Im Kundenbereich hängt ein Plakat: „Der Wunsch unserer Kunden steht bei uns im Mittelpunkt." Wir belauschen das folgende Gespräch. Mal sehen, wie der Händler sich am Kundenwunsch orientiert:

Händler: „Guten Tag, was dürfen wir für Sie tun? Inspektion, Winterreifen, kleine Reparatur oder eine Probefahrt mit unserem neusten Modell?"
Fahrer (findet das Plakat übertrieben und erlaubt sich einen Scherz ...): „Nein danke, heute hätte ich gern meine Haare geschnitten."
Händler: „Tut mir leid, da müssen Sie zum Frisör gehen."
Fahrer: „Dachte ich mir schon. Aber auf Ihrem neuen Plakat steht, dass Kundenwünsche im Mittelpunkt stehen. Ich bin ein Kunde, sie kennen mich."
Händler (denkt): „Was ist denn das für ein Kasper?" und entflieht der Peinlichkeit, indem er sich rasch einem anderen Kunden zuwendet, dessen Wünsche sich zur Orientierung besser eignen.

Fazit: Es gibt Kundenwünsche, die kann und muss man ignorieren. Nicht alles, was ein Kunde als Wunsch äußert, ist wirtschaftlich verwertbar.

Einige Wochen später. Gleicher Händler, gleicher Kunde, gleiches Anliegen:
Händler: „Was können wir für Sie tun? Inspektion, Winterreifen, kleine Reparatur?"
Fahrer: „Ich hätte gern meine Haare geschnitten."

Händler (denkt: „Schon wieder der!"): „Tut mir leid, da müssen Sie zum Frisör gehen."
Fahrer: „Jetzt bin ich aber enttäuscht. Meine Frau, die ja ein Auto ihres Konkurrenten fährt, war unlängst bei ihrem Vertragshändler. Dort hat man ihr angeboten, während der Inspektion den Frisör des Hauses zu besuchen – kostenlos. Sie war begeistert. Warum gibt's dieses Angebot nur dort?"
Händler (peinlich berührt): „Ja, davon habe ich gehört. Sie sind schon der fünfte in dieser Woche, der danach fragt. Ich werde mich mal an die Zentrale wenden. Die müssen sich dringend darum kümmern."

Fazit: Der Konkurrent hat dieses Mal die Nase vorn. Aber nicht, weil er sich an einem Kundenwunsch orientiert hat (den gab es gar nicht), sondern weil er ihn erzeugt hat. Erst wenn ein Kunde glaubwürdig behaupten kann, sein Wunsch werde beim Konkurrenten erfüllt, muss auch unser Händler sich an diesem Wunsch orientieren.

Merke: Nicht der Kunde, sondern der Konkurrent bestimmt, ob ein Kundenwunsch zur Orientierung genutzt werden kann. Ein Kunde überbringt nur die Nachricht. Kunden bewerten die Ideen ihrer Lieferanten, machen Wünsche daraus und verkünden sie dann. Kunden bringen Kunde – deshalb heißen sie so.

11.2 Kunden ignorieren?

Heißt das, ein Unternehmen kann seine Kunden ignorieren und sich direkt mit seinem Konkurrenten vergleichen?

Früher war das möglich. Da waren die Unternehmen einander so ähnlich, dass man sogenannte Benchmark-Vergleiche durchführen konnte. Der Gewinner musste nur das Ergebnis mitteilen, dann hatte er genügend Kunden. Die Verlierer konnten sich an den Kennzahlen der Besten orientieren.

In der heutigen Dynamik sind Unternehmen zu verschieden, um sie direkt zu vergleichen. Jetzt gilt nur noch der Vergleich, den potenzielle Kunden anstellen. Dabei werden sie von Nachbarn, Kollegen, Kindern und alle zusammen von der Mode, der Werbung und vom Wetter beeinflusst. Durch diese Kommunikation entstehen Resonanzen, die Marktführer früher erahnen als ihre Konkurrenten.

Natürlich sind es immer konkrete Personen, die etwas kaufen und als Kunde bezahlen. Der Verkäufer muss Herrn Müller davon überzeugen, dass Herr Müller bei ihm ein Auto kauft. Er muss auch heraushören, was Herr Müller sich wünscht, und erklären, warum das Modell seinen Wünschen entspricht.

Wenn aber das Management des Autobauers überlegt, ob es sich lohnt, ein zweisitziges Elektro-Auto zu bauen, ist es unwichtig, was Herr Müller davon hält. Na klar, heißt es dann. Herr Müller ist unwichtig, aber die technik-affinen, urban-orientierten, männlichen Berufspendler, die sind unsere Zielgruppe. Die müssen wir nach ihren Wünschen befragen und dann danach handeln. Dann werden Befragungen durchgeführt und raffinierte statistische Auswertungen gefahren. Diese mathematischen Gebilde heißen dann: „der Bürger", „der Wähler", „der Zuschauer" oder eben „der Kunde". Niemand hat diese Geister je gesehen. Trotzdem wird über sie geredet, als wären es Personen wie Du und ich.

Nehmen wir eine Theaterpremiere. Nach dem Schlussvorhang entsteht meist in wenigen Sekunden eine Resonanz, die anzeigt, ob die Aufführung ein Erfolg war oder ein Flop. Vielleicht beginnt es mit einem zaghaften Klatschen, dann folgen einige Buhrufe und schließlich tosender Applaus. Würde man das gleiche Stück aufzeichnen, jedem Zuschauer einzeln vorspielen und dann ein Befragung durchführen, ergäbe sich nur zufällig das gleiche Ergebnis.

11.3 Kunde als Medium

Auch in der Wirtschaft ist die Meinung des Marktpublikums nicht einfach da und kann erfragt werden. Auch sie bildet sich erst durch Kommunikation – wie im Theatersaal. Resonanzen zu erzeugen, ist nicht jedermanns Sache. Das braucht Talent und Glück. Warum manche Produkte liegen bleiben und andere weggehen wie Schirme bei Regen, kann nur erahnt, nicht berechnet werden. Wer klar dachte, hätte gesagt: „Ein Handy mit Kamera? Was für ein Unsinn! Die Leute haben doch alle schon Kameras und brauchen ihr Handy zum Telefonieren. Für solchen Schnickschnack wird keiner einen Aufpreis zahlen." Einer hat es geahnt und heute sind alle klüger!

Kundenorientierung ist ein irreführender Name für das Bemühen, herauszufinden, was mit welchem Risiko wertschöpfend produziert werden kann. Potenzielle Kunden sind dabei nicht als Individuen wichtig, sondern nur als Medium zur Beobachtung der Ideen relevanter Konkurrenten. Medien sind nur nützlich, wenn sie sich in die Beobachtung nicht „einmischen". Etwa so wie eine Brille. Ist das Glas sauber, bleibt es für den Beobachter unsichtbar. So soll es sein. Ist es verschmutzt, sieht der Beobachter das Medium selbst, damit ist es unbrauchbar.

Um mit dem Medium „Kunde" Konkurrenzverhältnisse zu beobachten, dürfen sich konkrete Kunden nicht einmischen. Herrn Müllers individuelle Meinung muss unsichtbar bleiben.

Wer sich direkt, ohne Medium, mit seinen Wettbewerbern vergleicht, kann dafür nur seine eigenen Kriterien benutzen. Das entspräche der unscharfen Beobachtung ohne Brille. Auch die Kriterien einzelner oder statistisch abstrahierter Kunden ergeben kein hilfreiches Bild. Das wäre die Beobachtung mit verschmutzter, rosaroter oder schwarzer Brille.

Höchstleister versuchen nicht, das soziale Medium „Kunde" zu verstehen, sondern benutzen ihr Gefühl. Das heißt, sie überlassen es ihren talentierten Könnern, mittels dieses Mediums Marktchancen zu erahnen und passende Produkte zu fördern. Das einzige objektive Kriterium bleibt am Ende die bezahlte Rechnung.

11.4 Resümee

Der Wunsch einer Person, die zufällig Kunde ist, taugt nicht zur Orientierung. Auch dann nicht, wenn von vielen Kunden der Durchschnitt genommen wird.

Höchstleister orientieren sich nicht an Kunden und deren Wünschen, sondern an der Aussicht auf bezahlte Rechnungen. Dazu müssen sie in den Augen der Interessenten besser sein als die Konkurrenten. Um sich ständig zu vergleichen, nutzen sie das soziale Medium „Kunde". Sie wissen allerdings, dass sie dies ihren Könnern überlassen müssen. Mathematik und Prozesse nutzen da wenig.

12 Zentral oder dezentral? – eine falsche Frage

Oft wird Unternehmen geraten, betriebliche Funktionen zu zentralisieren, um Kosten zu sparen. Genauso oft wird geraten zu dezentralisieren, um die Flexibilität zu steigern. Da beide Varianten empfindliche Nachteile haben, ist den meisten Unternehmen mit keiner von beiden geholfen. Nach einigen Jahren Zentralisierung gibt es dann eine Gegenbewegung ins andere Extrem und umgekehrt. Es entsteht eine „Schwingung". Wir kennen Unternehmen, die schon die fünfte hinter sich haben. Die sechste lauert schon. Warum dieses Hin und Her, das dann am Ende doch keine Besserung bringt?

Der Grund: Die Frage „Zentral oder dezentral?" ist bei hoher Dynamik eine falsche Frage. Wie immer, entstehen durch falsche Fragen nur falsche Antworten. War die Frage einmal richtig und ist damit selbstverständlich, kann es passieren, dass sie bis zum Untergang wiederholt wird.

Der Ausweg sind nicht immer wieder andere Antworten, sondern bessere Fragen. Hier suchen wir nach der richtigen Frage.

12.1 Die Wirkung der Dynamik

Wie in Kapitel 4.3[1] erläutert, teilen wir die Funktionen im Unternehmen in zwei Gruppen: das Zentrum und die Peripherie. Bei niedriger Dynamik bearbeitet das Zentrum alle externen Reize und erzeugt daraus Anweisungen an die Peripherie. Die Peripherie macht daraus wertschöpfende Handlung. Diese Arbeitsteilung heißt tayloristisch, die dazu passende Kopplung zwischen Zentrum und Peripherie heißt Steuerung.

Bei wachsender Dynamik wächst der Anteil der Reize, die so schnell bearbeitet werden müssen, dass für den Umweg über das Zentrum keine Zeit bleibt. Die Peripherie muss dann die Reize, die bei ihr eingehen, selbst bearbeiten. Wir nennen diesen Anteil den Alltag[2] einer Funktion. Die Dynamik zieht die Bearbeitung dieser Alltagsanteile vom Zentrum an die Peripherie. Die Aufgaben ohne Alltagsanteil, wie Strategie, Innovation und Führung, bleiben unbehelligt. Sie können und müssen weiterhin im Zentrum bearbeitet werden.

[1] Siehe Kapitel 4.3 „Zentrum und Peripherie – Kollaps der Steuerung", Seite 21

[2] „Alltag" klingt ein wenig nach eintöniger Routine. In dynamischen Märkten enthält aber das, was jeden Tag als „business as usual" zu bewältigen ist, viele Überraschungen, die zu raschem Entscheiden zwingen.

12.2 Die richtige Frage

In konservativen Unternehmen ist die Wirkung von Dynamik noch wenig verstanden. Deswegen kann sich die dogmatische Alternative „Was ist besser: zentral oder dezentral?“ bis heute halten.

Höchstleister stellen die Frage: Wie können die gewohnten Funktionen so zerlegt werden, dass sie arbeitsteilig auf Zentrum und Peripherie aufgeteilt und ohne Steuerung gekoppelt werden können.[1] Bewährt hat sich die Aufteilung mit der Unterscheidung Alltag/Innovation. Der Alltag, zum Beispiel des Controllings, wandert in die Peripherie, die zugehörige Strategie und Innovation bleibt im Zentrum.

Oft finden wir folgende Struktur: Die Peripherie betreibt die Alltagsanteile des Controllings und besorgt sich damit alle Daten, die für ihre Arbeit nötig sind. Dieser Teil des Controllings „gehört“ der Peripherie. Sie gestaltet ihn ausschließlich in eigenem Interesse. Wenn das Zentrum Alltagsdaten braucht, muss es diese bei der Peripherie anfordern. Was diese gern tut. Denn die Datenqualität ist hervorragend. Die Peripherie hat sie zur eigenen Orientierung gesammelt.

Die Arbeitsteilung zwischen Zentrum und Peripherie erzeugt eine gegenseitige Abhängigkeit. Die Peripherie ist mit ihren Alltagsaufgaben voll ausgelastet. Sie hat keine Zeit, sich über langfristige Entwicklungen, technologische Trends oder die Strategie für morgen den Kopf zu zerbrechen. In dieser Hinsicht verlässt sie sich auf das Zentrum. Das Zentrum wiederum braucht die Peripherie, um Ideen zu testen, Daten zu sammeln und Markttrends zu spüren. Diese gegenseitige Abhängigkeit ist die Basis für symmetrische Schnittstellen, die Zentrum und Peripherie ohne Steuerung koppeln.

Warum tun sich konventionelle Unternehmen so schwer, sich die Höchstleister zum Vorbild zu nehmen und den gordischen Knoten der Schwingung zwischen Zentrum und Peripherie zu zerschlagen? Viele Beobachter können der Versuchung nicht widerstehen, Dummheit als Grund zu vermuten. Wir halten das für eine Denkfalle.

Der Grund ist nicht Dummheit, sondern Überlastung des Zentrums. Sie entsteht durch den aussichtslosen Versuch, die bewährten Methoden der Steuerung für die veränderten Anforderungen hoher Dynamik fit zu machen[2]. Die Lösung von gestern erzeugt die Probleme von heute. Die Alternative der Höchstleister ist leicht zu sehen, kann aber nicht genutzt werden, solange sie nicht verstanden ist.

[1] Siehe Denkzettel 17 „**Steuerung und Führung** – die zwei Seiten des Managements“, Seite 140

[2] Siehe Denkzettel 10 „**Die *blaue* Falle** – altes Denken passt nicht zur Dynamik“, Seite 86

12.3 Höchstleistung als Vorbild

Die Aufteilung der Funktionen auf Zentrum und Peripherie wäre den Höchstleistern leicht nachzumachen. Umorganisation ist in vielen Unternehmen oft geübter Alltag. Das schwierigere Problem ist die Kopplung des so getrennten.

Steuerung kommt nicht in Frage. Da die Peripherie etwas übernimmt, das sie besser kann, könnte das Zentrum keine sinnvollen Anweisungen erzeugen. Es bleibt also nur die erwähnte Führung über symmetrische Schnittstellen. Führung basiert auf Ansehen. Das kann nicht durch neue Strukturen erzeugt werden.

Aber selbst in den konservativsten Konzernen entwickelt sich diese dynamikrobuste Arbeitsteilung zwischen Zentrum und Peripherie immer wieder. Wir nennen diese Bereiche *Höchstleister-Inseln*. Sie existieren nur inoffiziell. Manchmal sind es nur Abteilungen, manchmal ganze Unternehmen des Konzerns. Sie leben meist nicht lange, aber sie wachsen immer wieder nach. Wir empfehlen, nach diesen Inseln zu suchen und sie als provozierendes Vorbild zu nutzen. Dort finden sich auch die talentierten Könner, die zwar nicht wissen, wie es geht, es aber machen können.

12.4 Resümee

In dynamischem Kontext lautet die erste richtige Frage: Wie kann jede gewohnte Funktion arbeitsteilig zwischen Zentrum und Peripherie aufgeteilt werden? Das passende Denkwerkzeug ist die Unterscheidung Innovation/Alltag. Beispiel Produktentwicklung: Projekte für Neuentwicklungen gehören ins Zentrum, Optimierung der laufenden Fertigung gehören in die Peripherie.

Die zweite richtige Frage ist: Wie kann das Getrennte ohne Steuerung gekoppelt werden?

Höchstleister machen das durch Führung über symmetrische Schnittstellen. Das kann nicht nachgemacht werden. Muss aber auch nicht. Auch in konservativen Konzernen gibt es Bereiche, die das schon können. Diese *Höchstleister-Inseln* gilt es zu entdecken und als provozierendes Vorbild zu nutzen.

13 Kaufen oder selbst machen?

Heute Sonderangebot: „Kaufen sie fünf Brötchen, dann ist eines umsonst!“ Hier begegnet uns beim Bäcker eine Kernidee tayloristischer Wertschöpfung: Stückkosten senken durch größere Mengen. Betriebswirte nennen das den Skaleneffekt.

Hohe Stückzahlen senken nicht nur die Kosten, sondern auch die Flexibilität. Wenn eine kostenoptimierte Wertschöpfung erst einmal läuft, kann sie nur schwer auf Überraschendes reagieren. In träger Umgebung ist das kein Problem. Deswegen war es immer eine gute Idee, Skaleneffekte zu suchen und zu nutzen. Heute gilt fast immer: Wer nur billig produziert, kann schon morgen auf einem Berg Ladenhüter sitzen, der nur noch mit empfindlichen Verlusten verkauft werden kann. Solche Verluste sind oft weit höher als die Ersparnis durch Skaleneffekte.

Bei hoher Dynamik kann nur mit hoher Flexibilität wirtschaftlich gearbeitet werden. Daran hat sich die übliche Betriebswirtschaftslehre noch nicht gewöhnt. Immer noch versuchen viele Unternehmen, ihre Margen nur durch Skalierung zu verbessern. Dreht sich der Wind, gilt auch Personalabbau als unvermeidlich.
Hier erfahren Sie mehr über die Alternative der Höchstleister.

13.1 Wertschöpfungstiefe

Jedes Unternehmen muss laufend darüber entscheiden, was selbst hergestellt und was zugekauft wird. Das Verhältnis aus beidem heißt Wertschöpfungstiefe.

In trägen Märkten war eine hohe Wertschöpfungstiefe von Vorteil, weil kleinere Zulieferer bei Kosten und Qualität nicht mithalten konnten. Alles, was man für träge Massenmärkte brauchte, konnte in großen Einheiten besser geleistet werden als in kleinen. Zulieferung war Nebensache.

Das ändert sich bei hoher Dynamik. Einerseits können kleinere Zulieferer die ehemals widersprüchlichen Kriterien wie Innovation, Qualität, Flexibilität und Effizienz besser in Einklang bringen als ihre großen Kunden. Andererseits ist die Massenproduktion, die mit kleiner Marge hohe Gewinne realisiert, nur bei den großen Unternehmen möglich.

Nun läge es nahe, eine partnerschaftliche Arbeitsteilung zwischen den großen „Tankern“ und den flinken „Beibooten“ anzustreben. Wenn jeder nur beisteuert, was er besser kann, entstünde die dynamikrobuste Massenproduktion der Höchstleister. Das ist aber noch selten. Häufiger versuchen die Kleinen, das große Geschäft selbst zu machen, und die Großen versuchen, flexibel und innovativ zu sein. Es fehlt mal wieder eine ˘Unterscheidung.

13.2 Kern- und Schalenkompetenz

Traditionell entscheidet das ˘Management was ˘Kernkompetenz sein soll und was nicht. Die Kriterien ergeben sich aus Tradition, vergangenen Erfolgen oder einfach aus der Neigung des Managements. Wir nennen solche Kriterien interne ˘Referenzen.

Weil bei hoher Dynamik die ˘Flexibilität als externe Referenz nicht mehr ignoriert werden kann, ändert sich auch hier die Situation. Für große Unternehmen wäre Flexibilität viel teurer als für die kleinen Zulieferer in der eigenen Marktumgebung (˘Korona). Jetzt wäre es interessant, diese schon vorhandene Flexibilität durch Zulieferung zu nutzen. Das misslingt aber oft. Der Grund: Bei hoher Dynamik kann man sich die Unterscheidung von Kern- und ˘Schalenkompetenz nicht mehr aussuchen, sondern sie ergibt sich aus dem aktuellen Angebot des Zuliefermarkts.

Höchstleister unterscheiden so: Schalenkompetenz ist der Teil einer ˘Kompetenz, der über eine ˘Marktschnittstelle bezogen, also extern zugekauft werden kann. Kernkompetenz ist der Anteil, der zwar gekauft werden könnte, aber nicht über eine ˘Marktschnittstelle. Was Kern- und was Schalenkompetenz ist, kann nicht mehr frei entschieden, sondern nur noch durch Marktanalyse festgestellt werden. Flexibilität kann also nur dann zugekauft werden, wenn es sich um Schalenkompetenz handelt.

Übrigens: Da sich die Grenze zwischen Kern- und Schalenkompetenz laufend verändert und daher ständig beobachtet werden muss, wächst dem Einkauf eine neue Aufgabe zu.

13.3 Outsourcing und Einkauf

Noch heute werden ganze ˘Funktionen, also Kern- und Schalenkompetenz, an Zulieferer ausgelagert, zum Beispiel die ˘EDV. Der Lieferant verspricht, dass er mehr ˘Skaleneffekt nutzen und deshalb billiger produzieren kann als sein ˘Kunde. Das gilt, wenn überhaupt, nur für den Anteil der Schalenkompetenz. Für den Anteil der Kernkompetenz ist das falsch. Deshalb scheitern konventionelle Outsourcing-Projekte oft. Schon häufig werden sie durch ein Insourcing-Projekt wieder rückgängig gemacht.

Früher war der Anteil der Kernkompetenz für viele Funktionen so klein, dass er beim Zukauf wenig störte. Wegen gewachsener Dynamik ist der Anteil heute viel höher, auch bei Funktionen wie der EDV.

Die Kernkompetenz eines Unternehmens ist singulär, sonst wäre sie keine. Trotzdem wird sie durchaus gerne angeboten und kann gekauft werden, aber eben nicht über eine Marktschnittstelle. Nachdem der Lieferant sich eingearbeitet hat, liefert er ein Produkt, das er sonst nirgendwo verkaufen kann. Würde der Kunde den Lieferanten wechseln, müsste er erneut die Einarbeitung bezahlen. In diesem exklusiven Verhältnis hat weder der Kunde noch der Lieferant einfache Alternativen. Deswegen gibt es keinen Preis, der sich unter Konkurrenzbedingungen gebildet hat. Er ist private Verhandlungssache zwischen Kunde und Lieferant.

Schon nach kurzer Zeit wird die Abhängigkeit destruktiv. Der Zulieferer diktiert die „Preise", der Käufer kann sich kaum wehren, weil er keine Alternativen hat.

Beim Einkauf externer Leistungen reichen schon geringe Verunreinigungen mit Kernkompetenz, um die Marktschnittstelle so zu beschädigen, dass diese destruktiven Effekte entstehen.

Bemerkung:
Höchstleister vermeiden diese Havariegefahr durch dynamikrobuste Partnerschaften. Das ist ein Leistungsaustausch ohne Markt, aber über symmetrische Schnittstellen. Da keine Marktschnittstellen benötigt werden, entsteht so etwas wie ein virtuelles Unternehmen.[1]

13.4 Höchstleister kaufen?

Oft sind große Unternehmen der Meinung, man könne Flexibilität und andere interessante Eigenschaften leistungsfähiger Zulieferer nutzen, indem man diese Unternehmen kauft. Aber schon wenige Monate nach dem Kauf sind die besonderen Eigenschaften verschwunden.

Höchstleister werden und bleiben nur dann, was sie sind, wenn sie von dynamischer Umgebung ständig erzogen und trainiert werden. Diese Lernumgebung verlieren sie in der Umgebung eines Konzerns. Weil sie ihre Aufträge jetzt geschenkt bekommen, mutieren sie zu einer weiteren Abteilung – nicht besser oder schlechter als alle anderen. Es ist nicht mehr nötig, die Tragetechnik für das Picknick zu verbessern, um es zum Bergsee zu schleppen, wenn dort ein Lokal eröffnet hat.

[1] Die üblichen Partnerschaften sind meist nur tradierte Geschäftsbeziehungen, in denen auf Vertrauensbasis versucht wird, den Stress der doppelten Kontingenz einer Marktbeziehung zu mildern.

13.5 Die vier Fälle

Um die Wertschöpfungstiefe optimal zu halten, muss immer wieder über Kaufen oder Selbst-Machen entschieden werden. Dabei sind vier Fälle zu unterscheiden. Diese ergeben sich aus den Kombinationen der beiden Unterscheidungen Kern/Schale und Markt/kein Markt.

Unproblematisch ist der Einkauf von Schalenkompetenz über Marktschnittstellen. Damit können auch große Unternehmen hohe Flexibilität und Innovation mit niedrigen Kosten verbinden. Was in den drei anderen Fällen zu beachten ist, beschreibt der folgende Denkzettel.

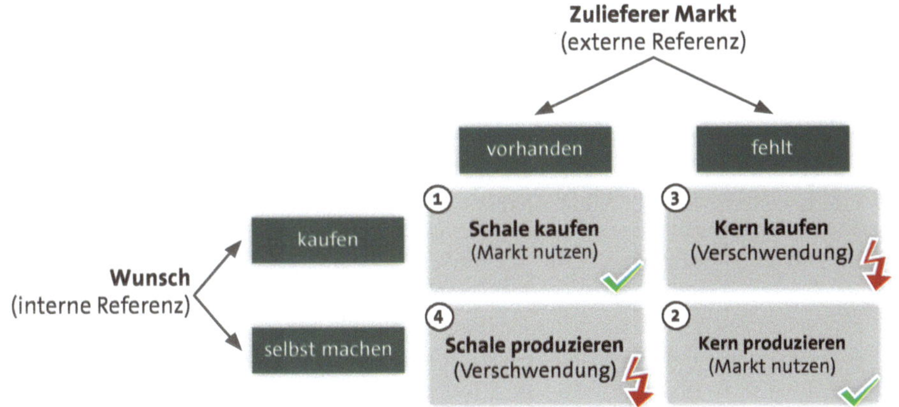

Bei hoher Dynamik ist die Unterscheidung Kernkompetenz/Schalenkompetenz keine interne Entscheidung, sondern Ergebnis einer Marktanalyse. Nur Schalenkompetenz kann und muss zugekauft werden, Kernkompetenz nicht.

Nur wenn viele eine Kompetenz anbieten und viele sich dafür interessieren, haben beide Seiten Alternativen, und es entsteht Markt. Dieser erzeugt Preise, senkt Kosten und steigert Qualität – automatisch, niemand muss sich darum kümmern. Deswegen sind Marktschnittstellen hilfreich.

Was ein Unternehmen über einen solchen Markt kaufen kann, nennen wir Schalenkompetenz, den Rest Kernkompetenz. Was Schale und was Kern ist, entscheidet also der Markt, nicht das Unternehmen.

Eine übliche Funktion, zum Beispiel die EDV, besteht immer aus beiden Anteilen, der Kern- und der Schalenkompetenz. Wenn, wie üblich, die Funktion als Ganzes ausgelagert wird, dann wird Kernkompetenz zugekauft. Da es für den Kern aber keinen Markt gibt, entsteht eine asymmetrische Schnittstelle ohne Steuerung. Meist wird der Käufer zur gemolkenen Kuh. Damit Markt genutzt werden kann, muss vorher der Kern der Leistung abgetrennt werden. Wir unterscheiden vier Fälle:

(1 und 2): Wenn nur Schale gekauft oder nur Kern produziert werden soll, so wird die Intelligenz des Zuliefermarktes genutzt und die Konkurrenzkraft gesteigert – ideal.

(3 und 4): Wird Kern gekauft oder Schale produziert, wendet sich die Marktintelligenz gegen das Unternehmen. Wer seine Kernkompetenz kauft, wird ausgenutzt. Wer Schale produziert, betreibt Verschwendung. Beides senkt die Konkurrenzkraft.

Der Konfliktfall 3 (Kernkompetenz soll gekauft werden) kann gelöst werden, indem der fehlende Markt erzeugt wird. Der Staat oder große Unternehmen können das.

Im Konfliktfall 4 (Schalenkompetenz soll produziert werden, weil zum Beispiel kein Zulieferer den Anforderungen genügt) handelt es sich entweder nicht um Schalenkompetenz oder die eigene Leistung ist marktfähig. Das heißt: Es gibt einen guten Grund, diese zu verkaufen.

Im Kontext hoher Dynamik muss Zukauf oder Outsourcing mehr sein als simple Kostenreduktion. Es geht um die „Minimierung der Wertschöpfungstiefe“ durch vollständigen Zukauf aller Schalenkompetenz. Nur so ist die dynamikrobuste Intelligenz des Zuliefermarktes in Gebrauch zu nehmen.

Hier die zwei Konfliktfälle aus vorhergehendem Denkzettel 5 nochmals ausführlicher:

3. Fall: Kernkompetenz kaufen

Hier gibt es drei Möglichkeiten:

- Eine Kernkompetenz wird von einem Lieferanten zugekauft.
  Für Kernkompetenz gibt es keinen Markt. So ist sie definiert. Wenn sie gekauft wird, dann liefert ein einziger Lieferant an den einzigen Kunden, der diese Leistung braucht. Nach kurzer Zeit hat im Konfliktfall keiner von beiden eine Alternative. Der Lieferant hat keinen wirtschaftlichen Grund, sich ständig zu verbessern. Nach kurzer Zeit muss der Käufer durch allerlei Belohnung, Strafe oder Kontrolle zur Leistung zwingen. Es ist also nichts gewonnen. Im Gegenteil: Jetzt enthält die asymmetrische Schnittstelle noch eine juristische Unternehmensgrenze. Es dauert nicht lange, dann ist der Aufwand größer als vorher. Wir nennen dies eine Outsourcing-Havarie.
- Der fehlende Markt wird erzeugt.
  Siehe: Denkzettel 18 „**Markterzeugung** – der Wirtschaft aufs Pferd helfen“, Seite 145
- Partnerschaft statt Outsourcing
  Partner tauschen Leistungen ohne Markt und ohne Verrechnung. Sie verdienen nur an der Leistung für den gemeinsamen Endkunden.
  Siehe Denkzettel 20 „**Partnerschaft** – dynamikrobuster Leistungsaustausch ohne Markt“, Seite 157

4. Fall: Schalenkompetenz selbst machen

Hier gibt es zwei Möglichkeiten:

- Es wäre billiger, die Leistung zu kaufen.
  Das ist Verschwendung, die bei harter Konkurrenz die Existenz gefährden kann. Oft wird argumentiert, dass man die Leistung zwar billiger kaufen kann, dass aber dann wichtige Bedarfe nicht erfüllt werden. Dann kann es sein, dass zwei verschiedene Leistungen nur einen Namen haben. Ein Beispiel: Buchhaltung kann man kaufen, eine Buchhaltung aber, die die Bedarfe eines flexiblen Unternehmens vorausahnt, kann man nicht kaufen. Da versteckt der Name eine Kernkompetenz.
- Es wäre teurer, die Leistung zu kaufen.
  Auch das ist Verschwendung. Denn wenn die Aussage stimmt, kann das Unternehmen mit seiner Schalenkompetenz selbst als Lieferant auftreten und diese mit Gewinn verkaufen. Es nicht zu tun, wäre Verzicht auf Gewinn und neue Märkte.
  Besonders die Möglichkeit für neue Produkte und damit neue Märkte ist im Kontext hoher Dynamik wichtig. Denn es ist immer möglich, dass das bestehende Geschäft zurückgeht oder gar verschwindet.

13.6 Resümee

Um dynamikrobuste Merkmale zu fördern, muss Folgendes beachtet werden:

- durch Marktanalyse zwischen Kern- und Schalenkompetenz unterscheiden;
- alle Schalenkompetenz zukaufen, keine Kernkompetenz kaufen, sondern selbst machen.

Das ermöglicht es, die Zulieferung über Marktschnittstellen an die eigene Wertschöpfung zu koppeln. Marktschnittstellen sichern ab, dass sich Flexibilität, Kosten und Qualität optimieren.

Dieser Zukauf von Schalenkompetenz über Marktschnittstellen macht es auch für große konventionelle Unternehmen möglich, von dynamikrobuster Höchstleistung zu profitieren. In dynamischer Umgebung ist flexible Wertschöpfung nicht teurer, sondern billiger.

14 Vom Tisch zur Tafel – über naive Höchstleister

14.1 Der Tisch

Viele neu gegründete Unternehmen leben nicht lange. Andere überstehen die ersten Jahre und beginnen zu wachsen. Zu Anfang brauchen sie kaum feste Strukturen. Alle passen noch um einen Tisch. Jeder kennt jeden, und die Arbeit wächst „auf Zuruf" denen zu, die passende Kompetenz und freie Zeit haben – eine dynamikrobuste Organisationsform. Wir nennen sie naive Höchstleistung.

In dieser Phase der naiven Höchstleistung ist die innere Struktur der Firma immer ein Abbild der gerade aktuellen Probleme. Die innere Dynamik entspricht automatisch der äußeren. Wenn ein Interessent eine Leistung anfragt, entsteht spontan ein Team, das die Anfrage bearbeitet. Dabei ist es (noch) unwichtig, dass der eine der Geschäftsführer und der andere ein Neuling ist. Wer etwas beitragen kann und Zeit hat, gehört dazu. Mit dem nächsten Problem entsteht ein neues, aber wieder ein passendes Team. Diese unmittelbare Orientierung an externen Referenzen erzeugt eine dynamikrobuste Struktur. Da dies gut funktioniert, entsteht die für Höchstleister typische Vertrauenskultur. Neben der Kultur hat dieser Organisationstyp auch alle anderen Merkmale dynamikrobuster Höchstleistung.

14.2 Die Tafel

Mit zunehmender Größe können sich nicht mehr alle an allen Gesprächen beteiligen. Das wäre zu umständlich. Die Kommunikation differenziert sich aus. Es bilden sich Gruppen, die immer wieder ähnliche Probleme lösen. Innerhalb dieser „Nester" ist Kommunikation leichter. Mit der Zeit entwickeln sie ihren eigenen Stil und eine Identität: „Wir machen das so." Wenn jetzt alle zusammenkommen, braucht es viel Platz. Wer etwas zu sagen hat, muss „ans Glas klopfen", um sich Gehör zu verschaffen. Aus dem Tisch ist eine Tafel geworden.

Mit der Ausdifferenzierung entsteht das Problem, die verschiedenen Teile zu koppeln. Die vielen Entscheidungen, die jetzt gleichzeitig, aber nicht mehr gemeinsam getroffen werden, brauchen einen Bezug zueinander, sonst droht Chaos. Gute Laune und Kollegialität reichen nicht mehr. Die Phase der naiven Höchstleistung erreicht ihre Grenze. Wie weiter?

14.3 Der erste Seitenwind

Höchstleister sind für alle Probleme, die direkt aus der Marktdynamik stammen, sehr robust. Sonst wären sie schon verschwunden. Für alles andere aber sind sie wenig trainiert und deshalb besonders empfindlich, zum Beispiel für die schleichende Auftrennung in Zentrum und Peripherie. Wir nennen dies die „Seitenwindempfindlichkeit“ der Höchstleister. Wenn Höchstleister „abstürzen“, was regelmäßig vorkommt, ist es meist die Wirkung von Seitenwind.

Ob Höchstleister oder nicht, in dynamischer Umgebung wird jedes Unternehmen früher oder später in Zentrum und Peripherie zerlegt.[1] Auch beim naiven Höchstleister finden sich die „Nester“ in einem dieser beiden Lager wieder. Das geschieht unbemerkt hinter dem Rücken der Akteure. Man kann nur fühlen, dass etwas nicht stimmt, dass man sich fremd geworden ist und Misstrauen entstanden ist. Typische Klage der Peripherie: „Auch früher waren wir mit der Geschäftsführung nicht immer einig, aber zumindest wurden wir verstanden. Heute hat man den Eindruck, die leben in einer anderen Welt.“ Im Zentrum hört sich das so an: „Wir haben den Eindruck, dass wir nicht mehr ernst genommen werden. Wenn unser Controlling Berichte anfordert, wird dies oft ignoriert.“

Alle sind der Meinung: Früher war das anders und anders war es besser. Der tatsächliche Grund für das schlechte Klima, die Auftrennung in Zentrum und Peripherie, bleibt unsichtbar. Deshalb werden Schuldige gesucht und gefunden: die „Betonköpfe“ im Zentrum und die „Chaoten“ in der Peripherie. So entlädt sich aufgestauter Frust in gegenseitigen Anklagen. Ein üblicher Effekt, der zwar kurz Erleichterung schafft, den Blick auf die tatsächlichen Ursachen aber verstellt.

Bei welcher Größe dies stattfindet, hängt von der Branche ab. Bei Dienstleistern ist er schon bei etwa 50 Mitarbeitern erreicht. Bei produzierenden Unternehmen liegt diese Marke meist höher.

Die unvermeidliche Krise hat zwei typische Auswege:
Der naive Höchstleister nimmt sich die schon großen Unternehmen als Vorbild und versucht, es genauso zu machen. Das Zentrum wird hierarchisch nach oben gesetzt und steuert die Peripherie. Damit „kippt“ die naive Höchstleistung in die übliche tayloristische Steuerung. Auch die zugehörigen Nebenwirkungen stellen sich ein: Hektik, Überlastung, Misstrauen, Verschwendung und Marktdruck. Bald sind die dynamikrobusten Strukturen der Anfangszeit nur noch wehmütige Erinnerung.

[1] Siehe Kapitel 4.3 „Zentrum und Peripherie – Kollaps der Steuerung“, Seite 21

Nur wenige nehmen den zweiten Weg und entwickeln sich zu professionellen Höchstleistern. Unternehmen, die sich für diesen Weg entscheiden, empfehlen wir als ersten Schritt eine sogenannte Selbstbeschreibung.

14.4 Selbstbeschreibung

Seitenwinde gibt es viele: Eine Fusion mit einem tayloristischen Unternehmen zum Beispiel, die gut gemeinte Hilfe der Konzernmutter für ihre Höchstleisterinsel oder die Einführung vermeintlich nützlicher Steuerungssoftware.

Die Empfindlichkeit für Seitenwind entsteht, weil ein Höchstleister nur weiß, dass er besser ist als seine Konkurrenten, nicht aber warum. Es weiß nicht, auf was es ankommt, was wichtig ist und was nicht, wo man Kompromisse machen darf und wo nicht. Eine Selbstbeschreibung leistet genau dies. Sie ist ein Dokument, in dem die Elemente begründet benannt sind, die die Basis der eigenen Leistung bilden. Erst durch eine solide Selbstbeschreibung kann ein Höchstleister auf sich aufpassen und auch die Seitenwinde des Wachstums parieren.

Übrigens: Da keine Organisation sich selbst sehen kann, kann eine Selbstbeschreibung nicht ohne Hilfe von außen erstellt werden. Für ihre dynamischen Anteile brauchen Höchstleister keine Berater. Dies ist unseres Wissens die einzige Ausnahme.

14.5 Resümee

Wenn neu gegründete Unternehmen überleben, ist die naive Höchstleistung ein unausbleiblicher Effekt der Marktdynamik. Ohne bewusstes Zutun verschwindet die Höchstleistung aber wieder und wird durch tayloristische Strukturen verdrängt.

Noch selten gelingt der Übergang zu professioneller Höchstleistung. Der erste Schritt ist, die Seitenwindempfindlichkeit durch eine Selbstbeschreibung zu verringern.

15 Dynamikrobustes Projektmanagement

Der Begriff „Projekt“ wird sehr unterschiedlich verwendet. Wir benutzen folgende Definition: „Projekte werden gebildet, wenn Aufgaben zu bearbeiten sind, die der Linie nicht ohne Schaden zugemutet werden können. Projekte sind temporäre Strukturen. Sie werden neben der Linie gebildet und nur lose an diese gekoppelt.“

Projekte, die mit vielen Überraschungen rechnen müssen, nennen wir komplex. Überraschungen erwachsen zum Beispiel aus Konflikten, Ideen der Konkurrenten oder technischen Innovationen. Wir sagen, solche Projekte haben einen großen *roten* Anteil.

Meist wird empfohlen, gerade solche Projekte streng methodisch durchzuführen. Besonders wenn viel auf dem Spiel steht, soll methodische Disziplin das Risiko vermindern.

Wir behaupten das Gegenteil: Für das Management der *roten* Projektanteile sind die üblichen Projektmanagement-Methoden nutzlos, oder – ein Vorschlag zur Güte – sie sind Nebensache.

Denn für Überraschungen gibt es keine Methoden, sonst wären es keine. Auch präzise Planung, Steuerung oder strenges Reporting verstecken meist nur Hilflosigkeit. Das Einzige, was hilft, sind eigene Ideen. Und die kommen nur von Talenten, die zum Problem passen und Teil eines konstruktiven Teams sind.

In dynamischer Umgebung wachsen die Schwierigkeiten mit Projekten. Es fehlt die Unterscheidung von *blauem* und *rotem* Anteil. Hier wird sie benutzt.

15.1 *Blaue* und *rote* Anteile

Jede Aufgabe kann gedanklich in einen komplizierten und einen komplexen Anteil aufgeteilt werden. Dem komplizierten ordnen wir die Farbe *Blau* zu, dem komplexen die Farbe *Rot*.[1]

Die *blauen* Anteile sind die, die mit methodischem Wissen bearbeitet werden können. Fehlt das Wissen, so kann man es kaufen oder durch lernen erwerben. Steht es zur Verfügung, dann ist der *blaue* Anteil einfach.

[1] Siehe Kapitel 3.8 „Das erste Denkwerkzeug: *Blau* und *Rot*“, Seite 15

Beispiel: In meiner Heimatstadt finde ich mühelos vom Rathaus zum Bahnhof. Ich weiß, wo es langgeht. Für einen Touristen ist dies kompliziert, er muss nach dem Weg fragen oder einen Taxifahrer bezahlen. Für den ist die Aufgabe einfach.

Die *roten* Anteile sind Überraschungen, für deren Bearbeitung es (noch) kein Wissen gibt. Entweder jemand hat jetzt eine passende Idee, oder das Problem bleibt. Kaufen kann man Ideen nicht. Auch Methoden und Prozesse erzeugen keine Ideen. (Leider wird dies trotzdem oft behauptet und geglaubt.)

Beispiel: Am Bahnhof angekommen, stelle ich fest, dass die Lokführer streiken. Jetzt muss mir was einfallen: Vielleicht rufe ich an und verlege meinen Termin.

Projekte können nur dann auch die *roten* Anteile bearbeiten, wenn sie genügend Ideen haben. Dazu brauchen sie die passenden talentierten Könner. Die bekommt man nur dann, wenn der Projektleiter ein hohes Ansehen bei diesen Könnern hat.

Merke: Moderne Projekte brauchen nicht nur Methoden (*blau*), sondern vor allem talentbasierte Könner (*rot*).

Warum die *roten* Anteile wachsen

Schwierigkeiten mit großen Projekten oder gar Havarien sind heute häufiger als früher. Der Grund ist die wachsende Dynamik der Wirtschaft und damit mehr *rote* Anteile in den Projekten. Warum die *roten* Anteile wachsen, haben wir im Kapitel 4.2 „Die Folgen der Globalisierung", Seite 21, erläutert.

Unterscheidung und Zusammenhang von *Blau* und *Rot*

Beispiel: Ein Fußballverein will in die erste Bundesliga aufsteigen. *Blaue* Anteile dieses Problems sind zum Beispiel die Routenplanung für den Mannschaftsbus oder der Neubau des Stadions. Ein *roter* Anteil des Problems besteht darin, genügend viele der kommenden Spiele zu gewinnen.

In der Welt des Fußballs würde niemand versuchen, eine Reihe unglücklicher Niederlagen durch vermehrte Anstrengungen in der Routenplanung oder durch Quality Gates beim Stadionneubau zu kompensieren. In vielen Unternehmen wird aber genau das gemacht. Wenn es Schwierigkeiten in Projekten gibt, werden die Mitarbeiter geschult und der PMI-Standard[1] noch strenger überwacht.

Als die *roten* Anteile der Projektaufgaben noch gering waren, war das richtig. Heute sind die *roten* Anteile größer und damit die häufigste Ursache für Projektschwierigkeiten. Der Umgang mit den *roten* Anteilen ist nur schwierig, wenn sie von den *blauen* Antei-

[1] Standard zum Projektmanagement des US-amerikanischen „Project Management Institute" (PMI)

len nicht unterschieden werden. *Rotes* braucht Können, *Blaues* braucht Wissen. Mit Wissen können die meisten Unternehmen professionell umgehen. Die Werkzeuge zur Provokation von Talent und Können sind dagegen fast unbekannt. (Talentförderung)

15.2 Dualität von Problemen und Projekten

Die Unterscheidung von *blauen* und *roten* Anteilen einer Aufgabe und des zugehörigen Projekts ist nicht wertend gemeint. *Rot* und *Blau* sind die zwei Seiten einer Medaille. Wichtiger ist immer der Anteil, der nicht funktioniert, heute meist der *rote*. Bei niedriger Dynamik ist der *rote* Anteil so klein, dass es kaum schadet, ihn zu ignorieren oder dem „gesunden Menschenverstand" zu überlassen. Bei hoher Dynamik sind Probleme nur noch als Zusammenhang zwischen *roten* und *blauen* Anteilen präzise genug zu beschreiben. Wir nennen diese Problemstruktur „dual". Dualität gilt für die zu lösenden Probleme und damit auch für die Struktur der Projekte. Während der Projektlaufzeit kann die Zusammensetzung zwischen *Rot* und *Blau* stark schwanken. Am Anfang ist meist der *rote* Anteil größer, am Ende der *blaue*. Im Durchschnitt ist ein *roter* Anteil von 5 bis 20 Prozent typisch. Die *roten* Anteile sind also, was die aufzuwendende Arbeitszeit betrifft, meist wesentlich kleiner als die *blauen*, aber selten klein genug, um sie schadlos zu vernachlässigen.[1]

Ein klassisches Projekt beginnt meistens mit einer Aufgabenbeschreibung, die die Dualität ignoriert. Beispiel: „Für das neue Produkt ist ein Fertigungsstandort auszuwählen und ein passender Fertigungsprozess zu entwickeln." Dies ist der *blaue* Anteil der Projektaufgabe. Doch die möglichen Fertigungsstandorte ringen bereits erbittert um den Zuschlag. Intrigen sind gesponnen, Seilschaften gebildet und Fallen gestellt. Das wäre der *rote* Anteil der Projektaufgabe. Wird sie ignoriert, wird das Projekt scheitern – auch dann, wenn es den „richtigen" Standort wählt und einen vorbildlichen Prozess entwickelt. Solche Projekte sind vergleichbar mit einem Gärtner, der versucht, auf einem Schlachtfeld Rosen zu züchten.

Damit auch die *roten* Anteile bearbeitet werden können, müssen sie sichtbar gemacht werden. Wir nennen diesen Vorgang Problemtransformation. Damit wird die Dualität eines Problems nutzbar.

Werkzeuge statt Methoden

Das Thema im *roten* Anteil von Projekten ist der Umgang mit Überraschungen. Das schließt Methoden als Hilfsmittel aus. Was im Laufe der Zeit aber entsteht, sind sogenannte Denkwerkzeuge. Sie geben zwar keine Anweisung zum Handeln, provozieren aber Ideen. Die in diesem Buch versammelten Denkzettel enthalten dafür Beispiele.

[1] Siehe Denkzettel 6 „**Dualität eines Projekts** – zwei Seelen in einer Brust", Seite 72

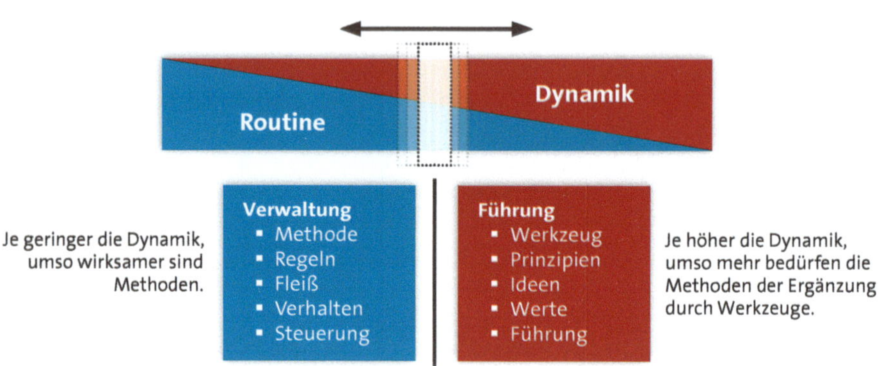

Projekte sind eine veränderliche Mischung aus Routine (blau) und Dynamik (rot). Routine braucht steuernde Verwaltung, Dynamik talentierte Führung. Es hilft, den jeweils aktuellen Status dieser Dualität zu kennen.

Jedes Projekt ist eine sich verändernde „Mischung“ aus methodischen und dynamischen Anteilen. Das aktuelle Verhältnis wird bestimmt von seiner Umgebung und vom zu lösenden Problem.

Die Umgebung kann konstruktiv oder destruktiv sein, dabei dynamisch oder träge. Projekte der ˘Peripherie haben meist eine externe ˘Referenz und sind der konstruktiv-dynamischen ˘Lernumgebung des ˘Marktes ausgesetzt. Projekte im ˘Zentrum müssen meist mit destruktiver Dynamik (z.B. feindliche Haltung betroffener Bereiche) und interner Referenz (z.B. Zielvorgaben für Kennzahlen) zurechtkommen. Die schwierigste Umgebung ist das Konfliktfeld zwischen Zentrum und Peripherie. Hier sind Dynamik und ˘Chaos hoch. Projekte mit träger Umgebung sind inzwischen selten.

Das zu lösende Problem kann bekannt sein und seine Bearbeitung Routine. Entsprechende Projekte sind fast schon ˘Prozesse. Oder es geht um ˘Innovation. Dann ist wenig bekannt, und es gibt kaum Routine. Manchmal gibt es nicht einmal ein Ergebnis, bei Forschungsprojekten zum Beispiel.

Egal, welchen dominanten Charakter ein Projekt hat, seine beiden Anteile, Dynamik (*rot*) und Routine (*blau*), verändern ständig ihre Zusammensetzung. Ein Routineprojekt kann von einer Überraschung unterbrochen werden und auch das innovativste Projekt kennt Phasen der Routine – Softwaretests zum Beispiel.

In jedem Projekt sind immer beide Anteile gleichzeitig wirksam. Nur dogmatische Projekte versuchen, entweder alles methodisch oder alles kreativ zu bearbeiten. Sie enden meist als Havarie.

Dynamikrobustes Projektmanagement darf also die *blauen* Anteile nicht gering schätzen. Es muss sich dem Mischungsverhältnis von *Rot* und *Blau* situativ anpassen. Sowohl die Umgebung als auch das zu lösende Problem kann sich verändern. Es kommt darauf an, dass das Projekt diesen Veränderungen genügend schnell folgen kann.

15.3 Das Projekt und seine Umgebungen

Ein Projekt ist immer eine Organisation in einer Organisation. Allein kommt es nicht vor. Sein Charakter wird nicht nur von seiner Aufgabe bestimmt, sondern auch von seiner unternehmensinternen Umgebung. Im folgenden Denkzettel 7 wird dies dargestellt. Das Projekt wandert durch die beiden Unterscheidungen Zentrum / Peripherie und *Rot / Blau*. Der aktuelle Projektcharakter hängt ab vom „Ort" in dieser Matrix.

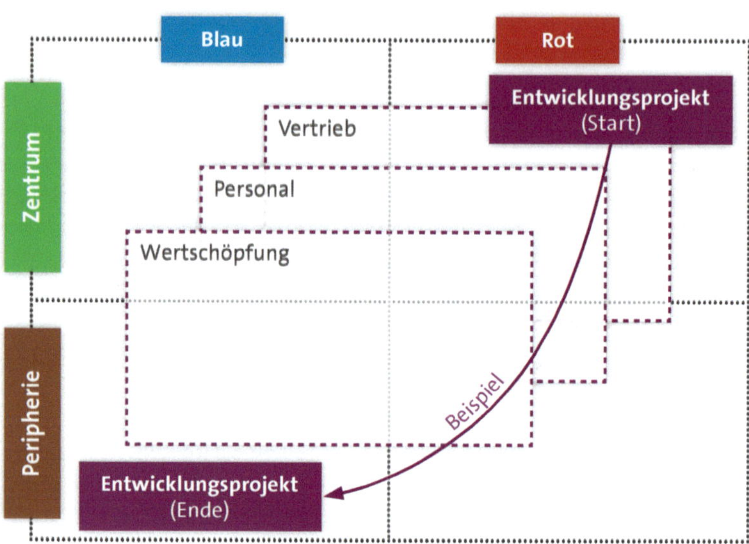

Ein Unternehmen hat drei Möglichkeiten, Probleme zu lösen: Die Linie für Alltagsprobleme, dynamikrobuste Projekte für Innovation und die temporär modifizierte Linie für den Rest. Der linke Ast fehlt oft.

Der Charakter eines Projekts ist bestimmt durch das zu lösende Problem und durch seine Umgebung „vor Ort" im Unternehmen. Eine Möglichkeit, diesen Ort zu bestimmen, sind die vier Quadranten, die sich durch die beiden Unterscheidungen *rot/blau* und Zentrum/Peripherie ergeben. In der Abbildung sind einige Beispiele eingetragen. Position und Gestalt können in jedem Unternehmen anders sein.

Im Laufe ihrer Existenz wandern Projekte in diesen vier Quadranten. Ein Projekt zur Produktentwicklung zum Beispiel startet *rot* im Zentrum (links oben) und endet *blau* in der Serienfertigung der Peripherie (rechts unten).

Ein innovatives Projekt in dynamischer Umgebung muss anders gemanagt werden als ein Routineprojekt in statischer Umgebung. Viele Projekte scheitern, weil versucht wird, alle Projektstadien einheitlich zu managen.

Für Projekte mit dominantem Zentrum oder mit dominanter Peripherie als Umgebung ergeben sich folgende Unterschiede:

Projekte in der Peripherie:

- Hohe, extern (˘Markt) verursachte Dynamik als Umgebung
- Die Nähe zur Wertschöpfung ermöglicht eine externe Referenz als Lernumgebung.
- Beispiel: Prozessoptimierung in der Serienfertigung

Projekte im Zentrum:

- Hohe, intern verursachte Dynamik bzw. Chaos (Konflikte, Intrigen ...) als Umgebung
- Die Wertschöpfung ist fern. Nur das Management als interne Referenz ist Lernumgebung.
- Beispiele: Innovation, Produktentwicklung, Organisation und Strategie-Entwicklung

Es hilft, wenn ein Projekt weiß, in welcher dieser Umgebungen es sich gerade befindet.

15.4 Das *widerständige Nest*

Einige Höchstleister benutzen eine Projektstruktur, die aus unserer Sicht den höchsten Grad an Dynamikrobustheit und Innovationskraft erreicht. Hier werden die *blauen* und *roten* Anteile nicht innerhalb des Projekts aufgeteilt, sondern zwischen Projekt und Linie. Die *blauen* Anteile werden aus dem Projekt ausgelagert und der Linie oder externen Lieferanten zugeordnet. Das Projekt bearbeitet nur noch die *roten* Anteile und kombiniert sie mit den *blauen* Zulieferungen zu einer Lösung. Diese Arbeitsteilung funktioniert nur mit den symmetrischen Schnittstellen eines Höchstleisters.

Der folgende Denkzettel 8 hat dies zum Thema. Durch die beiden Unterscheidungen Projekt/Linie und Innovation/Alltag entstehen vier Quadranten, in denen die wichtigsten Elemente dieses Projekttyps und ihre Kopplungen dargestellt werden können. Diese Struktur nennen wir ein *widerständiges Nest*. Die Bezeichnungen für die Strukturelemente sind denen des klassischen Projektmanagements ähnlich. Die Bedeutungen unterscheiden sich aber oft erheblich.

Der Begriff *widerständiges Nest* erinnert an die beiden Komponenten aller Innovation: Widerstand, um zu lernen, und Geborgenheit, um Niederlagen zu verkraften. Er erinnert daran, dass Innovation nur als letztes Glied einer langen Kette von Niederlagen und Irrtümern zu haben ist.

Den Widerstand zum Lernen liefern die Linie, die die Innovation umsetzen muss, und die Kunden und Konkurrenten, für die das interessant sein muss. Nur in dieser Umgebung kann festgestellt werden, ob ein Ergebnis nur „schön" ist oder auch für die Wertschöpfung taugt.

Die Geborgenheit entsteht durch die kulturelle Umgebung, in der der Einzelne sicher sein kann, dass ihm nach einer Niederlage wieder aufgeholfen wird. Erst dann können Niederlagen intellektuell, aber vor allem emotional „verdaut" werden. Diese Geborgenheit ist mit dem Begriffsteil „Nest" gemeint.

Die harte Widerständigkeit einer Lernumgebung und die Geborgenheit durch Nestwärme müssen zusammenkommen, damit Innovation gelingt. Fehlt die Widerständigkeit entsteht Verwöhnung, fehlt die Nestwärme, entsteht Frust.

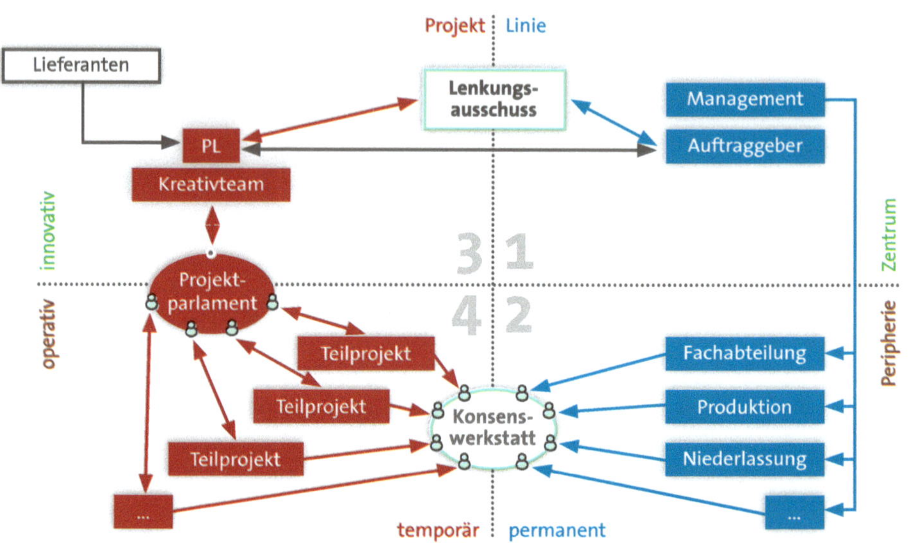

Häufiger als früher gibt es heute Probleme, die nur gelöst werden können, wenn Teams von Menschen an die Grenze ihrer Leistung gehen. In der üblichen Umgebung eines Unternehmens dominiert der Alltag. Hier sind Höchstleistungsprojekte ein unerträglicher Fremdkörper. Sie können sich nur entfalten, wenn es gelingt, das Immunsystem der Unternehmensorganisation zu neutralisieren (Nest), ohne die Härte des Problems zu dämpfen (Widerständigkeit). Wir nennen dies das *widerständige Nest*. Seine Elemente sind: Zwei Unterscheidungen, vier Bereiche und vier Kopplungen.

Zwei Unterscheidungen: Dynamikrobuste Projekte sind temporäre Gebilde, die immer von einer permanenten Organisation (Linie) umgeben sind. Projekte werden nur für Probleme benötigt, die die Linie nicht lösen kann. Wir beschreiben dies durch die Unterscheidungen **temporär/permanent** und **innovativ/operativ** (oder: Zentrum / Peripherie[1]). Diese zwei Unterscheidungen ergeben vier Bereiche:

1. Der **Auftraggeber** ist eine Person, kein Gremium und keine Institution. Das ist notwendig, da im Kontext hoher Dynamik Probleme erst lösbar werden, wenn ihre Beschreibung geändert wird.[2] Nur wenn der Auftraggeber eine Person ist, kann der Projektleiter mit ihm verhandeln und eine schnelle Entscheidung erwarten. Der Auftraggeber ist ein Entscheider, der das zu lösende Problem persönlich hat. Der Auftraggeber bestimmt den Projektleiter, kann ihn jederzeit ersetzen, hat aber kein Weisungsrecht. Der Projektleiter ist der Beste für die Aufgabe oder der Falsche.

[1] Siehe Denkzettel 3 „**Zentrum und Peripherie** – ungewollte Struktur von Unternehmen“, Seite 22
[2] Siehe Denkzettel 21 „**Problemtransformation** – richtige und falsche Fragen“, Seite 161

2. Die **Bereiche der Linie** sind die Abnehmer für die Leistungen des Projekts.

3. Der **Projektleiter** ist der Repräsentant des Projektes nach außen. Nach innen hat er die Funktion eines sogenannten Erkenntnisknotens. Die Projektmitglieder müssen feststellen können, ob eine eigene Idee zu den anderen Ideen im Projekt passt. Das ist gesichert, wenn sich alle Projektideen „im Kopf" des Projektleiters begegnen. Dem Projektleiter muss also jede Idee so lange erklärt werden, bis er diese Auskunft geben kann. Nur die Harmonie aller Ideen ermöglicht Innovation. Das ist der Grund, warum ein Projektleiter keinen Stellvertreter haben kann. Bei großen Projekten kann sich der Projektleiter ein **Kernteam** auswählen, das diese Arbeit mitträgt.

4. Teilprojekte sind projektinterne Strukturen. Sie setzten Projektideen um und haben keinen externen Auftraggeber.

Diese vier Bereiche ergeben vier Kopplungen:
Die Kopplung der Bereiche **1** und **2** entspricht der Kopplung von Zentrum und Peripherie.[1] Sie kann als konventionelle ˘Steuerung (˘tayloristische Organisation) oder über ˘symmetrische Schnittstellen (Höchstleister) realisiert sein.
Die Kopplung von **1** und **3** (Management der Linie mit dem Projektleiter) geschieht über den **Lenkungsausschuss (LA)**. Er ist ein ˘Gremium, das sich aus Repräsentanten zusammensetzt, die von Verlauf und Ergebnis des Projektes betroffen sind. Vereinfacht: Alle, die dem Projekt schaden könnten, sollten Mitglieder sein. Der Lenkungsausschuss ist ein passives ˘Gremium. Er wird nicht selbst aktiv und schon gar nicht steuernd. Er tagt nur, wenn der Projektleiter Entscheidungen benötigt, die sich aus dem Projektauftrag nicht ableiten lassen. Da er die Verantwortung gegenüber dem Management alleine trägt, hat der Auftraggeber bei den Entscheidungen des LA ein Vetorecht.
3 und **4** sind über ein **Projektparlament** gekoppelt. Hier werden projektinterne Interessen verhandelt und mehrheitlich entschieden.
Die **Konsenswerkstatt** koppelt **4** und **2**. Sie ist ein Gremium aus Repräsentanten der Projektfunktionen und der Abnehmer der Projektleistungen. Sie setzt öffentlich bereits akzeptierte Projektergebnisse einer geheimen Abstimmung aus. Es ist explizit erlaubt, öffentlich zuzustimmen und geheim abzulehnen. Eine Gegenstimme genügt, um ein Projektergebnis abzulehnen.
Die Konsenswerkstatt ist ein empfindlicher Sensor für nicht kommunizierbare Konflikte auf der sogenannten *Hinterbühne*. Innovative Projekte müssen Konsens auch auf der *Hinterbühne* voraussetzen, können ihn aber nicht erzeugen. Wird es dennoch versucht, entsteht eine Havarie.

Allgemeines

- Als ˘***Hinterbühne*** bezeichnen wir die unsichtbaren Teile der Kultur eines Unternehmens. Sie besteht aus Erwartungen oder Werten, die sich bewährt haben. Sie sammeln sich an und werden im Laufe der Zeit zu unsichtbaren Selbstverständlichkeiten. Sie vereinfachen das alltägliche Arbeiten und sind so Basis des Unternehmenserfolgs. Bei

[1] Siehe Denkzettel 3 „**Zentrum und Peripherie** – ungewollte Struktur von Unternehmen", Seite 22

dynamischen Veränderungen jedoch können die Elemente der *Hinterbühne* zu lebensgefährlichen Hindernissen werden.

- Die **Verwaltung** oder **Steuerung** ist auch für dynamische Projekte unverzichtbar (hierher gehören die bekannten Methoden des Projektmanagements). Sie werden hier als funktionierend vorausgesetzt und nicht behandelt.
- Projekte sind zu teuer, um Leistungen zu erbringen, die auch von Prozessen der Linie zugeliefert werden können. Wenn die Linie nicht liefern kann oder will, erliegen Projekte oft der Versuchung, „es selbst zu machen". Dieses gefährliche Verhalten nennen wir **„Fettsucht"**.
- Der Projektauftrag ist die schriftliche Beschreibung des zu lösenden Problems, nicht der Lösung. Wenn die Lösung schon bekannt ist, braucht es kein Projekt.
- **Mentor**, andere Namen für diese Funktion sind Sponsor, Machtpromotor, „Schutzengel". Der Mentor ist ein Manager auf höchstem Niveau. Er übernimmt die Aufgabe, unvorhersehbare Schwierigkeiten mit den Mitteln der Macht kreativ zu lösen. Kurz: Er stiftet den **Schutzraum**, den ein innovatives Projekt in tayloristischer Umgebung benötigt.
- **Projektcontrolling** ist Teil der notwendigen Verwaltung eines Projekts. Aber dort, wo Projekte innovativ sein müssen, brauchen sie ein „privates" Innenleben. Sonst wäre für die Mitarbeiter das Risiko durch unvermeidliche Irrtümer zu hoch. Konventionelles Unternehmenscontrolling misstraut solchem Anspruch und sperrt sich gegen jede „Geheimhaltung". Das Streben nach Innovation „controllen" zu wollen, hat aber ebenso wenig Sinn, wie mit einem Moped durch den Wald zu knattern, um Rehe zu zählen.
- Wie jedes Team verträgt auch ein Projektteam keine Repräsentanten externer Interessen. Diese müssen in Gremien außerhalb des Projekts bearbeitet und entschieden werden. Zum Beispiel im Lenkungsausschuss.

Siehe hierzu Denkzettel 25 „**Team und Gremium** – Ideen oder Entscheidung", Seite 185

Projektmitglieder repräsentieren während der Laufzeit des Projekts nur sich selbst. Erst dieses sogenannte **Repräsentanzverbot** ermöglicht eine intensive Kommunikation zwischen dem Projekt und seiner Umgebung.

15.5 Resümee

Moderne Projektstrukturen und ihr Management sind ein wichtiges Kernstück dynamikrobuster Organisation. In Projekten sind Probleme lösbar, die die Regelorganisation beschädigen würden. Ältere Projektstrukturen, wie zum Beispiel die *Temporär modifizierte Linie*[1], sind den Anforderungen nicht mehr gewachsen. Sie laufen heiß und erzeugen Havarien.

Andererseits sind gerade moderne Projektstrukturen für übliche tayloristische Umgebung ein unerträglicher Fremdkörper. Ist die Immunabwehr der Kultur erst mal aktiviert, stirbt das Projekt schnell oder wird angepasst.

Aussicht auf Erfolg besteht nur, wenn es gelingt, die Immunabwehr des Unternehmens partiell zu neutralisieren (Nest), ohne die Härte des Problems zu dämpfen (Widerständigkeit). Kurz: Das *widerständige Nest* ist der unternehmensinterne Schutzraum für dynamikrobustes Projektmanagement.

[1] Siehe Denkzettel 26 „***Temporär modifizierte Linie*** – eine dynamikempfindliche Projektstruktur", Seite 186

16 *Meisterloge* als Talentförderung

Die *Meisterloge* ist ein häufiges Element ˘dynamikrobuster Höchstleistung. Sie wird auch in „normalen" ˘Unternehmen als Anregung zur ˘Talentförderung genutzt.

16.1 Was eine *Meisterloge* ist und wozu sie gut ist

Bei hoher ˘Dynamik entstehen und veralten ˘Kompetenzen so schnell, dass die allgemeine ˘Kommunikation nicht mithalten kann. Nur wenige ˘Könner spielen auf höchstem Niveau mit und das auch nur auf ihrem jeweiligen Fachgebiet. Wir nennen sie ˘Meister. Ihre ˘Kompetenz kann ˘Ideen aushalten und erzeugen, ist also ˘dynamikrobust. Solche Spitzenkönner brauchen spezielle Kommunikationsräume, um sich zu entfalten. Fehlen diese, werden sie erst einsam und dann wunderlich und sozial auffällig.

Bei ˘Höchstleistern findet man solche exklusiven Kommunikationsräume. Wir nennen sie *Meisterlogen*. Sie funktionieren nur, wenn alle Nicht-Meister, auch das Personalmanagement, ausgeschlossen sind. Das ist ohne Konflikt nur in einer Vertrauenskultur möglich. Hier sind die Meister unter sich, hier wird man noch verstanden, kann sich Rat holen und findet Anerkennung.

Eine *Meisterloge* ist nur bezüglich der Mitglieder exklusiv. Sie ist kein Elfenbeinturm. Im Gegenteil, bei vielen Sitzungen sind Gäste anwesend, oder die Loge tagt vor Ort in der Nähe eines ˘Problems.

16.2 Elemente einer *Meisterloge*

Eine *Meisterloge* veröffentlicht ihr Selbstverständnis in Form einer ˘Selbstbeschreibung. Typisch sind Aussagen wie die Folgenden:

Mitglieder: Die Mitglieder der Loge sind die unbestrittenen Meister einer Kompetenzdomäne. Da sonst niemand die notwendige ˘Kompetenz besitzt, muss die *Meisterloge* immer wieder selbst festlegen, wer Mitglied sein soll, wer (noch) nicht oder nicht mehr.

Steuerungsverbot: Die ˘Steuerung des Unternehmens bleibt ausschließliche Aufgabe des ˘Zentrums. Die *Meisterloge* hat keinerlei ˘Macht oder Weisungsbefugnis. Sie ist Teil der ˘Führung. Sie kann Initiativen ergreifen, aber niemand muss folgen. Sie kann um Rat gefragt werden, muss aber nicht antworten. Ihre Stimme hat Gewicht, weil ihre Mitglieder durch ihre Kompetenz hohes Ansehen haben. Kurz: Eine *Meisterloge* kann nur nützen, nicht schaden. Sie braucht deshalb nicht bekämpft zu werden. Nur in diesem „Schutzraum“ kann sie ihre besondere Rolle entfalten.

Autonomie: Eine *Meisterloge* kann geschlossen werden, wenn ihre Angebote nicht nachgefragt werden. Solange sie aber besteht, ist sie inhaltlich nicht weisungsgebunden. Ob und wie ein Thema von einer *Meisterloge* bearbeitet wird, kann sie nur selbst entscheiden.

Offenheit: Eine eingearbeitete *Meisterloge* tagt fast immer mit eingeladenen Gästen, oder sie ist Gast am Ort eines Problems. Nur ab und zu tagt sie unter sich und bearbeitet Themen, die sonst niemanden interessieren. Auch sind, bis auf Ausnahmen, alle Dokumente und Protokolle unternehmens-öffentlich zugänglich.

Freiwilligkeit: *Meisterlogen* sind angewiesen auf strenge Freiwilligkeit, sowohl nach innen als auch nach außen. Nach innen: Die Mitgliedschaft muss angeboten werden und darf abgelehnt werden. Nach außen: Die Loge kann Leistungen anbieten, das Angebot muss nicht genutzt werden.
Nur auf Basis dieser Freiwilligkeit kann eine *Meisterloge* unbehelligt „neben“ der Linie arbeiten, und nur so kann ihre Nützlichkeit permanent „gemessen“ werden. Was freiwillig aufgegriffen wird, ist nützlich.

Lebensdauer: Eine *Meisterloge* kann nur so lange bestehen, wie sie nützlich ist. Das heißt, solange sie genügend Mitglieder hat und ihre Leistungen nachgefragt werden. Wenn eines von beidem fehlt, muss sie geschlossen werden.

Schutzraum: Besonders am Anfang wird die *Meisterloge* oft ignoriert oder gar bekämpft. Mindestens in dieser Phase benötigt sie einen sogenannten Schutzraum. Dieser ist vom obersten Management zu stiften. Wie dieser aussehen kann, hängt vom konkreten Unternehmen und seiner Kultur ab. Schutzraum bedeutet aber nicht, dass eine *Meisterloge* gegen Widerstand eingeführt oder gar durchgesetzt werden kann. Das würde dem notwendigen Prinzip der Freiwilligkeit widersprechen.

Widerständigkeit: Das ist eine der wichtigsten Aufgaben einer *Meisterloge*. Das bedeutet zum Beispiel, für alle Entscheidungen des Managements einen unabhängigen Fachkommentar höchster Kompetenz zu erarbeiten. Deshalb können Manager nicht Mitglied einer *Meisterloge* sein.

Dienstleistungen: Auf Basis ihrer Kompetenz macht die *Meisterloge* Angebote zur Unterstützung von Vorhaben im Unternehmen. Die Angebote richten sich an Management und Mitarbeiter, an Abteilungen, Projekte und Personen. Angebote können auch auf Nachfrage erstellt werden.

Vorbild: Oft tragen die Meister ein sichtbares Symbol. Es bedeutet vor allem, dass die Träger sich verpflichtet sehen, sich als Meister ansprechen zu lassen und entsprechend zu unterstützen.

Talentförderung: Ein Talent kann nicht durch Messung sichtbar gemacht werden. Talente erkennen sich nur gegenseitig. Deshalb hat die *Meisterloge* die Aufgabe, Talente zu entdecken und zu fördern. Alle Meister haben die Pflicht, eigene „Schüler" zu finden. Auch diese sogenannten Meister-Schüler-Verhältnisse beruhen auf strenger Freiwilligkeit. Dies ist eine moderne Form der Talentförderung.

Personalakquise: Bei hoher Dynamik reicht es nicht mehr aus, Mitarbeiter mit passenden Skill-Profilen einzustellen. Es kommt darauf an, dass das eigene Unternehmen attraktiv ist für Talente. Da sich Talente nur gegenseitig erkennen und anerkennen, kann diese Aufgabe fast nur von einer *Meisterloge* gelöst werden.

Selbstbeschreibung: Die *Meisterloge* beschreibt ihr Selbstverständnis in einem firmen-öffentlichen Text.

16.3 Gründung einer *Meisterloge*

Hier haben wir typische Elemente zusammengestellt, die bei der Gründung einer *Meisterloge* verwendet werden.

Feierlichkeit: Damit die Gründung einer ersten *Meisterloge* ernst genommen werden kann, ist „Feierlichkeit" ein bewährtes Mittel. Bei Eheschließungen zum Beispiel ist der Rahmen so feierlich, damit es bezüglich des Jaworts keine Missverständnisse geben kann.
Besonders die Gründung einer ersten *Meisterloge* sollte ein feierlicher Akt sein. Wie diese Feierlichkeit am besten gestaltet wird, muss konkret aus der vorhandenen Kultur abgeleitet werden. In manchen Unternehmen werden in einer öffentlichen Versammlung vom Management Urkunden und Abzeichen überreicht.

***Vorderbühne*:** Zur Vorbereitung werden der Öffentlichkeit des Unternehmens die Idee, der Zweck und die Aufgabe der *Meisterloge* erläutert. Im Anschluss bestimmt die Geschäftsführung die ersten Kandidaten. Das sind Mitarbeiter, die sie als Meister des Fachs vermutet. Diese werden dann feierlich als Loge benannt. Danach bestimmt die Loge selbst, wer dauerhaft Mitglied der Loge bleibt bzw. hinzukommt oder ausscheidet.

***Hinterbühne*:** Wenn Meister benannt werden, werden damit auch alle Nicht-Meister benannt. Deshalb ist dies eine empfindliche Angelegenheit, die von der eigenen Kultur nicht leicht zu tolerieren ist. Besonders auf der *Hinterbühne* können destruktive Hindernisse eine *Meisterloge* torpedieren. Deshalb muss die *Hinterbühne* scharf beobachtet werden. Siehe dazu *verkettete Gespräche*, Seite 188.

16.4 Resümee

Bei dynamikrobusten Höchstleistungsunternehmen sind *Meisterlogen* selbstverständliches Werkzeug. Wie alle Höchstleister-Werkzeuge können diese auch in konventionellem Umfeld eingesetzt werden. Sie benötigen hier aber eine bewusste Gestaltung und einen nicht nachlassenden Schutz durch das Management.

17 Die Denkzettel

Denkzettel sind abgeschlossene kurze Beschreibungen von Denkwerkzeugen, die in beliebiger Reihenfolge gelesen werden können. Sie wurden vom ˇIdH in monatlicher Reihenfolge veröffentlicht. Wenn es thematisch passt, haben wir sie im Text eingefügt. Die Themen einiger Denkzettel sind im Text nicht behandelt. Diese finden sich direkt im Anschluß an das Verzeichnis.

17.1 Verzeichnis aller Denkzettel

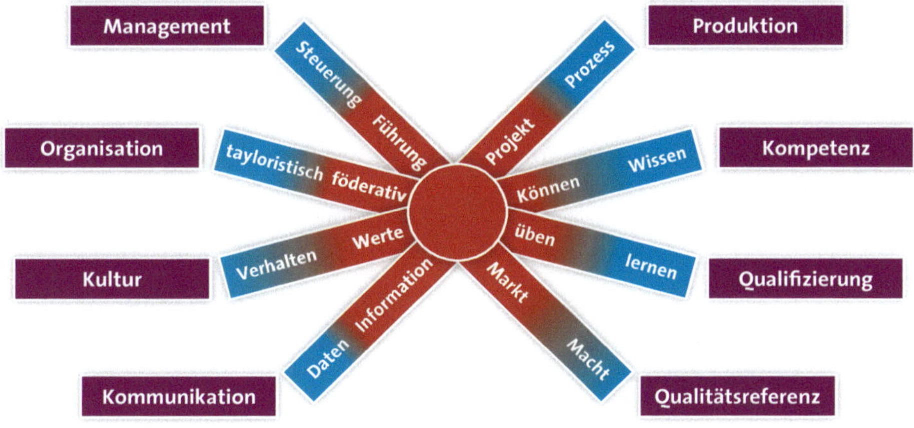

In ihren roten Anteilen sind alle Funktionen eines Unternehmens verwandt.

Die Vorgänge in einem Unternehmen werden Funktionen zugeordnet. Diese bestehen aus *roten* und *blauen* Anteilen. Aus den Beispielen in der Abbildung betrachten wir hier das Management und die Produktion.

Der *blaue* Anteil des Managements ist die Verwaltung oder Steuerung. Sie besteht aus speziellen Prozessen, die nur hier verwendet werden. Der *rote* Anteil ist die Führung. Das sind Personen mit dem Talent, dem Unternehmen einen Sinn zu geben.[1] Auch die Produktion besteht aus speziellen Prozessen für die *blaue* Routine und aus Talenten, die Projekte für die speziellen (*roten*) Besonderheiten durchführen können.[2]

Die *blauen* Anteile der beiden Funktionen sind sehr verschieden. Die Personen für die jeweils *roten* Anteile auch. Ein guter Projektleiter nutzt in der Unternehmensführung wenig. Die Kompetenz aber, Probleme als *rot* zu erkennen, passende Talente sichtbar zu machen, ihnen eine Lernumgebung zu verschaffen und sie zu fördern, wird in jeder Funktion benötigt, nicht nur im Management und in der Produktion. Dass sich die *blauen* Lösungen einer Funktion stark unterscheiden, die *roten* aber nicht, nennen wir die „Verwandtschaft im *Roten*". In der Abbildung sind deswegen die jeweils *roten* Anteile überdeckend dargestellt.

Höchstleistungsunternehmen nutzen diese Verwandtschaft. Wenn es ihnen in einer Funktion gelingt, die Bedingungen für *rote* Lösungen zu verbessern, wird dies in allen Funktionen benutzt. Deswegen ist in diesen Unternehmen der Aufwand im *roten* Bereich überraschend gering. So genügt die Erfahrung in einer Funktion um zum Beispiel bestimmte Verschwendungen in allen Funktionen zu vermeiden. Bei Höchstleistern gibt es keine Kulturentwicklung, keine Motivationsseminare, keine Maßnahmen zur Teambildung und keine Belohnungsvereinbarungen.

Je höher die Dynamik, umso besser kann diese Verwandtschaft im *Roten* als Synergie genutzt werden. Das tapfere Schneiderlein würde sagen: „Mit einer *roten* Klappe erwischt man immer mehrere Fliegen."

1 Siehe Denkzettel 17 „**Steuerung und Führung** – die zwei Seiten des Managements", Seite 140

1 Siehe Denkzettel 28 „**Duale Wertschöpfung** – Innovation und Alltag als Geschwister", Seite 199

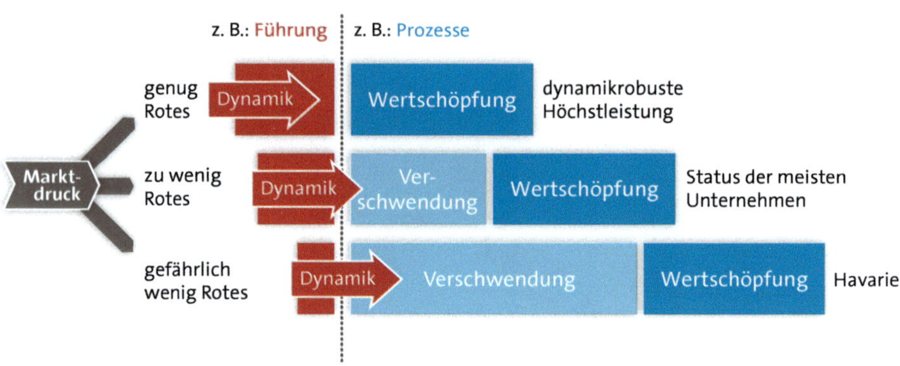

Gibt es mehr Dynamik als die roten Funktionen eines Unternehmens abfangen können, so geraten die blauen Prozesse unter dynamischen Druck. Das vertragen sie nicht. Ihre „Optimierung" ist nur Verschwendung. Das traditionelle Vorgehen „Zuerst Blau, dann Rot" ist heute eine Havariefalle.

Blau zuerst!
Fast alle ˘Unternehmen spüren die neue ˘Markt- ˘Dynamik als Druck. Um sich ihrer zu erwehren, beginnen die meisten mit der Sanierung ihrer ˘Prozesse und deren ˘Steuerung. Das ist vertrautes Terrain mit einem umfangreichen Angebot an beraterischer Hilfe. Traditionell gilt es als selbstverständlich, dass gesteuerte *blaue* Prozesse das notwenige Fundament für moderne dynamikrobuste Organisation sind. Also: Zuerst ˘*Blau* als Pflicht, dann ˘*Rot* als Kür.

Das ist ein Irrtum.
Wenn die Dynamik ansteigt und die eigenen *roten* Anteile zu schwach sind, um diese zu bearbeiten, wirkt die Dynamik direkt auf die Prozesse. Weil Prozesse keine Dynamik vertragen, kommen sie nicht zur Ruhe und verlieren ihre Kraft und Eleganz. Der Versuch, sie in dynamischer Umgebung zu reparieren oder gar zu optimieren, ist wie Löschen mit Benzin. Die Probleme wachsen, und die Prozesse blähen sich auf.

Erst wenn es gelingt, die *roten* Anteile im Unternehmen so zu erweitern, dass diese die Dynamik abfangen können, wird eine Sanierung der Prozesse möglich. Erst wenn die *blauen* Prozesse vor *roter* Dynamik geschützt sind, werden sie wieder schlank und gewinnen Kraft und Eleganz zurück.
Das ist die Idee der *Lean Production*.

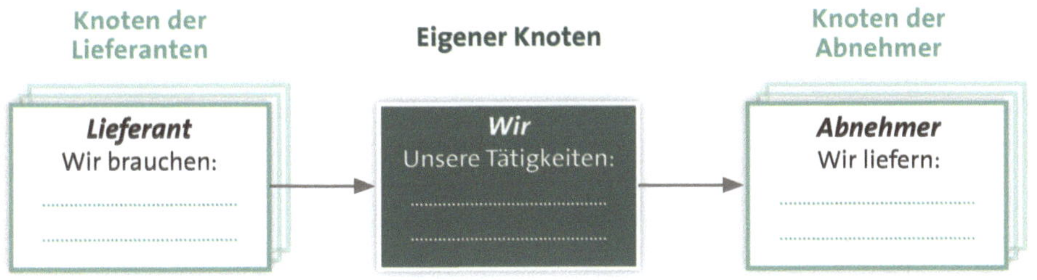

Zunächst werden die vermuteten Beziehungen notiert (3 Listen), dann auf Basis der Unternehmensstrategie durch Verhandlung mit den Partnern modifiziert oder verworfen, schließlich in Nahtstellen dokumentiert. Dadurch gestaltet sich die Organisation.

Die ˇOrganisation, auch des konservativsten ˇUnternehmens, ist eine unruhige ˇStruktur, in der ständig Neues ausprobiert wird. Was sich bewährt, wird fortgesetzt, der Rest wird vergessen. Da eine Organisation die Qualität ihrer Veränderung nicht selbst wahrnehmen und bewerten kann, ist sie darauf angewiesen, dass die Mitglieder ihre ˇWahrnehmungen in die ˇKommunikation einbringen. Wenn und solange dies funktioniert, bleibt die Organisation auch in veränderlicher Umgebung angepasst.

Bei wachsender ˇDynamik kann sich die ˇUmgebung schneller ändern, als dies wahrgenommen und kommuniziert werden kann. Dann verblödet die Organisation.

Konventionelle Organisationsentwicklung (OE) hält Organisation ohnehin für dumm und versucht diesen Mangel durch die Klugheit der Macher auszugleichen. Das scheitert meist. Moderne OE weiß, dass nur die Organisation selbst genügend ˇKomplexität abbilden kann, um in dynamischer Umgebung zu bestehen. Dies kann aber nur genutzt werden, wenn die Mitglieder ein ˇProblem nicht nur wahrnehmen, sondern auch schnell genug in die Unternehmenskommunikation einbringen. Wenn dies gelingt, bleibt die Organisation auch bei hoher Dynamik lebensfähig. Um dies zu provozieren, empfehlen wir unter anderem die Technik der sogenannten Knotenbeschreibung.

Knoten sind alle Identitäten, die über ˇSchnittstellen Leistungen austauschen. Auch Kunden und Lieferanten sind Knoten. Zunächst beschreibt sich jeder Knoten selbst: Was tun wir? Welcher Knoten braucht das? Von welchem Knoten brauchen wir was? Am Ende hat jeder Knoten viele Beschreibungen, seine eigene und die seiner Partner. Die nun sichtbaren Unterschiede in den Beschreibungen sind Provokation für Kommunikation und Entscheidung. Die Dokumentation der Ergebnisse nennen wir „Nahtstellenvereinbarung" (NSV).

Da diese Aktivitäten keine ˇSteuerung benötigen, sind sie ˇdynamikrobust. Damit die Organisation aber sinnvoll bleibt, bedarf es einer auch im Alltag wirksamen operativen ˇStrategie, also allgemeiner ˇPrinzipien, die nicht nur vom ˇManagement verkündet, sondern von den Mitarbeitern tatsächlich benutzt werden.

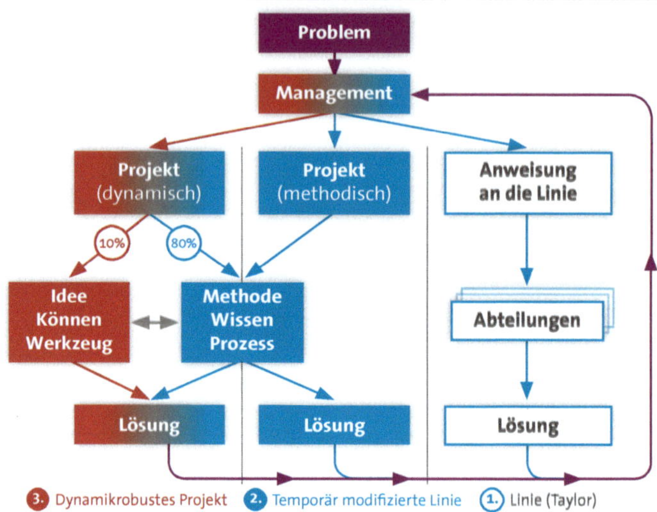

Ein Unternehmen hat drei Möglichkeiten, Probleme zu lösen: Die Linie für Alltagsprobleme, dynamikrobuste Projekte für Innovation und die Temporär modifizierte Linie für den Rest. Der linke Ast fehlt oft.

Die Aktivität „Projekt" kann auch durch folgende Überlegung eingeordnet werden: Dem ˘Management stehen hauptsächlich drei Wege zur Verfügung, um ˘Probleme zu bearbeiten – zwei ˘*blaue* und ein ˘*roter*. Die meisten Probleme enthalten Anteile für alle drei Wege. Das ˘Werkzeug für die Aufteilung eines Problems in *rote* und *blaue* Anteile nennen wir „Problemtransformation"[1]. Es ist nicht einfach zu benutzen. Meist ist dazu auch eine Analyse der *Hinterbühne*[2] notwendig. Die drei Wege sind:

Linie: Wird eine Abteilung gefunden, die einen Teil des Problems bearbeiten kann, so wird eine Anweisung generiert. Die Abteilung startet den dafür passenden ˘Prozess und meldet die Erledigung zurück. Es können auch mehrere Abteilungen sein.

Die *Temporär modifizierte Linie*[3]: Das Problem hat Anteile, für die keine zuständige Abteilung gefunden werden kann. Die richtige Bearbeitung ist aber bekannt. Vielleicht gibt es sogar eine passende ˘Methode. Dann kann die vorhandene Linie um eine geeignete temporäre Abteilung erweitert werden. Diese bearbeitet dann den Problemteil. Diese temporäre Abteilung wird oft „Projekt" genannt.

Das dynamikrobuste ˘Projekt: Das Problem hat Anteile, für die es weder eine zuständige Abteilung noch einen bekannten Lösungsweg gibt. Für diesen dynamischen Anteil (*rot*) gibt es keine festen ˘Strukturen und Abläufe. ˘Höchstleister beginnen in diesem Fall mit der Suche nach einem passenden ˘Talent, dem eine Lösung zugetraut werden kann. Diese ˘Könner bilden dann meist eine Sonderorganisation neben der Linie – ein Projekt. Damit die *roten* und *blauen* Bearbeitungswege schließlich zu einer Lösung zusammenlaufen, müssen sie in ständiger Kopplung gehalten werden. Die dazu notwendigen ˘Denkwerkzeuge sind Gegenstand des sogenannten „Dynamikrobusten Projektmanagements".

[1] Siehe Denkzettel 21 „**Problemtransformation** – richtige und falsche Fragen", Seite 161

[2] Siehe Denkzettel 4 „**Kultur** – Verhalten und Werte", Seite 40

[3] Siehe Denkzettel 26 „***Temporär modifizierte Linie*** – eine dynamikempfindliche Projektstruktur", Seite 186

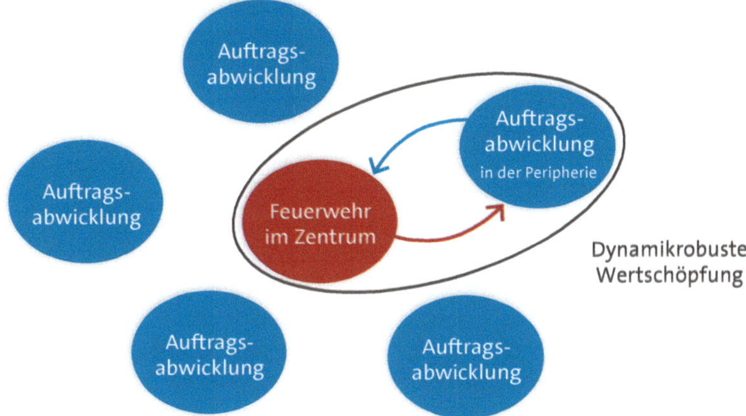

Wird für einen der peripheren Prozesse die Dynamiktoleranz überschritten, wird er zum Projekt. Die Verantwortung wandert ins dynamikrobuste Zentrum. Danach schwingt alles wieder zurück.

Ein Sportstadion entsteht aus vielen standardisierten Bauteilen und ˘Prozessen. Trotzdem ist seine Herstellung nicht nur Prozess. Denn es enthält immer auch einmalige, oft innovative Besonderheiten. Dies gilt nicht nur für Bauwerke, sondern für viele andere „Anlagen" wie Chemiewerke, Rennwagen oder manche Software-Systeme. So braucht Anlagenbau beides: routinierte Prozesse und innovative Besonderheiten. Er ist Beispiel für „Duale Wertschöpfung"[1].

Oft sind die innovativen Anteile zwar anspruchsvoll, kommen aber nur selten vor. Dann ist es möglich, auch für anspruchsvolle Aufträge einfache, aber trotzdem ˘dynamikrobuste Strukturen zu verwenden. Wir erläutern hier ein Beispiel, das wir *Rote Feuerwehr* nennen. Der Prozessanteil besteht hier aus der konventionellen Auftragsabwicklung in der Linie. Diese wird bewusst nicht voll ausgelastet. In den verbleibenden Spielräumen werden die „kleinen" Überraschungen bearbeitet. Aber auch unter diesen Bedingungen bleibt ein Prozess dynamikempfindlich. Bei hoher ˘Dynamik würde er sich immer wieder in hilflosem Durcheinander auflösen.

Bevor es dazu kommt, wird die Verantwortung an ein spezielles ˘Gremium übertragen. Die Bearbeitung wird so lange als innovatives ˘Projekt fortgesetzt, bis der Prozess wieder übernehmen kann. Dieses Gremium nennen wir die *Rote Feuerwehr*. Die ˘Wertschöpfung in der ˘Peripherie wird also immer wieder unterbrochen, zur „Reparatur" an das ˘Zentrum übergeben und dann wieder in der Peripherie fortgesetzt.

Viele Anlagenbauer verfahren so. Aber meist wird der Einsatz der *Roten Feuerwehr* nicht der hohen ˘Dynamik zugeschrieben, sondern den Prozessverantwortlichen als „Versagen" angelastet. Das erzeugt eine dynamikempfindliche ˘Kultur des Misstrauens.

˘Höchstleister haben dieses Verfahren zu einer dynamikrobusten Wertschöpfung perfektioniert. So funktioniert die *Rote Feuerwehr* auch als Ergänzung der sogenannten temporär modifizierten Linie[2], die allgemein häufigste „Projekt"-Struktur. Der Sprung zu modernem dynamikrobusten Projektmanagement ist für viele Unternehmen zu groß. Besonders für Anlagenbauer ist die *Rote Feuerwehr* eine dynamikrobuste Alternative.

[1] Siehe Denkzettel 28 „**Duale Wertschöpfung** – Innovation und Alltag als Geschwister", Seite 199

[2] Siehe Denkzettel 26 „***Temporär modifizierte Linie*** – eine dynamikempfindliche Projektstruktur", Seite 186

18 Glossar

18.1 Vorab

Die Kommunikation über Höchstleistung hat mehr Themen erzeugt, als Begriffe zur Verfügung stehen. Deshalb erfinden wir manchmal neue Begriffe wie zum Beispiel *Meisterloge* oder geben bekannten Begriffen eine präzisere Bedeutung, zum Beispiel der *Wertschöpfung*. Diese Begriffe sind wichtige Denkwerkzeuge. Nur wenn sie präzise genug sind, können die Verhältnisse beschrieben werden, die sich Unternehmen einhandeln, wenn sie in die Umgebung hoher Marktdynamik geraten. Präzise Beschreibung ist ein wichtiges Mittel, um Dynamikprobleme zu lösen.
Wir sind uns bewusst, dass wir nicht berufen sind, Begriffe verbindlich festzulegen. Wir akzeptieren, dass andere ihre Begriffe anders definieren. Wir sind nur dann stur, wenn es um die Konsistenz der Begriffe untereinander und vor allem wenn es um ˘Unterscheidungen geht. Es ist möglich, ˘Wissen und ˘Können auch anders zu nennen; es muss aber möglich sein, beides zu unterscheiden.

18.2 Formales

Im Folgenden werden zwei Typen von Unterscheidungen benutzt: ˘Begriffe (Mann/Frau) und ˘Objekte (Mann/nicht Mann).
Wenn einem Begriff noch ein Adjektiv vorangeht, wie zum Beispiel „asymmetrische Schnittstelle“, so haben wir ihn immer unter dem Hauptbegriff einsortiert und das Adjektiv in Klammern dazugesetzt, also: Schnittstelle (asymmetrisch).

18.3 Verzeichnis der Begriffe und Objekte

Die folgenden Beschreibungen wichtiger Begriffe sind von vielen unterschiedlichen Quellen inspiriert. Eine Auswahl findet sich im Literaturverzeichnis. Da wir jedoch kein öffentlich gefördertes Forschungsinstitut sind, können wird nicht akribisch dokumentieren, wo wir uns jeweils bedient haben. Wir sind daher auch nicht böse, wenn man sich im Gegenzug bei uns bedient. Überhaupt haben wir mit diesem Buch nicht beabsichtigt, einen dauerhaften Kompetenzvorsprung aufzubauen oder zu verteidigen. Wir hoffen, dass für die von uns vertretene moderne Beratung bald ein ˘Markt entsteht. Dazu muss nicht nur die Zahl der Interessenten steigen, sondern auch die Zahl der Anbieter (˘doppelte Kontingenz).

abstrakt / konkret

˘konkret / abstrakt

Angst

Die ˘Kommunikation sozialer ˘Systeme ist nur möglich, wenn sie durch diverse Kommunikationshilfen unterstützt wird, zum Beispiel durch ˘Werte. Sie erleichtern ˘Kommunikation, weil und soweit sie von den Teilnehmern geteilt werden.
Beispiel: ˘Vertrauen. Dieser Wert fungiert als „Kreditwesen" der Kommunikation und erleichtert sie erheblich.
Angst behindert die Wirkung dieser Kommunikationshilfen. Vertrauensbasierte Kommunikation wird schwierig oder gar unmöglich. Im Falle von Angst ist sich jeder selbst der Nächste.
Bei Veränderungen in Unternehmen entsteht leichter Angst als sonst, Angst vor Degradierung, Entlassung, Versetzung, Kaltstellung, Imageverlust oder Ausgrenzung. Angst verleitet zum „Schönreden" einer Situation. Führung und Geführte isolieren sich gegenseitig von der Wirklichkeit. Unerkannte oder falsch kommunizierte Probleme sind unlösbar. Wenn Angst dominiert, ist eine Entwicklung in Richtung moderner dynamikrobuster ˘Organisation unmöglich. Ein wichtiger Sensor für entstehende Angst sind die Gremien des ˘Ko-Managements.

Antagonismus

Der neue dynamische ˘Organisationstyp der Höchstleister kann nicht aus dem traditionell ˘tayloristischen entwickelt werden. Alter und neuer Organisationstyp sind nicht nur verschieden, sondern auch unverträglich. Sie sind antagonistisch wie Feuer und Wasser. Andererseits müssen sie in jedem Unternehmen stabil koexistieren (˘duale Wertschöpfung). Wegen dieses Antagonismus sind Schutzräume nötig. Sie ermöglichen eine konstruktive „friedliche Koexistenz".

Arbeitskraft

Die Fähigkeit einer Person, Arbeit zu verrichten, wird in der Wirtschaft Arbeitskraft genannt. Sie ist zu unterscheiden vom Ergebnis dieser Arbeit, dem Werk. Beides kann gehandelt werden. Der Mitarbeiter eines ˘Unternehmens verkauft seine Arbeitskraft. Der selbstständige Handwerker verkauft meistens sein Werk.
Innerhalb eines Unternehmens werden auch Werke ausgetauscht. Die Austauschpunkte heißen ˘Schnittstellen. Für dynamikrobuste Arbeitsorganisation ist es wichtig, dass der Austausch nicht, wie üblich, verrechnet wird. Es muss möglich sein, das ein Werk geliefert wird, weil es gebraucht, nicht weil es „bezahlt" wird. Verrechnungssätze und interne Anreize behindern dynamikrobusten Austausch über symmetrische Schnittstellen.

A

Aufgabe

Eine Aufgabe ist ein als Verantwortung akzeptiertes ↗Ziel. Wird das Ziel erreicht, ist die Aufgabe erfüllt. Ziel und Aufgabe verschwinden.

Autonomie (dezentral)

Hohe ↗Dynamik in der ↗Umgebung eines ↗Unternehmens zieht den Ort operativer ↗Entscheidungen vom ↗Zentrum an die ↗Peripherie. Dort wächst die Kompetenz für solche Entscheidungen. Im Zentrum verkümmert sie. Die oft beklagte dezentrale Autonomie deutet nicht auf eine renitente Peripherie, sondern auf hohe Umgebungsdynamik hin.

Autorität

Autorität ist eine Form der ↗Kommunikation von ↗Entscheidungen, die Rückfragen ausschließt. In vormodernen Gesellschaften war Autorität in vielen Zusammenhängen zu finden, zum Beispiel in Familie, Kirche und Staat. Heute wird Autorität fast nur noch in ↗Organisationen benutzt.

↗Macht

B

Basar-Kommunikation

Mit „Basar-Kommunikation" ist gemeint, dass zunächst eine überhöhte Forderung gestellt wird, dann ein untertriebenes Angebot, um sich dann schließlich „in der Mitte" zu einigen.

Im bunten Treiben eines Basars ist dies unterhaltsam und notwendig um ↗Preise zu finden. Wenn aber im ↗Unternehmen grundsätzlich mehr gefordert werden muss, um das Notwendige zu erhalten, ist dies eine enorme Verschwendung kommunikativer Energie und Zeit.

Höchstleister nutzen ihre Vertrauenskultur und kommunizieren keine Übertreibungen, sondern gleich ↗Wahrheit. Das ist schneller und weniger aufwändig. So wird bei hoher Dynamik Wahrheit zur unverzichtbaren Produktivkraft.

Bemerkung:

Es sei daran erinnert, dass negative ↗Werte und entsprechendes Verhalten in überlasteter Organisation „vernünftig" sind. Moralische Appelle bewirken daher keine Besserung.

Bedürfnis/Interesse

Nur wer schon einmal Schokolade gegessen hat, kann Appetit auf Schokolade haben. Der Genuss von Schokolade erzeugt das Bedürfnis nach Schokolade. Allgemein gilt: Bedürfnisse werden durch ihre Befriedigung erzeugt. So erzeugt die Befriedigung von Bedürfnissen Knappheit. Bedürfnisse sind dem Bedürftigen bekannt.

Interessen sind objektive Lebensnotwendigkeiten. Sie sind ihrem Träger nicht immer bekannt. Nach einer Magenoperation hat der Patient Hunger. Sein Bedürfnis ist Essen. Sein Interesse ist zu warten, bis sein Magen wieder verdauen kann. Der Arzt muss ihm

die Nahrung auch dann verweigern, wenn der Patient dies nicht einsieht. Die Interessen des Betroffenen legitimieren auch Eingriffe entgegen seinen Bedürfnissen.
Bedürfnisse sind Gefühle. Sie entstehen und wirken sofort und erzeugen entsprechendes ˇVerhalten. Interessen werden erst durch Erfahrung sichtbar. Ohne weitere Erkenntnis werden diese Erfahrungen in Werte transformiert. Deswegen können sich Werte nur ändern, wenn sich die Verhältnisse so ändern, dass andere Erfahrungen gemacht werden.
Für die Anpassung von Unternehmen an hohe Dynamik ist diese Unterscheidung wichtig. Siehe ˇKultur und ˇInteressenmanagement.

Begriff/Objekt

ˇUnterscheidung

Beobachtung

In einem dunklen Raum kann man nichts sehen, weil man nichts unterscheiden kann. Wenn es langsam hell wird, dann werden Konturen sichtbar. Jetzt kann man unterscheiden und etwas bezeichnen und fragen: „Siehst Du das auch?" Dieses bezeichnende Unterscheiden heißt in der Systemtheorie beobachten. Es ist nicht nur an eine Person gebunden, sondern allgemein die Operation eines Systems.
Um beobachten zu können, muss also unterschieden werden. Was unterschieden wird oder welche Unterscheidung benutzt wird, bestimmt der Beobachter. Sie bestimmt darüber, was beobachtet werden kann.
Wirtschaft zum Beispiel kann ökonomisch mit der Unterscheidung Gewinn/Verlust beobachtet werden oder moralisch mit der Unterscheidung gut/böse. Beide Unterscheidungen erzeugen getrennte Welten, die keinen Einfluss aufeinander haben. Eine Entscheidung in der Wirtschaft kann viel Gewinn bringen, damit ist aber noch nicht gesagt, ob sie gut oder böse ist. Sie kann moralisch edel sein, aber trotzdem in den Bankrott führen.

Beratung

Klassische Beratung sammelt ˇWissen, das ˇUnternehmen nur ab und zu brauchen und welches sie deshalb nicht besitzen. Wird es dann benötigt, wird es von Beratungen zugekauft. Dieser Beratungstyp enthält also vor allem ˇ*blaue* Anteile. Das ist der Grund, warum wissensbasierte Beratung bei ˇDynamikproblemen nicht helfen kann.
Auch ˇHöchstleister nutzen wissensbasierte Beratung, aber nur für ihre *blauen* Anteile. Diese sind aber durchschaubar und elegant, da ihnen keine *roten* Anteile zugemutet werden. Viel zu beraten gibt es da also nicht.
Was Höchstleister gut brauchen können, ist eine theoretisch fundierte ˇSelbstbeschreibung, um ihre ˇSeitenwindempfindlichkeit zu reduzieren. Beratung im Kontext hoher Dynamik liefert also nicht Wissen, sondern ˇTheorie. Theorie ist sehr nützlich im Umgang mit ˇIdeen. Wir versuchen diesen Beitrag in Form von ˇDenkwerkzeugen zu leisten.

Bewusstsein

Wir sind noch unsicher, aber wir nehmen Bewusstsein als die Selbstbeobachtung des Gehirns – mit dem Effekt, zwischen sich und seiner Umgebung so zu unterscheiden, dass dabei ein „Ich" entsteht. Kleinkindern wird nachgesagt, dass sie diese Fähigkeit noch nicht besitzen. Daher nennen sie sich noch „Max" oder „Petra" und erst später „ich".
Nur, wenn ein ˇSystem zwischen sich und seiner Umwelt unterscheiden kann, kann es ˇexterne Referenzen bilden. Das heißt, es kann interne Ereignisse der Umgebung zurechnen. Wenn Sie diesen Satz lesen, kann Ihr Gehirn den Text nicht „sehen", sondern nur bestimmte Zustände Ihrer Netzhaut und Ihres neuronalen Systems auswerten. Erst das Bewusstsein kann dies der Umwelt als Text zurechnen. Niklas Luhmann sagt dazu: „Das Bewusstsein interpretiert Körpervorgänge als Welt."

Beyond Budgeting

Ein dynamikrobuster ˇHöchstleister budgetiert nicht, zumindest nicht seine *roten* Anteile. Die *blauen* Bereiche werden nicht mit ˇDynamik belästigt.[1] Sie sind so durchschaubar, dass sich Budgetierung eigentlich nicht lohnt. Manchmal wird dennoch budgetiert, dann aber nur, um Kundschaft oder Börse nicht zu irritieren.
Klassische Budgetierung ist ein Element der ˇSteuerung der ˇPeripherie durch das ˇZentrum. Dazu ist ein solider Wissensvorsprung des Zentrums nötig. Wie bereits erläutert,[2] kehrt dieser sich bei hoher Dynamik um. Die Peripherie wird operativ klüger als das Zentrum. Die Steuerung wird überlastet. Der Aufwand für die jährliche Budgetierung steigt, der Nutzen fällt (ˇJunky-Effekt). Viele ˇUnternehmen korrigieren ihre Budgets laufend oder beachten sie nach wenigen Monaten nicht mehr.
Die Alternative *Beyond Budgeting* ist vermutlich in Unternehmen entstanden, die durch den Kollaps ihrer Steuerung in eine Krise geraten sind. Sie ist, salopp formuliert, die Antwort des „gesunden Menschenverstandes" auf die unhaltbaren Zustände durch konventionelle Steuerung.
Das Konzept *Beyond Budgeting* koppelt die Verwendung von Ressourcen nicht mehr an intern gesetzte Budgets, sondern an ˇexterne Referenzen. Beispiel: Das Management beschließt, den Deckungsbeitrag um 2 Prozent zu erhöhen. Das ist eine interne Referenz. Der Beschluss, mit dem Deckungsbeitrag 2 Prozent über dem Marktdurchschnitt zu bleiben, ist eine externe Referenz. Dieses „Umhängen" von interner auf externe Referenz ist typisch für Höchstleister.
Wie die meisten Werkzeuge der Höchstleister ist auch *Beyond Budgeting* keineswegs neu. Firmen wie Toyota, Aldi, Svenska Handelsbanken oder die Fluggesellschaft Southwest benutzen es bereits seit 30 Jahren. Neuere Nutzer sind zum Beispiel: American Express, IKEA, Leyland Trucks, Philips, SKF, UBS oder Volvo.
Beyond Budgeting wird von seinen Vertretern als alternatives Steuerungsmodell be-

[1] Siehe Denkzettel 10 „**Die *blaue* Falle** – altes Denken passt nicht zur Dynamik", Seite 86

[2] Siehe Denkzettel 3 „**Zentrum und Peripherie** – ungewollte Struktur von Unternehmen", Seite 22

schrieben. Die begriffliche ˇUnterscheidung zwischen ˇSteuerung und ˇFührung stand den Initiatoren nicht zur Verfügung. Daher sprechen sie von einem „neuen" Steuerungsmodell. Gemeint ist aber der Übergang von tayloristischer Steuerung zu dynamikrobuster ˇFührung.

Blau / Rot

Siehe: Kapitel 3.8 „Das erste Denkwerkzeug: *Blau* und *Rot*", Seite 15
ˇDualität

Chaos / Dynamik

ˇDynamik / Chaos

Change Management

Change Management ist eine eingeführte ˇMethode, um eine gewünschte ˇVerhaltenskultur zu erzeugen. Dabei werden die drei klassischen ˇWerkzeuge „Argument", „Belohnung" und „Strafe" mehr oder weniger modifiziert angewendet. Meist gilt es, den „Widerstand" sogenannter „Bedenkenträger" zu überwinden.
Das ˇManagement gibt die gewünschten ˇWerte vor, das *Change Management* erzeugt das zugehörige ˇVerhalten. Alle schließen vom veränderten Verhalten auf veränderte Werte. Da sich dies bald als ˇIrrtum herausstellt, wird die Prozedur alle paar Jahre wiederholt. Wir nennen das einen sich nicht abnutzenden ˇIrrtum.
Change Management ist eine Form von Dressur für das Verhalten auf der *Vorderbühne*. Bei niedriger Dynamik reicht dies völlig aus. Bei hoher Dynamik muss oft autonom, ohne Anweisung gehandelt werden. Dann stellt sich heraus, dass die Werte hinter dem veränderten Verhalten unverändert geblieben sind. Ohne Anweisung verdunstet die Dressur. Schlimmer noch, wenn die Erfahrung gemacht wird, dass ˇHeuchelei von Werten ein Mittel für Erfolg ist, wird Heuchelei selbst zum Wert.
Im Kontext hoher Dynamik ist *Change Management* eine gefährliche Naivität. Vom Management wird verlangt, die angestrebten Werte „vorzuleben", die Mitarbeiter werden behandelt, als könnten sie dies nicht durchschauen. Irgendwann wenden sich die meisten innerlich ab und lassen den Unsinn mehr oder weniger gelassen über sich ergehen. Was bleibt, sind Apathie und ab und zu ein wenig Notwehr der Mitarbeiter.
Hinter dem Begriff *Change Management* verbirgt sich der naive Versuch, über Dressur die Kultur eines ˇUnternehmens zu verändern. Da ˇKultur aber nur der Schatten, nicht die Ursache der Verhältnisse ist, sind diese Projekte unvermeidlich ˇHavarien.

ˇKultur
ˇKulturbeobachtung
ˇWerte
ˇWiderständigkeit

Korona

Wir verwenden den Begriff Korona in zwei Zusammenhängen:
Die **Software Korona** besteht aus den kleinen Softwaresystemen, die sich im Dunstkreis großer Softwaresysteme bilden. Es sind oft Initiativen von Abteilungen oder einzelnen Mitarbeitern. Zweck sind Ergänzungen zum zentralen System, die seine Nutzbarkeit verbessern. In gesteuerter Organisation wird versucht, die Bildung von Korona zu verhindern. Sie gefährdet die Macht der zentralen EDV.
Bei Höchstleistern wird sie gefördert. Denn sie steigert die Akzeptanz zentraler Systeme.
Die **Korona der Zulieferer** besteht aus kleinen und mittelständischen Höchstleistern, die sich im Dunstkreis eines Konzerns ansammeln. Oft haben die Großen versucht, die Innovationskraft ihrer Korona exklusiv zu nutzen, indem sie immer wieder eine dieser Firmen gekauft haben. Heute ist bekannt, dass diese Firmen nach dem Kauf sehr schnell zu einer Konzernabteilung mutieren.
Höchstleister bilden Partnerschaften mit den Firmen ihrer Korona.

Corporate Governance

Corporate Governance bedeutet etwa „normative Grundsätze eines Unternehmens".
Durch die globale Finanzkrise ist dieses Thema wieder aktuell geworden. Vor mehreren Jahren hat der US-Senat ein Gesetz namens *Sarbanes Oxley Act* verabschiedet. Es sollte illegale Machenschaften in der Wirtschaft verhindern.
Die Wirtschaft benötigt immer wieder gesetzgeberische Aktionen, um nicht wegen interner Illegalität ihre Funktionstüchtigkeit zu verlieren. Es ist jedoch „romantisch" zu glauben, man könne die kriminelle Energie in der Wirtschaft durch Gesetze beseitigen. Schon gar nicht durch EDV-gestützte „Kontrollpunkte", wie im *Sarbanes Oxley Act* nahegelegt.
Wenn der illegale Anteil in der Wirtschaft zu klein würde, fehlte die Unruhe als Motor der Evolution. Wirtschaft ohne Illegalität ist ein populäres, aber kein vernünftiges Ziel. Soziale Systeme sind keine Maschinen, sie lassen sich nicht „aufräumen". Um zu funktionieren, brauchen sie immer auch ihre Negation in der Nähe. In diesem Sinne haben Verbrecher und Heilige auch gemeinsame Interessen.
Ein Beispiel: Das Völkerrecht entstand aus dem Dreißigjährigen Krieg. Es folgt der Einsicht, dass Kriege nicht verhindert werden können. Sie müssen also verrechtlicht werden, so dass der Wahnsinn geordnet ablaufen kann, nicht zu lange dauert und am Ende ein Sieger benannt werden kann. So entspricht das Völkerrecht den Interessen beider: den Kriegsgewinnlern und den Opfern.
Wirtschafts- und Rechtssystem brauchen ein dynamisch stabiles Verhältnis, um den modernen Anforderungen zu genügen. Nur ihr gegenseitiger Widerstand hat genügend Kraft zu orientieren.
Beispiel: Profi-Tanzpaare tanzen mit hoher Körperspannung. Sie stellen einander ihren Widerstand als Orientierung zur Verfügung. So entsteht eine elastische Verbindung, die elegante Bewegungen zulässt. Wer seinen Partner durch Widerstand dominiert, hat

sich durchgesetzt – ein Tanzturnier gewinnen kann er nicht mehr.
Bei *Corporate Governance* geht es heute nicht darum, Illegalität zu beseitigen. Das geht nur am Ende von Westernfilmen. Es geht darum, Legalität und Illegalität in eine dynamikrobuste Balance zu bringen. Alles andere ist ˘Romantik.

Datenhoheit

Datenhoheit ist ein Qualitätsmerkmal für moderne EDV-Systeme. Bei hoher ˘Dynamik benötigen alle ˘Daten einen Besitzer. Nur dann kann die notwendige Qualität der Daten vor Ort ausgehandelt und eingeklagt werden; nur dann kann das „Prinzip der ˘Zusicherung" genutzt werden.
Integrierte Zentral-EDV zwingt die Benutzer anonyme Daten (ohne Besitzer) zu verwenden. Wenn die Qualität nicht stimmt, gibt es keinen Kollegen, mit dem das geklärt und mit dem für die Zukunft eine Vereinbarung getroffen werden könnte.
Die meisten Daten kommen von außen oder sind „vom Rechner" erzeugt und damit anonym. Ihre Qualität ist der dezentralen Kommunikation „vor Ort" entzogen.
Ohne Datenhoheit verhindert die EDV eine lernende Kommunikation. Eine dynamikempfindliche Struktur.

˘EDV (dynamikrobust)
˘Medium
˘Werkzeugcharakter

Demokratie

In einer Demokratie gilt, was die Mehrheit beschlossen hat. Die Minderheit muss sich fügen. Kurz: Demokratie ist die Diktatur der Mehrheit. Eine erfolgreiche ˘Struktur, um das politische ˘System der modernen Gesellschaft stabil zu halten. Deshalb wird sie gerne auch außerhalb der Politik verwendet. Obwohl diktatorisch, erhält sie doch den sozialen Frieden.
Für ˘Innovationen in Wissenschaft und Wirtschaft ist Demokratie allerdings nicht geeignet. Denn sie kann aus Irrtümern nicht lernen. Wenn ein Mehrheitsbeschluss sich als ˘Irrtum erweist, was häufig vorkommt, kann jeder Beteiligte etwas lernen, aber jeder etwas anderes. Das verschiebt zwar die Mehrheitsverhältnisse, die zukünftige Qualität der Beschlüsse ändert das aber nicht.
Lernen ist nur möglich, wenn eine bestimmte Erwartung durch Enttäuschung korrigiert werden kann. Das ist nur bei Individuen oder ˘Teams möglich. Demokratische ˘Gremien haben keine Individualität und damit keine einheitliche Erwartung. Sie könnten nur mehrheitlich enttäuscht werden.
Weil repräsentative Strukturen nicht lernen können, können sie auch nicht innovativ sein.

Siehe Denkzettel 25 „**Team und Gremium** – Ideen oder Entscheidung", Seite 185

D

Denkwerkzeuge

Im Gegensatz zur Methode kann aus einem Werkzeug keine Handlung abgeleitet werden. Werkzeuge sagen nicht, was zu tun ist, sondern brauchen eine Idee, um nützlich zu sein.
Werkzeuge fürs Denken nennen wir Denkwerkzeuge. Eines der wichtigsten sind Unterscheidungen, zum Beispiel kompliziert / komplex (*blau / rot*) oder Zentrum / Peripherie.
Beispiel: Zwei Abteilungen sind seit Langem in einem destruktiven Streit gefangen. Ein methodischer Ansatz wäre zum Beispiel Konfliktmanagement. Wenn diese und andere Methoden versagen, hilft vielleicht die Unterscheidung Zentrum / Peripherie weiter. Vielleicht sind die Abteilungen durch Wachstum und Dynamik auf verschiedene Seiten dieser Unterscheidung verschlagen worden.[1] Wenn der Interessengegensatz zwischen Zentrum und Peripherie die Ursache ist, müssen Interessen verändert werden, nicht Verhalten. Höchstleister harmonisieren diese Interessen über eine andere Arbeitsteilung zwischen Zentrum und Peripherie.[2]

Dezentralisierung

Immer wieder wird versucht, das System der Wirtschaft moralisch zu belehren. So wird die Dezentralisierung – die Verlagerung von Funktionen und Macht an die Peripherie – als Demokratisierung gesehen und deshalb gutgeheißen. Zentralisierung hingegen gilt als menschenfeindliche Machtkonzentration.
Wir nennen diese Haltung romantisch, weil schon die gute Absicht ausreichen soll, um wirtschaftlichen Nutzen zu erzeugen. Moralische Kriterien sind aber zu wenig, um ein Unternehmen konkurrenzfähig zu halten.
Hohe Dynamik erfordert beides. Die Dezentralisierung des Alltags und die Zentralisierung von Innovation.[3] Erst wenn dies konkurrenzfähig funktioniert, kann es auch moralischen Kriterien unterworfen werden. Nur gewinnbringende Wirtschaft kann sich Moral leisten.

Innovation

Doppelmanagement

Eine Linienorganisation ist geeignet, wiederkehrende Aufgaben zu bearbeiten. Projekte werden benötigt, wenn die Aufgaben auch überraschende Anteile enthalten. Solche Aufgaben kann eine Linienorganisation nicht ohne Beschädigung erbringen. Deshalb braucht dynamikrobuste Organisation beide Organisationstypen.
Wenn eine Organisation Überraschungen verarbeiten muss und eigenständige Projekte nicht zur Verfügung stehen, wird meist nur die Linie temporär modifiziert. Sol-

[1] Siehe Kapitel 14 „Vom Tisch zur Tafel – über naive Höchstleister", Seite 66

[2] Siehe Kapitel 12.1 „Die Wirkung der Dynamik", Seite 56

[3] Siehe Denkzettel 3 „**Zentrum und Peripherie** – ungewollte Struktur von Unternehmen", Seite 22

che temporären Strukturen innerhalb der Linie werden oft Projekte genannt, sind aber keine.[1]
In temporär modifizierten Linienstrukturen hat jeder Projektmitarbeiter zwei Vorgesetzte, den der Linie und seinen Projektleiter. Gerät diese Struktur unter Leistungsdruck, so laufen die Prioritäten und damit die Orientierungen der beiden Vorgesetzten auseinander. Schließlich sind die Mitarbeiter gezwungen, nur auf Basis eigener Orientierung zu entscheiden. Selbst wenn sie dies mit hoher ˇKompetenz und Verantwortung tun, passen die Entscheidungen der Mitarbeiter dann nicht mehr zusammen. Alle Beteiligten handeln nach bestem Wissen und Gewissen und erzeugen gerade dadurch Chaos. Die Organisation „verblödet“ trotz aller Intelligenz ihrer Mitglieder.

dualer Prozess
ˇProzessgestaltung (dual)

Dualität – Die Unterscheidung *blau / rot*
In dynamischer Umgebung lassen sich viele ˇProbleme besser beschreiben, wenn sie als Dualität beobachtet werden: eine Dualität aus ˇkomplexen (*roten*) und ˇkomplizierten (*blauen*) Bestandteilen.
Bei niedriger ˇDynamik ist der *rote* Anteil vernachlässigbar klein. Er kann ohne Schaden ignoriert werden. ˇTayloristische ˇOrganisation nutzt diese Möglichkeit und beschränkt sich auf die *blauen* Anteile. Mit wachsender Dynamik wächst aber der *rote* Anteil. Da die ˇBegriffe zur ˇBeobachtung dieser Entwicklung fehlen, wird der Anstieg meist nicht bemerkt. Er macht sich aber in Form von ˇHavarien bemerkbar.
Die dualen Anteile eines ˇProblems kommen nur gemeinsam vor. Sie lassen sich nicht separieren. Sie können nur „im Kopf“ unterschieden werden. Mit dieser ˇUnterscheidung können dann Probleme als Zusammenhang von *rot* und *blau* beschrieben werden. Das erleichtert die Suche nach der richtigen Lösung. Mangelt es zum Beispiel an ˇKönnen (*rot*), so kann mit noch so viel ˇWissen (*blau*) nicht geholfen werden und umgekehrt. Ohne passendes Denkwerkzeug sind die beiden Anteile eines Problems nur schwer zu unterscheiden. Wir benutzen dazu das Werkzeug ˇProblemtransformation.
In der folgenden Tabelle sind einige Unterscheidungen aufgeführt, die sich aus der Basisunterscheidung kompliziert/komplex ableiten. Im Alltag werden diese ˇUnterscheidungen nur unscharf oder gar nicht verwendet. Es sei daran erinnert, dass ˇUnterscheidungen vor allem dazu dienen, den Zusammenhang des Unterschiedenen zu beschreiben. Es geht nicht um eine wertende Gegenüberstellung im Sinne besser/schlechter oder modern/veraltet.

[1] Siehe Denkzettel 26 „***Temporär modifizierte Linie*** – eine dynamikempfindliche Projektstruktur“, Seite 186

Blauer Anteil	Die Einheit der Unterscheidung	Roter Anteil
Kompliziert, formal, tot	„Welt"	Komplex, dynamisch, lebendig
Steuerung (Verwalten)	Management	Führung (Störung)
Wissen (Skill-Profil)	Kompetenz	Können (Talent)
Lernen (vom Lehrer) Fleiß	Qualifizierung	Üben (mit dem Meister) Intelligenz
Methode (Handeln)	Werkzeug	Idee, Theorie (Denken)
Verhalten, Norm	Kultur	Werte, Stil
Mitteilung (Daten)	Kommunikation	Verstehen (Information)
Motivierung (Belohnung, Bestrafung, Bestechung)	Motiv	Motivation (Möglichkeit zur Leistung)
Regel, Struktur	Prozess	Prinzip, Entscheidung
Intern (Macht)	Referenz	Extern (Markt)
Messen	Leistung	Beurteilen
Schnelle Auswahl aus Vielfalt	Flexibilität	Reaktion auf Überraschung

Bild 2: Die Unterscheidung von Blau und Rot

Siehe auch:

- Kapitel 3.8 „Das erste Denkwerkzeug: *Blau* und *Rot*", Seite 15
- Denkzettel 1 „**Chaos und Dynamik** – die Unterscheidung von *Blau* und *Rot*", Seite 16

Dynamik/Chaos

Wenn eine ˘Organisation überfordert ist, entsteht Durcheinander.
Ist der Grund Mangel an ˘Wissen (Dummheit), dann nennen wir das Chaos. Sind fremde oder eigene ˘Ideen der Grund, dann und nur dann nennen wir das Durcheinander Dynamik.
Ideen sind immer ˘Überraschungen. Deswegen ist Dynamik das Maß für die Menge an Überraschungen, die ein ˘Unternehmen erzeugen oder aushalten muss, um konkurrenzfähig zu sein.
Je enger ein ˘Markt ist, umso höher ist die Dynamik. Deswegen erzeugt die ˘Globalisierung Dynamik.

Dynamikproblem

Hohe Dynamik ist nur dann ein Problem, wenn die Dynamik eines ˘Unternehmens niedriger ist als die des ˘Marktes. Das Dynamik-Gefälle wirkt als ˘Marktdruck.
Die meisten Unternehmen reagieren auf diese neue Ursache von Marktdruck wie gewohnt durch Kostensenkung. Bei hoher Dynamik kann es aber leicht passieren, dass mit niedrigeren Kosten das falsche Produkt erzeugt wird.

Höchstleister erhöhen ihre Dynamik durch Talentorientierung. Kostenreduktion ist dann ein Effekt, nicht die Ursache ihrer Konkurrenzkraft.

˘Wissen / Können
˘Kompetenzgefälle
˘Dynamikursache
˘Globalisierung

Dynamikursache

Um besser zu verstehen, was ˘Dynamik ist, hilft es, die Entstehung ihrer Ursache zu kennen. Wird diese historische Analyse umgangen, weil der „Blick nach vorn" bevorzugt wird, kann eine vergängliche Mode von einem Umbruch nicht unterschieden werden.
Die heutige globale ˘Dynamik ist keine vergängliche Erscheinung, sondern eine Zäsur. Zum ersten Mal in der Geschichte der ˘Wirtschaft wird der begrenzte Raum, in dem die Wirtschaft stattfindet (Oberfläche der Erde), ökonomisch als Enge wirksam.
In engen ˘Märkten können sich die Konkurrenten nicht ausweichen. Sie sind gezwungen, sich gegenseitig zu stören, lange bevor ein ˘Produkt Marktreife erlangt. Diese gegenseitige ˘Beobachtung mit destruktiver Intelligenz ist ein Effekt von Enge und die Ursache von Dynamik.

EDV

Der Begriff *Informationstechnologie* (IT) hat im Alltagsgebrauch den Begriff *Elektronische Datenverarbeitung* (EDV) abgelöst. Er basiert aber auf dem ˘Irrtum, Computer könnten ˘Information verarbeiten oder gar erzeugen. Computer verarbeiten nur ˘Daten. Wir meiden deshalb den Begriff „IT" soweit möglich.[1]

˘Information / Daten

EDV (neutral)

Eine der Lehren aus den spektakulär gescheiterten Bemühungen um künstliche Intelligenz ist, dass sich Kreatives (˘*rot*) nicht auf formale ˘Strukturen (˘*blau*) abbilden lässt. Auch die komplizierteste EDV ist und bleibt *blau*. Wird sie mit menschlicher Arbeit fest verkoppelt, so wird diese Arbeit zwangsläufig auf *Blaues* eingeschränkt.
Je anpassungsfähiger EDV-Systeme gebaut sind, desto leichter können sie mit Arbeitsprozessen verbunden werden und umso leichter kann Arbeit auf *Blaues* eingeschränkt werden. EDV lässt die *roten* Anteile der ˘Wertschöpfung nur dann „ungeschoren", wenn sie mit diesen Anteilen nicht verbunden wird, also neutral bleibt wie Kugelschreiber, Stempelkissen oder Textverarbeitung.
Werden *rote* und *blaue* Anteile fest gekoppelt, dann wirken die *blauen* wie ein Korsett.

[1] Ausführlich hierzu Kapitel 9 „Informationsflut – ein Denkfehler", Seite 44

Es schränkt die unendliche Vielfalt des *Roten* auf die endliche Vielfalt des *Blauen* ein.

Qualitätskriterien für neutrale EDV

Neutralität: Je enger Software und Arbeitsablauf gekoppelt sind, umso mehr wird die unendliche Bewegungsvielfalt lebendiger Mitarbeiter auf die endliche Bewegungsvielfalt toter Maschinen eingeschränkt. Damit ein *blaues* System in *roter* Umgebung nicht stört, darf es nur lose an seine Umgebung gekoppelt werden. Technische Systeme müssen also neutral bleiben und dürfen die notwendige Bewegung nicht behindern. Software, die an die Abläufe „angepasst" wird, verhält sich wie flüssiger Beton. Sie wird in die Organisation gegossen und härtet dann aus. Zunächst lässt sie Platz für alle Abläufe. Sie passt „wie angegossen". Irgendwann aber sind Änderungen notwendig, die in der Software nicht vorgesehen sind. Jetzt wirken diese Systeme wie harter Beton.

Neutrale Software ist ausgehärtet, bevor sie in der Organisation benutzt wird.

Werkzeugcharakter: Ein Werkzeug nimmt man zur Hand, um ein Ziel zu erreichen. Wenn dies misslingt, legt man es wieder beiseite und sucht nach einer anderen Lösung. Auch EDV-Systeme müssen diese Eigenschaft haben, sonst ist kreatives Arbeiten nicht möglich.

EDV als ˘Medium: Ein EDV-System kann ˘Idee und ˘Fehler nicht unterscheiden. Was heute falsche Bedienung ist, kann morgen Teil einer problemlösenden Idee sein.

Moderne Software weist auf Fehler hin, der Bediener kann den Hinweis aber ignorieren. In einer Vertrauenskultur ist dies möglich. Die Systeme sind dann nicht nur Schutzwall gegen die Dummheit der Bediener, sondern auch Medium für ihre Genialität.

˘Datenhoheit: Bei hoher ˘Dynamik benötigen alle ˘Daten einen verantwortlichen Besitzer. Nur so kann zwischen Benutzer und Lieferant der Daten die passende Qualität ausgehandelt werden.

EDV-Entsorgung

Wenn konventionelle EDV die Entfaltung ausreichender ˘Komplexität eines Unternehmens behindert, muss sie entsorgt werden. Die Entsorgung ist ein risikoreiches Vorhaben. Man kann sie nicht einfach abschalten. Dann würde zwar die Behinderung dynamischer Vorgänge verschwinden, die *blaue* Basis des Unternehmens aber ebenfalls. Es würde nicht ˘Dynamik gefördert, sondern ˘Chaos.

Vor jeder Entsorgung müssen *blaue* und *rote* Anteile getrennt sein. Die Entsorgung ist dann ein geordneter Rückzug der EDV-Systeme auf die ˘Kopplung mit den *blauen* Anteilen. Dabei sinken die Anforderungen an die ˘Prozesse und damit an die EDV-Systeme. Deswegen entsteht manchmal der Eindruck, die EDV würde verschwinden. Sie wird aber nur kleiner und eleganter.

Zu beachten ist auch, dass mit den oft teuren EDV-Systemen in der dynamikarmen Vergangenheit Beeindruckendes geleistet wurde. Deshalb ist die Versuchung groß, diese Systeme nicht zu entsorgen, sondern sie so zu verbessern, dass sie „flexibel" werden. Sie werden aber nur größer, vielfältiger und teurer. Bei der nächsten Innovation stehen sie wieder im Weg.

Siehe auch

- Denkzettel 1 „**Chaos und Dynamik** – die Unterscheidung von *Blau* und *Rot*", Seite 16
- Ausflaggen der ˇTabuzonen für EDV
- ˇProzessgestaltung (dual)

Entscheidung

Ein Fallschirmspringer kann entscheiden, ob er springt, aber nicht, in welche Richtung er fällt.

Entscheidung ist die Auswahl aus Möglichkeiten, von denen unbekannt ist, welche die „richtige" ist. Ist die richtige bekannt, kann und braucht nichts entschieden zu werden. Entscheidungen sind nur möglich und nötig, wenn ˇWissen fehlt und trotzdem gehandelt werden muss. Da Entscheidungen immer falsch sein können, erzeugen sie Verantwortung und erfordern Mut. Genau dafür wird ein Manager bezahlt.

Wissen wird also nicht benötigt, um Entscheidungen zu fällen, sondern um die Menge der Entscheidungen zu reduzieren. „Entscheidung" auf Basis von Wissen nennen wir Sachbearbeitung oder Verwaltung.

Erkenntnis

Wir definieren Erkenntnis als Erzeugung von ˇWissen. Neu erzeugtes Wissen verändert den Erzeuger. Wenn es also einem Unternehmen gelingt, neues Wissen über sich selbst zu erzeugen, verändert es sich. So ist Erkenntnis ein wichtiges ˇWerkzeug moderner Organisationsentwicklung geworden.

In dynamischer Umgebung ist die ˇKomplexität so hoch, dass sie nur noch von der ˇOrganisation des ˇUnternehmens selbst ausreichend bearbeitet werden kann. Jeder Einzelne oder auch einzelne Abteilungen sind mit der Komplexität überfordert. Das Unternehmen wandelt sich vom dummen Gestaltungsgegenstand zum Erkenntniswerkzeug. Wenn in dynamischer Umgebung Wege in die Zukunft gefunden werden sollen, muss das Unternehmen zur Erkenntnis provoziert und dann beobachtet werden. Die frühere Belehrung durch kluge Berater ist nicht mehr möglich.

Fakten

ˇWissen besteht aus Aussagen, denen niemand widerspricht. Wissen hat immer nur eine bestimmte ˇkommunikative Reichweite. Außerhalb dieser Reichweite wird widersprochen, und aus Wissen wird Meinung. Fakten sind Elemente von Wissen mit maximaler Reichweite. Fakten überspannen die ˇKommunikation der ganzen ˇGesellschaft. Fakten sind der Schopf, an dem die Kommunikation sich selbst aus der Beliebigkeit zieht. Wie für Werte kann auch für Fakten Konsens vorausgesetzt werden.

Fehler/Irrtum

Fehler ist die Abweichung von einem bekannten Soll. Man weiß, was richtig ist, macht es aber anders, also falsch. Aus Fehlern kann man nichts lernen. Deshalb kommt es nur

darauf an, sie zu vermeiden. Irrtümer sind Annahmen, die sich als falsch herausstellen. Man wusste nicht, was richtig ist. Man hat entschieden. Jetzt ist klar, die Entscheidung war falsch – nun ist man klüger. Irrtümer sind Stoßpunkte, über die sich die sonst unzugängliche Realität bemerkbar macht. Nur Irrtümer erzeugen neues Wissen. Nur aus Irrtümern wächst Erkenntnis.
In der Umgangssprache wird diese Unterscheidung nicht benutzt. Deswegen kann gesagt werden: „Aus Fehlern lernen", präziser wäre: „Aus Irrtümern lernen".

Flexibilität (formal/dynamisch)

Der Begriff wird in zwei Bedeutungen verwendet:

- Schnelle bedarfsorientierte Auswahl aus einer großen, aber bekannten Vielfalt, das nennen wir die formale Flexibilität.
  Ein Beispiel: „Wir sind flexibel. Egal welches Auto sich der Kunde aus dem Katalog zusammenstellt – es wird sofort und genau so produziert."
- Innovatives Reagieren auf überraschenden Bedarf, das nennen wir dynamische Flexibilität.
  Ein Beispiel: Der Mitarbeiter im Call-Center: „Ich erkenne, Ihre Situation ist ungewöhnlich. Ich werde bei Ihnen eine Ausnahme machen." Der Kunde erhält ein neues Gerät, obwohl er keinen Anspruch darauf hat.

Formale Flexibilität basiert auf der Anwendung einer großen Vielfalt von Regeln. Dynamische Flexibilität erfordert meist das Brechen von Regeln. Beide Flexibilitäten werden oft gleichgesetzt oder verwechselt.

Frage (falsche)

Jede Frage braucht einen Konsens über ihre Prämissen. Fehlt dieser, dann ist die Frage falsch oder nur ein Scherz.
Wer einen Fußballexperten fragt, ob ein Elfmeter wirklich elf Meter hoch ist, wird Kommentare ernten, aber keine Antwort. Würde der Experte antworten, würde er die Prämisse akzeptieren, dass ein Elfmeter eine Höhe hat. Egal, was er antwortet, die Antwort wäre falsch.
Natürlich bleibt Kommunikation in solchen Fällen nicht stecken. Meist wird der Frager darüber aufgeklärt, dass die Frage falsch gestellt ist. Gefährlich wird es allerdings, wenn die Beteiligten nicht bemerken, dass die Frage falsch ist.
Beispiel: „Was ist der bessere Ort für die Funktionen in Unternehmen, zentral oder dezentral?" Jede Antwort auf diese Frage ist falsch. Eine richtige Frage wäre: „Welcher Teil einer Funktion gehört ins Zentrum, welcher in die Peripherie?". Erst mit dieser richtigen Frage lohnt die Suche nach einer Antwort.
Falsche Fragen zu erkennen und durch richtige zu ersetzen, nennen wir Problemtransformation.

Freiheit / Notwendigkeit

Freiheit ist die Einsicht in bestehende Notwendigkeiten. Darin liegt der Unterschied zur Beliebigkeit.
In einem ↗Unternehmen sind die Zwänge der ↗Wirtschaft die Basis für die Freiheit der ↗Innovation. Die ↗Kopplung von beidem ist Aufgabe der ↗Führung im ↗Zentrum. Oder anders: Freiheit entsteht dann, wenn genügend Kunden mehr für ein innovatives Produkt bezahlen, als seine Herstellung gekostet hat. Der Markt ist die Lernumgebung für die ↗Freiheit der ↗Innovation.
Manchmal deuten überlastete Unternehmen ihre kollabierte Steuerung um und nennen das Chaos Freiheit – eine ↗romantische Illusion.

Führung / Geführte

In tayloristischer ↗Organisation sind ↗Management und Mitarbeiter über machtbasierte ↗Hierarchie gekoppelt. Die Steuerung weist an, die Mitarbeiter führen aus.
Bei hoher ↗Dynamik muss die hierarchische ↗Steuerung durch ↗Führung ergänzt werden. Führung und Geführte sind über ihre gegenseitige ↗Widerständigkeit gekoppelt. Beide Seiten sind füreinander ↗Lernumgebung. So kann jede Seite die ↗Kompetenz der anderen benutzen, ohne sie zu kennen. Die unverzichtbare Basis für diese Widerstandskopplung ist ↗Vertrauen.

Führung / Steuerung

Führung und Steuerung sind zwei Formen der ↗Kopplung von ↗Zentrum und ↗Peripherie eines ↗Unternehmens.
Steuerung nutzt den Kompetenzvorsprung des Zentrums, um Anweisungen an die Peripherie zu generieren, und Macht, um sie auszuführen. Solange die Dynamik der Umgebung niedrig bleibt, kann das Zentrum diesen Vorsprung aufrechterhalten und nutzen. Typische Elemente von Steuerung sind Planung, Budgetierung, Anreiz- und Kennzahlensysteme sowie Prozess- und Arbeitsbeschreibungen. Solange sie funktioniert, ist Steuerung eine sehr leistungsfähige Kopplung. Auch in dynamikrobuster Organisation bleibt sie wichtig, aber nur für die operativen (*blauen*) Anteile.
Bei hoher Dynamik ist die Peripherie zum Entscheiden und damit zum Lernen gezwungen. Es entsteht periphere ↗Gegenkompetenz. Das Zentrum verliert für den operativen Alltag seinen Kompetenzvorsprung. Dort, wo die Steuerung kollabiert, muss sie durch Führung ersetzt werden.
Führung ist konstruktive Störung peripherer ↗Selbstorganisation, nicht auf Basis von Macht, sondern von Ansehen. Sie braucht die ↗Widerständigkeit der Geführten.

Siehe auch:
- Denkzettel 17 „**Steuerung und Führung** – die zwei Seiten des Managements“, Seite 140
- ↗Management

F

Funktion

Bezüglich der Organisation von Unternehmen verstehen wir unter Funktion bestimmte Leistungen, die ein permanent wiederkehrendes Problem lösen. Meist werden diese Funktionen von organisatorischen Einheiten zur Verfügung gestellt. Oft werden Funktionen von Prozessen übernommen.
Zum Beispiel ist die Steuerung eines Unternehmens eine Funktion, seine Führung eine andere. Das Management erbringt meist beide Funktionen. Manchmal ist das Management durch überlastete Steuerung an Führung gehindert. Dann wird diese Funktion anders erfüllt, zum Beispiel durch die *Hinterbühne* oder ihre Gerüchte.

G

Gebrauchswert / Wert

Wert / Gebrauchswert

Gefühl

Gefühle sind Zustände des Körpers, die vom Verstand des Bewusstseins beobachtet werden. Das Wissen des Verstands und die Gefühle des Körpers sind eng gekoppelt, aber sehr verschieden. Mit dem Verstand kann der *blaue* Anteil eines Problems bearbeitet werden. Auf die *roten* Anteile kann nur der Körper mit seinen Gefühlen reagieren. Wissen herzustellen oder zu nutzen braucht Zeit. Gefühle entstehen sofort.
Die *roten*, meist überraschenden Anteile von Umgebungen können zunächst weder erklärt noch verstanden werden. Nur mit Gefühlen kann man sich in Umgebungen orientieren, ohne sie verstehen zu müssen. Der Verstand allein wäre viel zu langsam. Deswegen gibt es viele erfolgreiche Lebewesen, die ohne Bewusstsein und Verstand auskommen – zum Beispiel den Regenwurm.
In dynamikrobuster Wertschöpfung werden Gefühle in Form von Können benötigt. Könner sind im Vorteil, weil sie bei Überraschungen passende Gefühle und Ideen erzeugen. Ideen entstehen nur aus Gefühlen. Der Verstand erzeugt keine Ideen. Er kann sie nur erkennen und festhalten. Wenn sich Ereignisse und Lösungen wiederholen, dominiert der Verstand. Dann erst kann Wissen erzeugt und etwas erklärt werden.
Der Verstand ist *Blau*, das Gefühl ist *Rot*.[1]

Gegenkompetenz

Dynamik steigert die operative Kompetenz der Peripherie, bis sie größer ist als die des Zentrums.[2] Solange das Zentrum keine Alternative zur Steuerung hat, beobachtet es die periphere Kompetenz als destruktiven Widerstand.
Die kommunikative Reichweite der peripheren Gegenkompetenz überspannt nur die periphere Einheit, in der sie erzeugt wurde. Sie ist also viel kleiner als die entsprechende Reichweite des Zentrums. Deswegen kann das Zentrum die Gegenkompetenz nicht zur Steuerung nutzen, sie ist in der Peripherie „gefangen".

[1] Siehe Denkzettel 1 „**Chaos und Dynamik** – die Unterscheidung von *Blau* und *Rot*", Seite 16

[2] Siehe Kapitel 4.3 „Zentrum und Peripherie – Kollaps der Steuerung", Seite 21

Höchstleister versuchen nicht, die Gegenkompetenz zu zentralisieren, sondern die Probleme zu zerlegen, um sie dann zu dezentralisieren. Die Problemteile landen dort, wo die notwendige Kompetenz vorhanden ist: in der Peripherie. Das Zentrum sammelt die Teillösungen ein und setzt sie zu einer Lösung zusammen. Gegenkompetenz ist dann nicht mehr feindlich, sondern konstruktive Lernumgebung für das Zentrum.

Geld

↗Symbolisch generalisiertes ↗Medium im ↗System der ↗Wirtschaft.

Geschäftsmodell (komplex)

Bei niedriger Dynamik sind Geschäftsmodelle statische Strukturen, die auch alt werden können.
Bei hoher Dynamik sind Geschäftsmodelle eher dynamische Systeme, die ihre Struktur aus ständiger Beobachtung modifizieren. Wie Prozesse werden auch Geschäftsmodelle „dual". Sie benötigen ständig Talente in der Nähe, die entscheiden.

Siehe den folgenden Denkzettel 14 „**Komplexe Geschäftsmodelle** – viele Bälle in der Luft halten", Seite 108

Gesellschaft

Gesellschaft ist das System, das alle ↗Kommunikation enthält. Außerhalb der Gesellschaft gibt es keine Kommunikation, sondern ↗Menschen. Gesellschaft selbst ist „unsichtbar". Sie erscheint nur in Form ihrer Subsysteme, wie Wirtschaft, Politik, Recht, Wissenschaft, ...

Gesetz / Zufall

↗Zufall / Gesetz

Globalisierung

Mit Globalisierung wird meist die Vorstellung von wachsender Weite verbunden. Internationale Logistik, Mehrsprachigkeit oder weltweit vernetzte EDV sind typische Themen.
Neben diesem unbestrittenen Effekt hat die Globalisierung aber auch eine wichtige „Nebenwirkung": ↗Märkte globalisieren sich durch Wachstum in der Fläche. Ist ein Markt schließlich global, kann sein Areal nicht mehr wachsen. Es wird eng. Mit zunehmender Enge steigt auch die ↗Dynamik der Märkte.[1]

Gremium und Team

Siehe Denkzettel 24 „**Team und Gremium** – Ideen oder Entscheidung", Seite 183

[1] Siehe auch Kapitel 4.2 „Die Folgen der Globalisierung", Seite 18

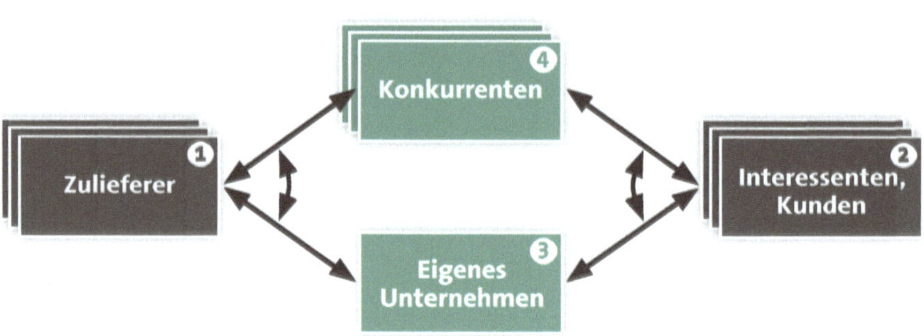

Ein Geschäftsmodell in dynamischer Umgebung ist die Kopplung von vier von einander abhängigen Vielfalten: das eigene, das feindliche und das freundliche Potenzial und die Interessenten und Kunden

Ein Geschäftsmodell ist eine Struktur, in der Prozesse wertschöpfend ablaufen können. Es wird beeinflusst von mindestens vier Elementen: Dem Potenzial des eigenen Unternehmens, dem feindlichen Potenzial der Konkurrenten, dem freundlichen Potenzial der eigenen Zulieferer und den Kaufentscheidungen der Interessenten und Kunden.

Bei niedriger Dynamik sind diese Elemente relativ statisch. Es genügt, sie zu kennen und zu berücksichtigen. Markt-, Kunden- und Technologieanalysen sind wichtige Hilfen. Geschäftsmodelle werden passend zu den analysierten Strukturen entwickelt. Wenn sie funktionieren, werden sie fortgesetzt, wenn nicht, werden sie verworfen.

Bei hoher Dynamik beobachten sich die Elemente eines Geschäftsmodells nicht nur, sondern sie reagieren auch sehr schnell. Zum Beispiel hat der Konkurrent das neue Produkt schon erwartet und setzt sofort eines dagegen. Sein Zulieferer hat mitgedacht und liefert wesentliche Teile der Wertschöpfung billiger und besser. Viele Interessenten und Kunden wenden sich einem dritten Anbieter zu, dessen Angebot schlechter, aber modischer ist.

Kurz, ein modernes Geschäftsmodell bewegt sich nicht nur in einer gegebenen Umgebung, sondern verändert diese auch. Diese Kopplung durch Beobachtung erzeugt eine nicht mehr durchschaubare Komplexität – wir nennen das Dynamik.

Die gewohnte präzise Planung auf Basis sorgfältig gesammelter und analysierter Daten ist für eine solche Umgebung nicht mehr ausreichend. Es bedarf eines Geschäftsmodells, das sich lernend in seiner Umgebung bewegt. Seine Orientierung ist nur noch die konkurrenzfähige Wertschöpfung.

Lernende Systeme können nicht gebaut werden. Sie werden getragen von passenden Talenten, die sich bei entsprechender Förderung in diesen Strukturen entwickeln.

Ein Bild: Gewohnte Geschäftsmodelle gleichen einem Aufmarsch in Reih und Glied. Ein dynamikrobustes Geschäftsmodell ist eher ein Fußballspiel mit einem ebenbürtigen Gegner.

Havarie

Ein Betrunkener irrt suchend im Licht einer Straßenlaterne.
Passant: „Was tun Sie hier? Kann ich helfen?"
Betrunkener: „Ich suche meinen Schlüssel."
Passant: „Wo haben Sie ihn denn verloren?"
Betrunkener: „Irgendwo da drüben."
Passant: „Und warum suchen Sie dann hier?"
Betrunkener: „Hier ist es hell."
Ein Denkfehler. Eine Havarie wird daraus, wenn der Passant das Flutlicht an der Laterne befestigt, um mit seinem Metallsuchgerät den Schlüssel endlich zu finden.
Eine Havarie entwickelt sich aus einem unbemerkten Denkfehler, aus der Suche nach Antwort auf ˇfalsche Fragen.
Im Laufe der Zeit sind viele mächtige ˇMethoden und technische Systeme entstanden, um ˇProbleme in ˇUnternehmen zu lösen. Wenn die Konsequenzen der gestiegenen ˇDynamik unbemerkt bleiben, gibt es keinen Grund, an der Wirksamkeit des Bewährten zu zweifeln.
Beispiel: Einem Fertigungsunternehmen mangelt es an Flexibilität. Entweder es installiert ein computergesteuertes Hochregallager, oder es nimmt sich die flexible lagerlose Fertigung als Vorbild. Das Hochregallager war bei niedriger Dynamik eine gute Lösung, heute droht die Havarie. Mit Computertechnik kann Vielfalt beherrscht werden, aber keine Überraschung.
Zur Klarstellung: Wir sind weder gegen Straßenlaternen noch gegen Computertechnik. Beide können nützlich sein, aber nicht immer. Für obigen Schlüsselsucher ist die Laterne nur scheinbar nützlich. Wenn auf Innovation reagiert werden muss, ist ein Hochregallager nur scheinbar eine Lösung.
Um Havarien zu vermeiden, ist es nützlich, sich Höchstleister als Vorbild zu nehmen und ihre Denkwerkzeuge auszuprobieren.

Hinterbühne / Vorderbühne

Die *Vorderbühne* einer ˇKultur ist das, was man an ˇVerhalten sehen kann. Dahinter stecken die ˇWerte, die als Kraftfelder für dieses Verhalten wirken. Die Werte sind unsichtbar. Auch aus dem Verhalten sind sie nicht ableitbar, weil Menschen heucheln und lügen können. Die unsichtbare Wertekultur einer Organisation bezeichnen wir als *Hinterbühne*. Sie wehrt sich gegen Veränderungen und ist so das stabilisierende Rückgrat einer Organisation. Ohne widerständige *Hinterbühne* würde sie sich in Beliebigkeit auflösen. Wenn eine Organisation sich aber sehr schnell an eine veränderte Umgebung anpassen muss, kann es sein, dass die notwendige Beharrung der *Hinterbühne* im Weg steht. Dann müssen die hinderlichen Elemente gesucht und sichtbar gemacht werden. Ein Werkzeug hierzu sind die sogenannten ˇ*Verketteten Gespräche*.[1]

[1] Siehe Denkzettel 27 „***Verkettete Gespräche*** – Lampe für die dunkle *Hinterbühne*", Seite 192

Höchstleisterorganisation (dynamikrobuste)

In der dynamikrobusten Organisation eines Höchstleisters finden sich meist folgende typische Elemente:

- Nicht nur ˘Steuerung, sondern auch ˘Führung
- Intrinsische ˘Motivation statt Motivierung durch Belohnung
- Keine ˘Ziele, sondern ˘Optionen
- Keine Budgetierung, sondern externe ˘Referenzen
- ˘Talentorientierung: nicht nur „Wie?“, sondern auch „Wer?“
- ˘Kulturbeobachtung, zum Beispiel durch ˘Ko-Management
- Nicht nur ˘Wissen, sondern vor allem ˘Können als Handlungsbasis
- Nicht nur ˘Regeln, sondern auch ˘Prinzipien

Höchstleisterwerkzeug

˘Werkzeug ist die dynamikrobuste Alternative zur ˘Methode. Einige Denkwerkzeuge der Höchstleister haben wir analysiert, gesammelt und in diesem Buch dargestellt.

Höchstleistung

Konkurrenzfähigkeit im ˘System der ˘Wirtschaft erfordert die Anpassung der eigenen ˘Komplexität an die nicht ignorierbare Komplexität der ˘Umgebung (Gesetz von Ashby). Heute ist fast immer die Steigerung der eigenen Komplexität das zu lösende Problem. Zu ˘Taylors Zeiten war es die Absenkung.

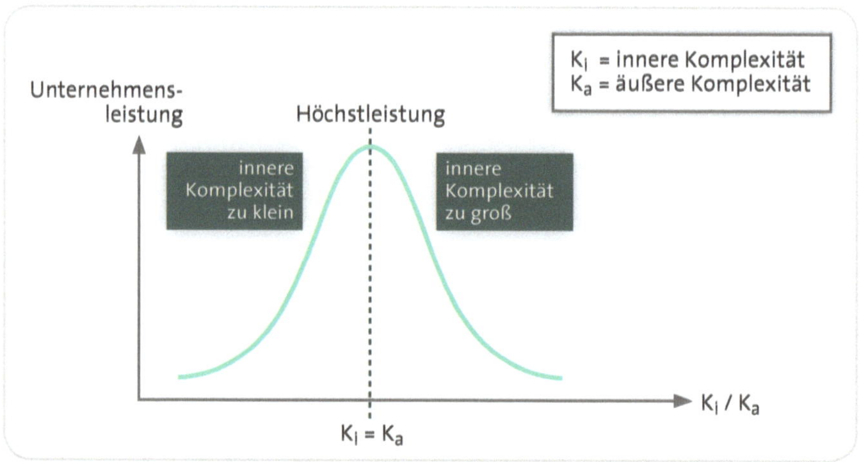

Bild 3: Höchstleistung ist ein lokales Optimum

Die Höchstleistung wird erreicht, wenn die Komplexität der Organisation und ihrer Umgebung ähnlich hoch sind. Heute besitzen die meisten Unternehmen zu geringe Komplexität. Es ist aber auch möglich, die Steigerung der Komplexität zu übertreiben.

Würde bei der Anpassung der Komplexität übertrieben, so würde die Leistung wieder absinken. Zu viel Komplexität macht aus einem Unternehmen eine Künstlerkolonie, die mit einem Industrieunternehmen nicht konkurrieren kann. Deshalb kann Höchstleistung nicht mit „High Performance" übersetzt werden. Es geht nicht einfach um hohe oder höchste Leistung, sondern um die in der aktuellen Umgebung höchstmögliche. Höchstleistung ist also ein relativer Superlativ. Wenn diese angepasste Komplexität erreicht und gehalten wird, erzeugt das Unternehmen ˘Marktdruck für die Unternehmen, deren Komplexität nicht passt.
Bei niedriger Dynamik gilt diese Anforderung nur für das ˘Zentrum, zum Beispiel für Forschung, Entwicklung oder das ˘Management. In der peripheren ˘Wertschöpfung reichen hier noch durchschnittliche Leistungen, um zu konkurrieren.
In dynamischen Märkten werden auch in der Wertschöpfung ˘dynamikrobuste Strukturen benötigt. Mit dieser peripheren Komplexität erzeugen Höchstleister Marktdruck. Diese periphere Steigerung der Komplexität beruht nicht auf wissensbasierten Prozessen, sondern auf talentbasiertem Können. Weil sich Können nicht übertragen lässt, kann man Höchstleister nicht nachmachen. Man kann sie nur als Vorbild für eigene Ideen nutzen.

Höchstleistung (naive)

Siehe Kapitel 14 „Vom Tisch zur Tafel – über naive Höchstleister", Seite 66

Höchstleistungsinsel

In allen Konzernunternehmen, die wir kennen, finden sich sogenannte *Höchstleistungsinseln*. Das sind Bereiche, Werke oder ganze Unternehmen, die in dynamikrobusten Strukturen arbeiten, also als ˘Höchstleister. Diese Inseln sind für ihre Umgebung eine enorme Provokation. Deshalb können sie nur überleben, wenn sie einen Schutzraum haben. Eine anerkannte „Entschuldigung" für die extreme Leistung kann ein solcher Schutzraum sein. Zum Beispiel ein Mitglied des Vorstandes, der sich ein „Hobby" leistet, oder einfach nach unten manipulierte Zahlen.
Nur wenige Konzerne nutzen ihre Inseln, um sich konstruktiv provozieren zu lassen. Sie beobachten und beschützen sie so gut, es geht. Trotzdem verschwinden diese Inseln früher oder später. Sie wachsen aber an anderer Stelle immer wieder nach.

Humor

Die Realität, in der wir leben, ist uns nicht zugänglich. Deshalb kann auch der Klügste nicht Recht behalten. Andererseits ist Beliebigkeit keine Lebensgrundlage. Wir sind gezwungen, zu unterscheiden, auch zwischen richtig und falsch.
Wir sind also im Irrtum, wenn wir Recht haben. Und wir haben Recht, solange wir wissen, dass wir irren.
Um diese Paradoxie menschenwürdig in Gebrauch zu nehmen, braucht es Humor. Sonst wäre sie nicht auszuhalten.

Ignoranz ist die andere Möglichkeit. Sie nimmt die Paradoxie nicht in Gebrauch, sondern meidet sie.

˘Bewusstsein

Idee/Gedanke
Gedanken sind die Grundoperation des ˘Bewusstseins. Ein Gedanke kann nur durch den folgenden Gedanken beobachtet werden. Wird ein Gedanke bewusst, ist er schon vorbei.
Ideen sind Gedanken, die sich auf ein zu lösendes ˘Problem beziehen. Ohne Problem gibt es keine Ideen, nur Gedanken. Ideen sind die Vorform von ˘Erkenntnis.
˘Intelligenz erzeugt Erwartungen. Werden diese enttäuscht, entsteht ˘Irritation. Sie erzeugt einen Überschuss an Ideen. Die meisten davon sind unbrauchbar. Mit einer guten ˘Theorie lassen sich die „Schnapsideen" schnell aussortieren. Wo die Qualität der restlichen interessiert, muss ausprobiert werden.

Immunsystem
Das Immunsystem ist ein stabilisierendes Subsystem in Organisationen. Es unterscheidet „Eigenes" und „Fremdes". Eigenes wird ignoriert, Fremdes bekämpft. Ohne Immunsystem wäre die ˘Organisation zu instabil. Schon geringfügige ˘Irritationen würden Veränderungen auslösen. Die Identität der Organisation ginge bald verloren oder würde erst gar nicht entstehen.
Das Immunsystem operiert auf der *Hinterbühne*. Es stützt sich auf die Werte der Kultur. Wie die Organisation selbst, so ist auch das Immunsystem ein lernendes System. Steigt die ˘Dynamik der Umgebung zu schnell, kann es passieren, dass der Immun-Apparat zu langsam lernt. Dann werden nicht nur die schädlichen, sondern auch die notwendigen Veränderungen als fremd eingestuft und bekämpft. Wenn diese Allergie nicht überwunden werden kann, „verblödet" die Organisation.
Oft wird mit der Methode des ˘*Change Management* versucht, den Widerstand, den das Immunsystem erzeugt, in offener Konfrontation zu überwinden. Das ist aber nur in primitiver Organisation möglich.
Höchstleister „überlisten" ihr Immunsystem. Sie benutzen dazu den Schutzraum ˘Labor und vor allem ˘Humor.

- ˘Kulturbeobachtung
- ˘Innovation

Information/Daten
Diese Unterscheidung basiert auf der ˘Unterscheidung ˘kompliziert/komplex beziehungsweise ˘*blau*/ ˘*rot*. Daten sind formale Strukturen. Nur sie können gespeichert, transportiert, verkauft, gestohlen und von Computern verarbeitet werden.

Information ist ein Ereignis im ↗Bewusstsein. Wie jedes Ereignis kann sie weder transportiert noch gespeichert werden. Außerhalb eines ↗Bewusstseins findet keine Information statt. Die Welt ist, wie sie ist, sie enthält keine Information.
Nur verstandene Daten können Information auslösen. Zu viele Daten sind weniger Information. Es gibt keine Informations-, sondern nur eine Datenflut. Daten können Information töten. Unternehmen, deren Mitarbeiter über Informationsmangel klagen, können ohne diese Unterscheidung ihr Problem nicht lösen, ja nicht einmal darüber nachdenken.

Siehe auch:
- Kapitel 9 „Informationsflut – ein Denkfehler", Seite 44
- ↗Information, Mitteilung, Verstehen

Information, Mitteilung, Verstehen

Information, Mitteilung und Verstehen bilden die Trinität, aus der eine kommunikative Operation besteht.
Information
ist ein ↗Ereignis im Bewusstsein. Es kann als Anlass für eine Mitteilung genommen werden. Wie jedes Ereignis kann es seinen Ort nicht wechseln. Die Information kann das Bewusstsein nicht verlassen, also auch nicht „übertragen" werden.
Mitteilung
ist eine Handlung, der ein Beobachter eine Mitteilungsabsicht zuweist. Wenn das Heben einer Hand von einem Beobachter als Gruß verstanden wird, dann war es für ihn eine Mitteilung. Wenn es nicht so gemeint war, kann sich dies erst später herausstellen. Eine wahrgenommene Handlung ist noch keine Mitteilung.
Verstehen
ist keine ↗Operation eines Bewusstseins, sondern die Einheit der Unterscheidung von Information und Mitteilung. Erst wenn ein Ereignis als mitgeteilte Information verstanden (akzeptiert) ist, kann sich eine weitere ↗Kommunikation daran anschließen. Und erst diese Verkettung erzeugt ein ↗kommunikatives System und damit die Bedeutung einer Mitteilung.
Das beteiligte Bewusstsein versteht natürlich auch, aber etwas Eigenes. Daran ist keine weitere Kommunikation anschließbar. Das Verstehen des Bewusstseins kann neue Information erzeugen, gehört aber nicht zur Kommunikation.
Ein Beispiel von Niklas Luhmann:
- Der Gast denkt: „Die Kartoffel ist noch nicht gar!"
  Er nimmt dies als Information.
- Er schiebt die Kartoffel an den Rand des Tellers.
  Das ist die Mitteilung.
- Dieses Ereignis wird als mitgeteilte Information akzeptiert
  Das ist das Verstehen.

Jetzt beginnt – vielleicht – die nächste Kommunikation, indem der Koch aus seinem Verstehen Information gewinnt und diese – vielleicht – mitteilt.

Jede Information muss, um Kommunikation zu werden, mitgeteilt werden. Die Mitteilung wird zum Beispiel gesprochen oder geschrieben. Auf jeden Fall verlässt die Information durch ihre Mitteilung den Einflussbereich des Mitteilenden. Erst danach, wenn in einer nächsten Kommunikation darauf reagiert wird, stellt sich heraus, was diese Mitteilung bedeutet (hat). Der Mitteilende hat keinen Einfluss auf das, was die Kommunikation aus seiner Mitteilung macht. Ohne kommunikatives System bliebe eine Mitteilung eine Handlung ohne Bedeutung. Die Bedeutung einer Mitteilung kann nur kommunikativ erzeugt werden. Ein gutes Beispiel ist der „Peanuts"-Vergleich des ehemaligen Deutsche-Bank-Chefs Hilmar Kopper. Auf die Frage, wie ein zweistelliger Millionenverlust aus einem schlechten Kredit die Bank belastet, sagte er, das seien für die Deutsche Bank „Peanuts". Gemeint hat er, die Bank sei so robust, dass der Verlust ihr nichts anhaben könne. Die Kommunikation hat daraus einen Beleg für die Arroganz der Banken und die fehlende Bodenhaftung ihrer Topmanager gemacht.

Informationsflut
Information / Daten

Innovation
Für Unternehmen ist Innovation die Entwicklung eines neuen Geschäfts. Das heißt: ein neues Produkt oder eine neue Dienstleistung, für die genügend Kunden mehr bezahlen, als die Herstellung kostet. Gelingt dies nicht, dann ist die Innovation keine.
Damit Innovation tatsächlich Geschäft und nicht nur eindrucksvolle Ladenhüter erzeugt, braucht sie eine widerständige Lernumgebung. Diese besteht aus einer externen und einer internen Referenz. Die externe sind Konkurrenten und zukünftige Kunden. Die interne ist das bewährte Alte. Beides zusammen bildet die wiederständige Lernumgebung, die dafür sorgt, dass unvermeidliche Niederlagen möglichst früh eintreten.
Innovation ist das letzte Glied einer langen Kette von Niederlagen. Damit aus Niederlagen gelernt und immer wieder von Neuem begonnen werden kann, braucht es eine kulturelle Umgebung, die das Weitermachen provoziert.
Höchstleister benutzen diese Umgebung für Innovation. Wir nennen sie *widerständiges Nest*.

Integration
Integration ist die Herstellung einer Einheit aus einer Vielfalt. In Unternehmen stellt sich dieses Problem immer wieder. So müssen etwa vielfältige Kundenwünsche in einer Produktionsumgebung erfüllt oder vielfältige EDV-Anwendungen in einem Rechenzentrum betrieben werden.
Eine Möglichkeit, Vielfalt zu integrieren, ist Normierung. Beispiel: Mit der Uniform

beim Militär wird aus einem Individuum ein Soldat. Das Problem der Vielfalt wird durch Negation der Vielfalt gelöst.
Bei hoher Dynamik wird allerdings beides benötigt, die Vielfalt und die Einheit. Deswegen integrieren Höchstleister über ˘Stil.

Intelligenz

Intelligenz ist die Fähigkeit, ˘Erwartungen zu erzeugen. Wenn die Erwartungen enttäuscht werden, kann diese ˘Irritation zum Lernen benutzt werden. Lernen erzeugt neue Erwartungen.

Interesse / Bedürfnis

˘Bedürfnis / Interesse

Interessenmanagement

Damit eine ˘Organisation als Einheit operieren kann, muss die individuelle ˘Autonomie ihrer Mitglieder eingeschränkt sein. Das erzeugt gegensätzliche Interessen. Diese gilt es zu harmonisieren oder zu kompensieren.
In tayloristischer Organisation wird die Vielfalt durch machtbasierte ˘Steuerung und durch ˘Normierung kompensiert. Bei niedriger Dynamik ist diese Form des Interessenmanagements sehr schnell, billig und damit leistungsfähig.
Mit höherer Dynamik steigt der Aufwand für machtbasiertes Interessenmanagement an. Manchmal frisst der wachsende Aufwand für Steuerung, Planung und Kontrolle fast die ganze Wertschöpfung. Der einstige Vorteil wird zum Nachteil.
Interessenmanagement bei Höchstleistern kompensiert nicht Interessengegensätze, sondern erzeugt harmonische Interessen. Diese entstehen, wenn den Mitarbeitern Gelegenheit gegeben wird, auf Basis ihrer Talente etwas Herausragendes zu leisten. Da dies nur im Team möglich ist, entstehen harmonische Interessen an Leistung. Diese intrinsische Motivation macht jede Motivierung durch Argument, Belohnung oder Strafe überflüssig.

˘Junky-Effekt
˘Wertekultur

Irritation als Werkzeug

Intelligenz erzeugt Erwartungen. Werden diese enttäuscht, entsteht ˘Irritation. Die Erwartung wird als Irrtum erkannt. Dies ist die Voraussetzung für eine Idee. Ideen sind problemlösende Gedanken. Sie werden nur für unbekannte Probleme benötigt und können daher nicht ˘methodisch erzeugt werden.
So ist konstruktive Irritation ein Werkzeug, um Ideen zu provozieren. ˘Theorie wird benötigt, um die „Schnapsideen“ auszusondern. Die Qualität der restlichen Ideen ist nur experimentell festzustellen.

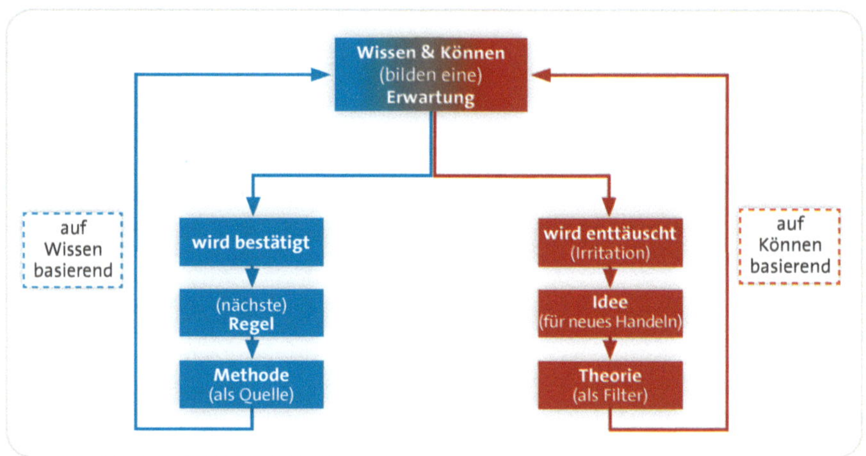

Bild 4: Irritation als Werkzeug – Die beiden operativen Kreisläufe laufen immer ineinander und gleichzeitig. Sie können nur gedanklich getrennt werden.

Die enttäuschte Erwartung erzeugt eine konstruktive Irritation. Sie ist die Voraussetzung für neue Ideen. Wenn sich diese bewähren, entsteht neues Wissen.

IT
˘EDV

Junky-Effekt
Überlastungseffekt von träger ˘Organisation bei hoher ˘Dynamik.
Kulturentwicklung, Kostenreduktion, *Change Management* oder auch Steigerung der Frauenquote, wenn solche Kampagnen einander jagen, wenn neue verkündet werden, bevor aus den alten gelernt werden konnte, ist der Verdacht berechtigt, dass Probleme an ihren Symptomen statt an ihren Ursachen bekämpft werden. Mit jeder Kampagne steigt der Aufwand, und der Effekt sinkt. Diese Gefangenschaft in einer Scheinwelt, diese Isolation von der Wirklichkeit, erinnert an verzweifeltes Suchtverhalten. Auch da wird mit immer höherer Dosis immer weniger erreicht. Dass die Suche nach den Ursachen zu lange dauert, wäre nur dann ein Gegenargument, wenn das Suchtverhalten eine nützliche Alternative wäre.

Kameralistik
Kameralistik ist die Buchführung für asymmetrische ˘Schnittstellen im Bereich der Politik. Geld wird nicht durch äquivalenten Tausch erworben. Es wird mit Hilfe staatlicher ˘Macht angeeignet (Steuern) und im Rahmen der Gesetze aufgrund von Rechten und Verpflichtungen wieder verteilt.

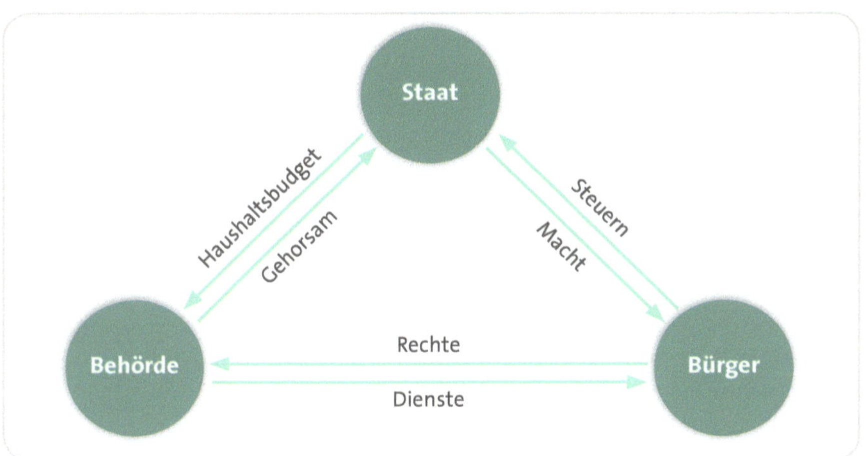

Bild 5: Kameralistik

Das ist die Buchführung für die asymmetrischen Schnittstellen zwischen Behörden, Staat und Bürgern im System der Politik.

Diese Tauschart ist den Regeln des Haushaltsrechtes unterworfen, die entsprechende Buchführung wird als kameralistisch bezeichnet. Kameralistische Buchführung ist eine Durchreiche-Buchführung. Der Eingang sind Haushaltsmittel mit Verwendungsvorschrift. Der Ausgang sind Dienstleistungen, die nicht vom Empfänger, sondern aus den passenden Haushaltstiteln bezahlt werden. Der Bürger bezahlt keine Preise, sondern festgesetzte Gebühren. Wie bei allen asymmetrischen Schnittstellen ist die Qualität der Kameralistik gleich der Qualität ihrer Steuerung. Im Gegensatz zur Marktschnittstelle hat sie die Tendenz, Kosten zu steigern und Qualität zu senken. Bei hoher ˘Dynamik erzeugt diese Eigenschaft die „Krise des Sozialstaates“. Im ˘Unternehmen entsteht die sogenannte ˘*Weihnachtsmann-Schnittstelle* aus den gleichen Gründen. Andererseits hat die Kameralistik eine unersetzliche Stärke. Nur der haushaltsökonomische Prozess kann einem „äußeren“ Wert untergeordnet werden. So kann die Politik zum Beispiel bestimmen, dass Bedürftige auch dann mit Leistung versorgt werden, wenn diese nicht dafür bezahlen können. Die Marktschnittstellen wären dazu nicht in der Lage.

˘Wirtschaft
˘Freiheit

kastrierte Workshops

Wenn ˘Probleme einen hohen ˘Innovationsanteil haben, sind ˘Ideen eine unverzichtbare Lösungsbasis. Wie Gefühle so entstehen auch Ideen nicht im Verstand, sondern im Körper. Der Verstand kann sie nur bemerken. Eine Idee ist ein Ereignis, das keine Zeit

braucht. Es kann aber lange dauern, bis dieses Ereignis eintritt. Wer Ideen braucht, verhält sich am besten wie ein Angler. Er besorgt sich eine gute Ausrüstung, die besten Köder, einen guten Platz, stellt das Handy ab und wartet. Manchmal beißt ein Fisch an, manchmal nicht.
Ganz anders die üblichen Workshops. Eile, Tagesordnung, Beschränkung der Redezeit, und am Ende – ganz wichtig – muss eine Maßnahmenliste erstellt sein.
Um die Muße des Anglers zu üben, machen wir Workshops, die nur dazu da sind, Ideen zu provozieren. Kastriert werden sie genannt, weil keine Maßnahmenliste erstellt wird. Wenn eine Idee auftaucht, die etwas wert ist, muss sie nicht notiert werden. Sie wird nicht vergessen.
Wenn ein junger Mann eine Idee hat, wie er die Dame seines Herzens erobern könnte, muss er sie sich nicht aufschreiben. Er muss auch nicht gemahnt werden, seinen Pflichten nachzukommen. Vielleicht braucht er dazu noch Mut, aber das ist ein anderes Kapitel.

Kausalität

Wenn ich heute eine Bananenschale wegwerfe, kann ich morgen darauf ausrutschen. Wenn dies geschieht, ist meine Tat Ursache meines Missgeschicks. Dieser Zusammenhang heißt Kausalität.
Andererseits geschieht alles, was geschieht, gleichzeitig. Das Vergangene ist schon geschehen, das Zukünftige noch nicht. Vergangenes kann nicht mehr beeinflusst werden oder beeinflussen, Zukünftiges noch nicht. Ereignisse aber, die gleichzeitig stattfinden, können für einander weder Wirkung noch Ursache sein.
Die konstruktivistische Lösung: Kausalität ist nicht real, sondern eine notwendige und hilfreiche Zurechnung eines ↗Beobachters. Wenn sich solche Zurechnungen von Ursache und Wirkung bewähren, heißen sie Gesetze. Der Rest heißt ↗Zufall. Kausalität ist ein Werkzeug, um die Welt zu beschreiben.

↗Kopplung

Kernkompetenz / Schalenkompetenz

Die Aufteilung der ↗Kompetenz eines Unternehmens in Kernkompetenz und Schalenkompetenz wird meist nach internen Kriterien entschieden. Kernkompetenz ist das, was ein Unternehmen selber machen will, Schalenkompetenz ist das, was zugekauft werden soll. Bei hoher Dynamik wird es zwingend, Kern und Schale nach externen Kriterien zu unterscheiden. Schalenkompetenz ist alles, was über eine ↗Marktschnittstelle zugekauft werden kann. Alles andere ist Kernkompetenz.

Siehe auch:
- ↗Outsourcing
- Kapitel 13 „Kaufen oder selbst machen?“, Seite 59

Ko-Evolution

˘Systeme, die füreinander Umgebung sind, sich also einen Lebensraum teilen, ohne sich kausal beeinflussen zu können, nennt man strukturell gekoppelt. Die Evolution solcher Systeme vollzieht sich in Abgrenzung von und in Bezug aufeinander.
Management und Belegschaft eines ˘Unternehmens sind auf diese Weise ko-evolutiv (strukturell) gekoppelt. Das bedeutet unter anderem, dass sie immer gleiche Qualität haben. Es gibt keine leistungsfähige Belegschaft mit einem unfähigen Management oder umgekehrt. Daher ist die Schwäche des Managements immer Schwäche der Belegschaft.
Das ˘Medium der ˘Kopplung ist die ˘Widerständigkeit. Darüber provozieren die Systeme gegenseitig ihre Entwicklung (˘Lernen). Die Widerständigkeit struktureller Kopplung ist also eine Form von Kooperation, nicht etwa von Konkurrenz.
Kollabiert die Widerständigkeit des Managements, so entsteht Beliebigkeit, die oft als ˘Freiheit geschönt wird. Kollabiert die Widerständigkeit der Belegschaft, so hält das Management früher oder später jede seiner ˘Ideen für genial (˘Verblödung).

˘Kopplung (strukturell)
˘Widerständigkeit

Ko-Management

Wir verstehen unter Ko-Management nicht mitregieren oder demokratische Partizipation, sondern die organisierte ˘Widerständigkeit der Belegschaft. Ziel ist, die Qualität des ˘Managements zu steigern.
Bei hoher ˘Dynamik sind das Management und die Belegschaft ohnehin ko-evolutiv gekoppelt. Das heißt: Beide Seiten haben immer ähnliche Qualität und können diese nur gemeinsam verbessern oder verschlechtern.
Die Widerständigkeit der Belegschaft setzt demokratische Organe voraus, mit denen ˘Interessen gefunden und vertreten werden können.
Bei vielen ˘Höchstleistern erfüllen zum Beispiel Betriebsräte diese Funktion.

˘Ko-Evolution

Kommunikation

Kommunikation ist der Basisbegriff der hier verwendeten funktional orientierten Systemtheorie, deswegen etwas ausführlicher:
Eine E-Mail ist noch keine ˘Information und ihr Versenden noch keine Kommunikation, sondern nur eine ˘Mitteilung. Erst wenn eine Mail als Mitteilung einer Information verstanden ist, hat Kommunikation stattgefunden. „Verstanden“ bedeutet aber nicht, dass die Information, die Anlass für die E-Mail des Schreibers war, jetzt im Kopf des Empfängers angekommen ist. Schon der Text ist mit der Information des Absenders nicht identisch, weil Worte die Information nur ungefähr beschreiben können. Auf dieses

unscharfe Abbild macht sich der Empfänger seinen eigenen Reim. Er versteht, erzeugt eigene Information. Wie auf dem Hinweg (Information → Text) ist auch der Rückweg (Text → Information) keine eindeutige Umwandlung, sondern wieder nur ein unscharfes Abbild.

Diese Unschärfe ist für alle Kommunikation entscheidend. Sie wird erträglich gehalten, weil die Kommunikation als System Leitplanken schafft, die die Beliebigkeit des Verstehens reduzieren. Gäbe es diese Leitplanken nicht, hätten die Menschen den Versuch, einander zu verstehen, längst als aussichtslos aufgegeben. Weil die Unschärfe aber nie ganz verschwindet, provoziert Kommunikation stets zum Weitermachen, Nachfragen oder Widersprechen. Weil jeder kommunikative Akt einen weiteren provoziert, hört die Kommunikation nicht auf. Ohne Unschärfe wäre bald alles gesagt und verstanden. Die Kommunikation würde verschwinden, wie der Hunger nach einer reichhaltigen Mahlzeit.

Um mit Dynamikproblemen in Unternehmen umzugehen, reicht der übliche technische Kommunikationsbegriff nicht aus, wonach Kommunikation das Kopieren von Information von einem System zum anderen ist. Auch die zunehmenden Havarien haben mit diesem naiven Kommunikationsbegriff zu tun.

Kommunikation ist keine Operation von oder zwischen Menschen, sondern die Operation eines sozialen Systems. Soziale Systeme, auch Unternehmen, bestehen nicht aus Menschen, sondern nur aus Kommunikation.

Kommunikation ist nicht der Transport von Information, sondern ein Werkzeug zu ihrer Herstellung. Menschen können nicht kommunizieren, nur ein kommunikatives System kann das. Kommunikation als System ist eher der Rahmen, innerhalb dessen Mitteilungen etwas bedeuten (Leitplanken), als deren Transport oder die Mitteilung selbst. In einer gewachsenen Beziehung ist dieser Rahmen reichhaltig und bietet viele Möglichkeiten, unterschiedliche Themen erfolgreich zu bearbeiten. Je fremder sich die Akteure sind, wenn sie zum Beispiel nicht dieselbe Sprache sprechen, desto schmaler ist das Spektrum, dass sie gemeinsam bewältigen können.

Wenn sich zwei Personen ohne Hilfe eines kommunikativen Systems begegnen, ein Neandertaler und ein Homo sapiens zum Beispiel, können sie sich nur wahrnehmen – als jagdbare Nahrung vielleicht. Kommunikation wäre, wenn überhaupt, erst nach längerer Zeit möglich.

Wenn sich heute Menschen begegnen, direkt oder indirekt über Zeichen (Schrift), dann nutzen sie solche kommunikativen Systeme. Das heißt, sie wählen Information so zur Mitteilung aus, dass dies als Versuch zur Kommunikation verstanden und angenommen werden kann. Andernfalls benimmt man sich „daneben".

Das Bezahlen nach einem Essen im Restaurant ist eine Kommunikation im System Wirtschaft. Ein Gastgeschenk vor einer Mahlzeit bei Freunden ist eine Kommunikation im System der Liebe. Diese Kommunikationen sind nur möglich, weil sie von den Subsystemen der Gesellschaft zur Verwendung angeliefert werden. Ohne das System Wirtschaft könnte im Restaurant nicht bezahlt werden. Es gäbe weder Geld noch Preise.

Die Chance, dass Kellner und Gäste sich ohne das System der Wirtschaft einigen könnten, ist sehr gering. Kommunikation ist generell verfügbar, weil sie vom Bewusstsein der Beteiligten nichts verlangt, außer Aufmerksamkeit. Sie können und müssen, jeder für sich und jeder anders, denken und erleben.

Kommunikation wird von den Beteiligten nicht gemacht, sondern eher wie ein wabbeliger Pudding balanciert. Wenn man nicht aufpasst, kann Kommunikation entgleiten (Beispiele: Ehekrise, Streik oder Krieg). Auch wenn alle Beteiligten es wollten, destruktiv gewordene Kommunikation kann nicht einfach ausgewechselt werden. Das kommunikative System funktioniert in eigener Struktur, also isoliert von jeder kausalen Einflussnahme der Beteiligten.

Folgendes Spiel sei zur Illustration vorgestellt. Es zeigt, dass sich erst ein ˘System bilden muss, bevor Kommunikation möglich ist:

Jedem Mitglied einer kleinen Gruppe von Menschen mit verbundenen Augen und Sprechverbot wird eine Ordnungsnummer mitgeteilt. Alle wissen, dass jeder eine Nummer hat, wissen aber nicht welche. Es besteht die Aufgabe, eine nach diesen Nummern geordnete Reihe zu bilden. Als Spieler stellt man zunächst fest, dass man die anderen zwar wahrnehmen kann, eine Kommunikation sich aber nicht einstellt. Am Anfang ist es sogar schwierig festzustellen, ob der andere überhaupt etwas mitteilen will oder sich nur tastend orientiert. Nur langsam bildet man richtige, das heißt von anderen geteilte Erwartungen. Zum Beispiel wird das Klopfen auf die Schulter eines anderen als Mitteilung einer Nummer verstanden. Es entsteht ein ˘kommunikatives System. Man kann hinterher viel lachen, wenn erzählt wird, was jeder bei den einzelnen Operationen erlebt und sich dabei gedacht hat. Dass schließlich Klopfen auf die Schulter und nicht Händeklatschen als ˘Medium entstand, wurde nicht ausgehandelt oder bestimmt, sondern das haben sich alle eingehandelt.

Diese Beobachtung, dass kommunikative Systeme zwar von den Akteuren provoziert werden, sich dann aber ablösen und nach eigener Struktur operieren, ist die Basis moderner Organisationsentwicklung.

˘Information / Mitteilung / Verstehen
˘Schließung (operational)
˘symbolisch generalisierte Kommunikationsmedien

Kopplung durch Trennung

Kopplung ist die kausale Beziehung von ˘Systemen (kausale Kopplung) oder die gemeinsame Nutzung von ˘Struktur (˘strukturelle Kopplung).

Wenn die Projektaufgabe *blaue* und *rote* Anteile[1] hat, ist eine solide Arbeitsteilung zwischen Projekt und Linie wichtig. Wenn die Linie die *blauen* Anteile übernimmt, kann das Projekt sich auf die *roten* konzentrieren. Damit diese „künstliche“ Trennung zu einem

[1] Siehe Kapitel 3.8 „Das erste Denkwerkzeug: *Blau* und *Rot*“, Seite 15

harmonischen Ergebnis führt, müssen Projekt und Linie in ständiger und intensiver Kopplung arbeiten.

Der Aufwand für diese Kopplung ist hoch. Er erfordert eigene ↗Gremien, die geübt sind, ↗Entscheidungen zu treffen. Oft wird versucht, diesen Aufwand zu sparen, indem die Grenze zwischen Projekt und Linie „aufgeweicht" wird. So gehören zum Projektteam auch Repräsentanten der Linie. Manchmal besteht das Projektteam nur aus Repräsentanten der Linie.

Diese kollegiale Vermischung verwischt die Grenze, das Projekt wird zum Teil der Linie.[1] Damit verschwindet auch die notwendige Unterscheidung von *blauen* und *roten* Anteilen der Aufgabe. Die *roten* Anteile wandern auf die ↗*Hinterbühne* und gefährden von dort den Projekterfolg.

Bei hoher ↗Dynamik ist die Grenze zwischen *Rot* und *Blau* unverzichtbar. Denn nur sie erlaubt eine gegenseitige Lernumgebung durch widerständige Kopplung. Verschwindet die Grenze, verschwindet die Lernumgebung. Weil Kopplung wichtig ist, muss die Grenze hergestellt und bewacht werden.

Deshalb beginnen wir die Sanierung havarierter Projekte mit folgendem Ritual: Eine Sitzung des Projektteams wird einberufen. Dann erhalten die anwesenden Repräsentanten der Linie eine symbolische Anerkennung für ihre Arbeit und werden mit Applaus aus dem Projektteam verabschiedet.

Wohl gemerkt, es geht nicht darum den kollegialen Kontakt zu unterbinden, sondern ihn in den Dienst der zu lösenden Aufgabe zu stellen. Kollegen von Projekt und Linie können sich nicht oft genug auseinandersetzen. Es muss aber eine widerständige Kopplung von *blauer* und *roter* Sicht auf die Projektaufgabe sein.

↗Projektmanagement (transmethodisch)

Kopplung (kausal/strukturell)

↗Kopplung ist ein Zusammenhang zwischen Unterschiedenem. Wir behandeln hier die kausale und die strukturelle Kopplung.

Kausale Kopplung: Wenn es sich bewährt, ein Ereignis als Ursache, ein anderes als seine Wirkung zu beschreiben, nennt man die Kopplung kausal. Kausale Kopplung ist eine Beziehung in der ↗Zeit, zwischen vorher und nachher. Kann die Beziehung formal beschrieben werden, heißt sie Gesetz.

Beispiele:

- ↗Steuerung ist die kausale Kopplung von Anweisung und Ausführung.
- Ein ↗Plan ist die Beschreibung kausaler Kopplungen.
- Eine Maschine ist eine Ansammlung kausaler Kopplungen. Wenn eine wichtige Kopplung kollabiert, ist die Maschine kaputt.

[1] Siehe Denkzettel 26 „***Temporär modifizierte Linie*** – eine dynamikempfindliche Projektstruktur", Seite 186

Wenn die kausalen Kopplungen nicht interessieren oder zu vielfältig sind, fasst man sie als ˇZufall zusammen.
Strukturelle Kopplung: Wenn zwei ˇSysteme ˇoperieren, tun sie das immer gleichzeitig. Sie können sich nicht kausal beeinflussen. Die Vorher-/Nachher-Beziehung fehlt. Wenn sie aber einen Teil ihrer Strukturen teilen, bemerken sie sich an ihrer ˇWiderständigkeit. Strukturen sind die Landschaft, in der ˇOperationen stattfinden. Ein System „spürt" die Struktur seiner Umgebung über die ˇWiderständigkeit für eigene Operationen.
Beispiel: Eine Organisation kann nur dann als ˇUnternehmen operieren, wenn in der Umgebung eine Struktur aus Konkurrenten und Kunden vorhanden ist. Ändert sich diese Struktur, muss das System reagieren, um seine Lebensfähigkeit zu erhalten.
Im ˇUnternehmen ist die ˇSteuerung eine kausale Kopplung. ˇFührung ist eine strukturelle Kopplung von Führung und Geführten.

Kompetenz

Kompetenz ist die Beziehung von ˇWissen und ˇKönnen. Systemtheoretisch sagt man: Kompetenz ist die Einheit der ˇUnterscheidung von ˇKönnen und ˇWissen.

ˇKompetenzmanagement

Kompetenzmanagement

ˇKompetenz besteht aus ˇWissen und ˇKönnen. Je mehr Probleme ein ˇUnternehmen zu lösen hat, umso mehr Kompetenz ist erforderlich. Die Erzeugung und Verbreitung von Kompetenz ist daher überlebenswichtig.
Bei niedriger ˇDynamik reicht das Management von ˇWissen aus. Das ˇKönnen ist meist im Überschuss vorhanden. Bei hoher Dynamik muss auch das Können bewusst gefördert werden. Wird Können nicht von Wissen unterschieden, kann es sein, dass Mangel an Können durch mehr Wissen kompensiert werden soll. Deswegen sind Projekte zum Wissensmanagement meist ˇHavarien.
ˇKompetenzmanagement muss das jeweils Fehlende fördern. Heute ist das meist das Können. Wir nennen diese Disziplin ˇTalentförderung.

- ˇProblemtransformation
- ˇ*Meisterlogen*
- ˇInteressenmanagement

komplex / kompliziert

Komplexität ist die Eigenschaft eines ˇSystems. Es ist komplex, wenn nicht alles mit allem zusammenhängt und deshalb nach jeder ˇOperation mehrere Folgeoperationen möglich sind, aus denen eine ausgewählt werden muss. Komplexe Systeme entscheiden ständig, welche der möglichen Folgeoperationen sie durchführen. Da ˇEntscheidungen immer auch anders hätten ausfallen können, sind komplexe Systeme für sich und ande-

re eine Kette von ˘Überraschungen. So ist jeder Gedanke in einem Bewusstsein auch für den Denker eine Überraschung. Je größer die Vielfalt, aus der permanent ausgewählt werden muss, umso größer ist die Komplexität eines Systems.
Kompliziertheit ist keine Eigenschaft, sondern ein Verhältnis zwischen einem Bewusstsein und etwas anderem. Kompliziertheit ist immer relativ. Was für den einen kompliziert ist, ist für den anderen einfach. Ein Stadtplan ist für den Fremden kompliziert, für den Einheimischen einfach. Kompliziertheit ist ein Maß für die Unwissenheit. Sie verschwindet durch ˘Lernen.
Auch die komplizierteste Maschine oder das gewaltigste Computerprogramm ist in diesem Sinne nie komplex. Beide können nicht überraschen. Tote Systeme können natürlich Erwartungen enttäuschen. Ein Bewusstsein empfindet dies zunächst als Überraschung. Für jedes maschinelle „Verhalten" gibt es aber einen Grund. Wird er gefunden, so verschwindet die Überraschung.
Beispiel: Das Billardspiel
Im Billardspiel wechselt die Dominanz zwischen dem komplexen Bewusstsein des Spielers und dem komplizierten System aus Kugeln und Tisch.
Vor dem Stoß liegen die Kugeln bewegungslos auf ihrem Platz. Es herrscht Ruhe. Der Spieler denkt nach. Er sucht nach einem für den Gegner überraschenden Stoß. Das Lebendige dominiert. Die Komplexität ist hoch.
Dann der Stoß, die Kugeln flitzen, sich gegenseitig stoßend, über die Fläche. Das Denken des Spielers ist jetzt unwichtig. Die Kugeln bewegen sich nach komplizierten physikalischen Gesetzen. Es passiert nichts Überraschendes mehr. Das Tote dominiert. Die Komplexität ist gering.
Wir ordnen der Unterscheidung kompliziert/komplex die beiden Farben *Blau/Rot* zu.

Komplexität

˘komplex/kompliziert

Komplexitätsreduktion

Die ˘Komplexität der ˘Welt ist zu groß, als dass Systeme mit ihr umgehen könnten.
˘Systeme „wehren" sich gegen die Komplexität der Welt, indem sie eine Grenze ziehen zwischen sich und dem Rest, zwischen System und Umwelt. Durch die Unterscheidung wichtig/unwichtig wird die im inneren wahrgenommene Komplexität so reduziert, dass sie beobachtet werden kann. Ein System beobachtet also nicht die Welt, sondern nur seine eigenen Konstruktionen. Erst diese Fähigkeit der Systeme, Komplexität zu reduzieren, macht sie lebensfähig und eröffnet die Möglichkeit, eigene, neue Komplexität aufzubauen, die es vorher in der Welt nicht gab.
Reduktion und Aufbau von Komplexität sind gegenläufige Prozesse. Erst wenn die Komplexität der unendlich vielen Kehllaute auf nur wenige reduziert werden kann, kann die Komplexität einer Sprache entstehen. Die Reduktion von Komplexität ist die Voraussetzung für ihre Steigerung.

↗Selbstorganisation

kompliziert / komplex
↗komplex / kompliziert

↗ **Kompliziertheit**
↗komplex / kompliziert

↗ **Konflikt**
↗Kommunikation birgt immer das Risiko, dass ein kommunikatives Angebot abgelehnt wird. Kommunikative ↗Medien senken dieses Risiko. Macht zum Beispiel ist ein solches Medium, ebenso ↗Geld. Wenn in der Kommunikation der Wirtschaft Geld zur Zahlung angeboten wird, ist das Risiko, dass dies abgelehnt wird, gering. In Zeiten der Inflation kann dieses Medium zusammenbrechen. Dann ist die Ablehnung, und damit der Konflikt, wahrscheinlich.
Wenn sich Konflikte stabil verketten, schließen sie sich als soziales System. So entstehen die zähesten Sozialsysteme, die es gibt. Sie enden oft erst mit der Erschöpfung der Beteiligten (zum Beispiel Krieg).

konkret / abstrakt
Wer tief fliegt, sieht mehr Einzelheiten. Wer hoch fliegt, sieht mehr Zusammenhänge. ↗Erkenntnis wird leichter, wenn die Flughöhe bei Bedarf gewechselt werden kann.
Abstraktion ist das Erkennen von Ähnlichem in Verschiedenem, also zum Beispiel von Glatzköpfen in einer Menschenmenge oder Jugendstilfassaden im Stadtbild. Konkretisierung ist der Qualitätstest für die Abstraktion. Abstrakte Erkenntnisse sind erst in konkretem Zusammenhang nützlich – oder eben nicht.
Ohne Abstraktion wären alle Erscheinungen konkret, also verschieden. Nichts wäre als Wiederholung, als bereits bekannt, als Struktur erkennbar. Umgangssprachlich wird abstrakt oft mit unklar und schwer verständlich gleichgesetzt und konkret mit dem Gegenteil. Doch wenn von einem konkreten Beispiel nicht abstrahiert wird, ist es zwar leicht verständlich, aber nutzlos. Ein Mikroskop ist nicht nützlicher als ein Fernrohr.

Können / Wissen
Können ist die Fähigkeit, in einer unverstandenen Problemsituation problemlösende ↗Gefühle zu entwickeln. Gefühle werden vom Körper erzeugt und vom Verstand beobachtet. Weil die Herstellung von Gefühlen keine Zeit braucht, ist in ↗dynamischer Umgebung Können wichtiger als Wissen. Können entsteht durch Üben auf Basis von ↗Talent. Anlass zum Üben ist die Provokation durch einen ↗Meister.
Wissen sind Aussagen, denen niemand widerspricht. Dort wo widersprochen wird, endet die Reichweite von Wissen. Es wandelt sich zu Meinung. Wissen entsteht durch Lernen und Vergessen. Können ist *Rot*, Wissen ist *Blau*.

Siehe auch:
- Kapitel 6 „Bei hoher Dynamik ist Können wichtiger als Wissen“, Seite 28
- ↗Fakten
- ↗Kommunikation

Konsenswerkstatt

Die Konsenswerkstatt ist ein Element des Projekttyps *widerständiges Nest*.
Sie ist ein ↗Gremium aus Repräsentanten des ↗Projektes und den Abnehmern. Öffentlich bereits akzeptierte Projektergebnisse werden einer geheimen Abstimmung ausgesetzt. Eine Gegenstimme genügt und die Vorlage ist abgelehnt. Es ist also explizit erlaubt, öffentlich zuzustimmen und geheim abzulehnen.
Projekte sind empfindlich für Dissens auf der ↗*Hinterbühne* der Linie. Die Konsenswerkstatt wirkt als Minensucher. Sie gibt Signal, wenn auf dem Projektweg Minen vergraben sind. Bleiben solche Minen unentdeckt, zum Beispiel bei der Einführung teurer EDV-Systeme, dann machen sie sich erst während oder nach der Einführung als Havarie bemerkbar. Die Konsenswerkstatt soll verhindern, dass Projekte zu Millionengräbern werden. Die meisten Projekte sind auf harmonische Interessen angewiesen, können diese aber nicht herstellen.

Siehe Denkzettel 8 „**Das *widerständige Nest*** – Projektstruktur für höchste Dynamik“, Seite 76

Kontingenz

Wenn etwas geschieht, was auch anders hätte geschehen können, so nennt man das Ereignis kontingent. Kontingenzen sind zufallslose Freiheitsgrade. Oder anders: Ein Ereignis ist kontingent, wenn es weder notwendig noch unmöglich ist.
Die Sätze eines Gesprächs schließen kontingent aneinander an. Damit der nächste Satz zum Gespräch gehört, muss er aus einer Vielfalt möglicher Sätze ausgewählt werden und zum vorangegangenen passen. Der nächste Satz ist weder vom vorangegangenen ↗kausal verursacht noch beliebig.
Für den Beobachter eines ↗Systems ist die Auswahl aus einer kontingenten Vielfalt eine ↗Überraschung. Wird dabei eine Erwartung enttäuscht, so spricht man von ↗Irritation.

Kontingenz (doppelte)

Doppelte ↗Kontingenz entsteht, wenn sich zwei Kontingenzen begegnen.
Durch die Kontingenz auf beiden Seiten können kaum Erwartungen darüber gebildet werden, was als Nächstes geschieht. Es ist daher zunächst unwahrscheinlich, dass beide Seiten ihr Verhalten miteinander abstimmen können. So zwingt doppelte Kontingenz zu ↗Kommunikation und damit zu Systembildung.
Beispiel: Wenn zwei Personen aus gegensätzlichen Richtungen auf eine schmale Tür zugehen, ist zunächst offen, wie sie aneinander vorbei gehen. Manchmal ist zu beob-

achten, dass beide zunächst zur gleichen Seite ausweichen, dann entgegengesetzt etc. Ein kurzer Blickkontakt reicht, um die Komplexität so weit zu reduzieren, dass das Verhalten abgestimmt werden kann und die Passage gelingt.
Organisation entsteht aus dem gleichen Zwang zur Kommunikation. Der Nutzen der Systembildung liegt in der Stabilisierung von Erwartungen. So wird das Unwahrscheinliche möglich: Die Handlungen vieler Personen passen im Hinblick auf den Zweck der Organisation zusammen.
Auch die äquivalenten Tauschoperationen auf Märkten sind doppelt kontingent. Kunden können unter verschiedenen Lieferanten wählen, und Lieferanten können unterschiedliche Kunden beliefern. Diese doppelte Kontingenz erzeugt das System Wirtschaft.

Kontrolle

Kontrolle ist Messen im Kontext von Misstrauen.
Wenn die Arbeit im Unternehmen mit den Interessen und Bedürfnissen der Mitarbeiter nicht harmonisiert, muss kontrolliert werden, um die Wertschöpfung zu stabilisieren.
Für hohe Dynamik ist dies zu langsam und zu aufwändig. Gelingt es, Interessen zumindest an Schnittstellen zu harmonisieren (Interessenmanagement), kann der Kontext des Messens von Misstrauen auf Vertrauen umgestellt werden.
Im Kontext von Vertrauen ist zum Beispiel das Prinzip der Zusicherung möglich. Nur der Lieferant misst seine Qualität, der Empfänger verlässt sich darauf. Das zugehörige Risiko benötigt und schafft Vertrauen, wenn die Zuverlässigkeit des Partners sich immer wieder bestätigt.

Kostenoptimierung

In tayloristischer Organisation ist es üblich, mehrfach vorhandene Funktionen aufzuspüren und im Zentrum zusammenzufassen. Die Skaleneffekte werden genutzt, um Leistungsfähigkeit zu erhöhen und Kosten zu senken. Das häufigste Beispiel sind EDV-Leistungen.
Damit werden Prozesse auf Zentrum und Peripherie aufgeteilt, und es entsteht eine neue Schnittstelle. Eine Abteilung des Zentrums beliefert mehrere „Kunden" in der Peripherie. Die Schnittstelle ist asymmetrisch, also wird eine Steuerung benötigt, die ständig entscheidet: Wie viel der zentralen Kapazität steht welchem Bereich zu? Welche Qualität muss die Dienstleistung haben? Wie werden Konflikte bearbeitet? Hierzu entwickeln sich die bekannten Instrumente wie Kostenrechnung, Planung, Budgetierung und Controlling. Solange die Steuerung des Zentrums genügend oft richtig entscheidet, funktioniert dieser Apparat, und die erhofften Effekte treten ein.
Bei hoher Dynamik versagt aber die Steuerung und mit ihr der gesamte Apparat. Die bewährten Hilfsmittel werden zum Selbstzweck. Die Kosten steigen.
Höchstleister nehmen die Zentralisierung nicht zurück, sondern relativieren sie. Der

Alltag einer Funktion wandert zurück in die Peripherie die Innovation bleibt im Zentrum. Die Schnittstelle wird symmetrisiert. Das optimiert die Wertschöpfung und minimiert die Kosten. Der nutzlose und teure Steuerungsapparat verschwindet.

Siehe auch Denkzettel 23 „**Schnittstellen symmetrisieren** – Basis für Selbstorganisation", Seite 172

Kostenrechnung

Bei niedriger Dynamik kann mittels Kostenrechnung das Verhalten im Unternehmen gesteuert werden. Dieses Steuerungselement hat sich mit der tayloristischen Organisation entwickelt. Sie ist heute immer noch so selbstverständlich, dass es schwierig ist, über Alternativen auch nur nachzudenken.

Oft wird die Kostenrechnung nicht als Steuerung von Verhalten, sondern als objektives Abbild der im Unternehmen fließenden Leistungen gesehen. Verrechnungskosten sind jedoch keine Preise. Sie werden subjektiv durch Entscheidung festgelegt und bei Bedarf geändert. Nur Preise, die sich ungefragt in Märkten bilden, geben wirtschaftliche Verhältnisse wider. Da es innerhalb eines Unternehmens keinen Markt geben kann, gibt es auch nichts, was mit Preisen vergleichbar wäre. Auch dann nicht, wenn die Beteiligten „Kunden" und „Lieferanten" genannt werden. Dies ist „ökonomisches Theater" und kein Markt.

Höchstleister überlassen den internen Leistungsaustausch extern referenzierten, symmetrischen Schnittstellen. Ihre Selbstorganisation optimiert die Wertschöpfung. Kostenrechnung ist nicht nötig.

Kostenoptimierung

kreativ / formal

formal / kreativ

Kultur

Kultur ist die Einheit der Unterscheidung – oder anders, die Kopplung von Verhalten und Werten. Die Kopplung ist nicht kausal, sondern strukturell. Werte und Verhalten existieren gleichzeitig, nicht nacheinander. Weder kann vom Verhalten auf vorhandene Werte geschlossen werden, noch von den Werten auf Verhalten. Menschen können sich so verhalten, als ob sie bestimmte Werte hätten (Heuchelei), oder sie können sich (mit schlechtem Gewissen) entgegen ihren Werten verhalten.

Die Werte der eigenen Kultur sind die Landschaft, in der Verhalten stattfindet. Sie ist Ergebnis der Vergangenheit und Kontext für die Zukunft. So wie eine Landschaft weder alle Wege erlaubt noch bestimmte festlegt, bestimmen auch Werte nicht das Verhalten.

Wir benutzen die Begriffe Vorder- und *Hinterbühne*, um Kultur zu beschreiben. Auf der *Vorderbühne* kann man Verhalten beobachten – genau wie im Theater. Das Geschehen auf der *Hinterbühne* ist normalerweise unsichtbar. Es gehört sogar zur Qualität der Aufführung, dass hinter den Kulissen geräuschlos und unsichtbar gearbeitet wird (↗Tabu). Manchmal gefällt das aufgeführte Stück dem Publikum nicht. Das ↗Unternehmen hat am Markt keinen Erfolg. Regieanweisungen an die Schauspieler – also Veränderungen der Inszenierung auf der *Vorderbühne* – werden eingesetzt, um den Publikumsgeschmack zu treffen. Das reicht nicht immer aus. Dann muss auch die *Hinterbühne* einbezogen werden, weil sich erst aus dem virtuosen Zusammenspiel von Vorder- und *Hinterbühne* eine Aufführung ergibt, die das Publikum begeistert. Die Bedeutung von Kultur für wirtschaftliche ↗Wertschöpfung hängt stark vom Kontext ab. Wir betrachten nur zwei der historischen Epochen der Wertschöpfung, den ↗Taylorismus und die Zeit heute. Tayloristischer ↗Organisation genügt das richtige Verhalten auf der *Vorderbühne* der Kultur. Wir nennen diesen Teil der Kultur ↗Verhaltenskultur. Mit wachsender ↗Dynamik kann die *Hinterbühne* der Kultur, die Werte, nicht mehr ignoriert werden. Diese *Hinterbühne* der Kultur nennen wir die ↗Wertekultur.

Verhaltenskultur

Der Vorteil tayloristischer Organisation ist, dass sie mit dem „richtigen" ↗Verhalten der Teilnehmer auskommt. Es ist unerheblich, was jeweils dahintersteckt. ↗Taylorismus ist in diesem Sinne einfach und robust. Wenn es nur auf das Verhalten ankommt, kann dies durch zentrale ↗Steuerung bewirkt werden. Es reicht, Anweisungen zu geben und für deren Befolgung zu sorgen. Diese Verhaltenskultur wird gestaltet durch Argumente, Belohnung und Strafe; mehr ist nicht nötig. Der notwendige Wertehintergrund ist schlicht und wird aus der umgebenden Gesellschaft bereitgestellt. Zum Beispiel: „Dienst ist Dienst, und Schnaps ist Schnaps." So ist dafür gesorgt, dass ein „Haushaltsvorstand" zu Hause keine Autorität einbüßt, obwohl er sich während der Arbeit gehorsam unterordnen muss. Die heutigen Probleme in den ↗Unternehmen zeigen, dass bei wachsender Dynamik diese schlichte Kultur nicht mehr ausreicht.

Wertekultur

In dynamischer Umgebung muss auch dann gehandelt werden können, wenn die Zeit nicht reicht, um Anweisung oder ↗Regel zu erzeugen. Ohne diesen Machtkontext bleibt Handeln entweder aus, oder es ist notwendig autonom. Das heißt, die Verhaltenskultur ist „abgeschaltet". Nur noch das Kraftfeld der vorhandenen Werte ist wirksam. Deshalb kann in dynamischem Umfeld die *Hinterbühne* der ↗Werte nicht mehr ignoriert werden. Ihre Qualität wird plötzlich zum entscheidenden Konkurrenzmerkmal. Diese Empfindlichkeit für die ↗Werte, die in einem ↗Unternehmen wirken, ist letztlich der Grund für den „Niedergang" der so erfolgreichen tayloristischen Epoche der ↗Wertschöpfung.
Im Gegensatz zur Verhaltenskultur kann die Wertekultur nicht gestaltet werden. Die Wertekultur ist das Gedächtnis einer Organisation. Sie ist Schatten, nicht Ursache der Verhältnisse. Ist ein Unternehmen erfolgreich, dann entsteht zum Beispiel Vertrauen, sonst Misstrauen. Projekte zur Kulturentwicklung versuchen diese Kausalität umzukehren. Sie enden notwendig in einer ↗Havarie.

Siehe auch:
- Denkzettel 4 „**Kultur** – Verhalten und Werte", Seite 40
- Kapitel 8 „Der Erfolg macht gute Kultur – nicht umgekehrt", Seite 36

Kulturbeobachtung

Wir unterteilen die ↗Kultur eines ↗Unternehmens in die beiden Bereiche ↗Verhaltenskultur auf der ↗*Vorderbühne* und die ↗Wertekultur auf der ↗*Hinterbühne*.
Verhaltenskultur lässt sich entwickeln mit Argument, Belohnung und Strafe, die Wertekultur gestaltet sich als Schatten der Verhältnisse. Sie kann nur beobachtet werden.
Bei hoher ↗Dynamik ist die Kulturbeobachtung ein wichtiger Sensor für den emotionalen Zustand des Unternehmens.

Siehe Kapitel 8 „Der Erfolg macht gute Kultur – nicht umgekehrt", Seite 36

Kulturentwicklung

Wir unterscheiden zwei Bereiche der ↗Kultur eines Unternehmens: die ↗Verhaltenskultur auf der ↗*Vorderbühne* und die ↗Wertekultur auf der ↗*Hinterbühne*.
Gezielte Kulturentwicklung ist nur für den Anteil der Verhaltenskultur möglich. Also nur dann, wenn die Dynamik niedrig ist und tayloristisch organisiert werden kann. Wenn genügend Macht zur Verfügung steht, kann das Verhalten auf der *Vorderbühne* fast beliebig gestaltet werden. Die Wertekultur ist unwichtig und kann ignoriert werden. In diesem Kontext ist der Begriff der Kulturentwicklung entstanden.
Bei hoher Dynamik zeigt die Wertekultur die Leistungskraft eines Unternehmens, sie kann nicht mehr ignoriert werden. Die Entwicklung der Wertekultur ist aber weder möglich noch nötig.
1. Um eigene Werte zu verändern, müsste man sie benutzen – ohne geht es nicht, und andere stehen nicht zur Verfügung. So wären Werte gleichzeitig Werkzeug und Material. Deswegen kann sich niemand willentlich zum Kriminellen oder zum Heiligen „machen". Nicht einmal die eigene Lieblingsfarbe steht zur Disposition.
2. Werte sind nicht Ursache, sondern Wirkung. Sie entstehen durch Erfahrung und werden in der Kultur aufgehoben wie in einem Gedächtnis. Dieses nimmt ständig Neues auf, ist aber nachträglich nicht zu korrigieren. Wertekultur ist kein Gestaltungsgegenstand, sondern der „Schatten der Verhältnisse". Ändern sich die Verhältnisse, ändert sich die Kultur.
Die Forderung, Werte willentlich zu verändern, entspricht dem Anspruch, einen Gegenstand zu verändern, indem man seinen Schatten verändert.
3. Die Werte sind untereinander nicht logisch konsistent. Der Gegenwert zu einem Wert ist immer auch vorhanden. So kann ein Individuum sich ohne Mühe in verschiedene Kulturen integrieren. Je nach Bedarf wird der Wert oder der Gegenwert in den Vordergrund geholt. Herr Maier zum Beispiel leitet in Anzug und Krawatte eine Bankfiliale, feuert im Stadion seinen Verein an und gibt auf der Autobahn den Raser. Menschen können und

müssen kulturell nicht angepasst werden, sie sind es schon – allerdings an die realen Verhältnisse, nicht an die Ambitionen eines Projekts zur Kulturentwicklung.

Siehe auch:
- Kapitel 8 „Der Erfolg macht gute Kultur – nicht umgekehrt", Seite 36
- *Change Management*

Kunde/Lieferant

Das Verhältnis von Kunde und Lieferant ist eine Kommunikation im System der Wirtschaft. Sie bildet eine doppelt kontingente symmetrische Schnittstelle: die sogenannte Marktschnittstelle. Sie ist selbstorganisiert, senkt die Kosten und steigert die Qualität – automatisch. Sie ist aber nur zwischen Marktteilnehmern möglich. Innerhalb eines Unternehmens kann das Kunden-/Lieferant-Verhältnis nur gespielt werden – als „ökonomisches Theater".
Höchstleister verwenden im Unternehmen die sogenannte symmetrische Schnittstelle. Sie hat den gleichen Effekt, braucht aber keine Marktumgebung.

Siehe auch: Kapitel 13 „Kaufen oder selbst machen?", Seite 59

Kundenorientierung

Der Begriff „Kundenorientierung" ist naiv romantisch. Genau wie „der Bürger" oder „der Wähler", so ist auch „der Kunde" keine Person, mit der man sich unterhalten oder an der man sich orientieren könnte.
Die Orientierung an den Wünschen einer Person, die zufällig Kunde ist, wäre wirtschaftlich nicht sinnvoll. Die Basis für wirtschaftlichen Erfolg ist nicht Freundlichkeit, sondern sind bezahlte Rechnungen. Wenn ein Kunde etwas wünscht, was er nirgendwo bekommen kann, ist dieser Wunsch eine private Angelegenheit, die von einem Unternehmen ignoriert werden muss. Ein privater Kundenwunsch ist nicht Teil des wirtschaftlichen Geschehens, er erzeugt noch keinen Marktdruck.
Anders ist die Situation, wenn neue Bedürfnisse erzeugt werden sollen, indem ihre Befriedigung angeboten wird (Innovation), oder wenn ein Konkurrent diesen Bedarf bereits erfüllt. Jetzt entsteht Marktdruck – nicht durch den Kunden und seine Wünsche, sondern durch Aktivitäten unter Konkurrenten. „Der Kunde" ist nur das Medium über das sich die Konkurrenten über Erfolg oder Misserfolg verständigen.
Höchstleister orientieren sich nicht „am Kunden", sondern am Konkurrenten und am Markt. Der Begriff Marktorientierung fasst das Thema besser.

Siehe auch Kapitel 11 „Kundenorientierung ist gefährlich", Seite 52

Künstliche Intelligenz

Die Künstliche Intelligenz ist eine Disziplin der Informatik, die mit ihren ursprünglichen

Inhalten spektakulär gescheitert ist. Heute hat sich unter diesem alten Begriff Neues entwickelt. Die alte Überheblichkeit hat nüchterner Pragmatik Platz gemacht. Es wird nicht mehr versucht, etwas künstlich herzustellen, dessen natürliches Vorbild noch nicht verstanden ist. Wir nennen diese Disziplin „neue Künstliche Intelligenz“ (nKI).
Durch die Leistungssteigerung der Computer ist es inzwischen möglich, mit neuronalen Netzen Funktionen des Gehirns nachzuahmen. Funktionen, für die kein Bewusstsein benötigt wird. Als Lernumgebung sind Aufgaben nötig, die von geübten Könnern ebenfalls ohne Bewusstsein erledigt werden können.
Beispiel: Die Zuordnung eines freien Textes zu einem Stichwort, wobei der Text dieses Stichwort nicht enthalten muss.
Die nKI baut also keine „künstliche Intelligenz“ mehr – was immer das war. Sie baut digitale Strukturen, die denen des Gehirns so ähnlich sind, dass sie, nach Training in geeigneter Umgebung, ähnlich operieren wie ein Gehirn.
Ein System der nKI versteht also nicht die Texte – dazu wäre Bewusstsein nötig –, sondern es beschränkt sich aufs Nachahmen des Erkennens.
Mit traditionellen technischen Systemen können natürliche Vorbilder erst dann genutzt werden, wenn sie verstanden, das heißt, kausal beschrieben, sind. Mit Systemen der nKI kann auch Unverstandenes nachgeahmt werden. Sie können deshalb in Bereiche vordringen, die den konventionellen Systemen verschlossen sind.
Die nKI ist eine moderne Form der Simulation. Hohe Rechenleistung wird genutzt, um komplexe Systeme – wie das Gehirn – so ausreichend nachzuahmen, dass wirtschaftlich nutzbare Leistung entsteht.

Siehe auch Denkzettel 15 „**Neue Künstliche Intelligenz (nKI)** – Nachahmen statt Verstehen“ und Denkzettel 16 „**Technisierung von Alltagskönnen (TAK)** – was mit dem Computer möglich ist“ auf den nächsten Seiten.

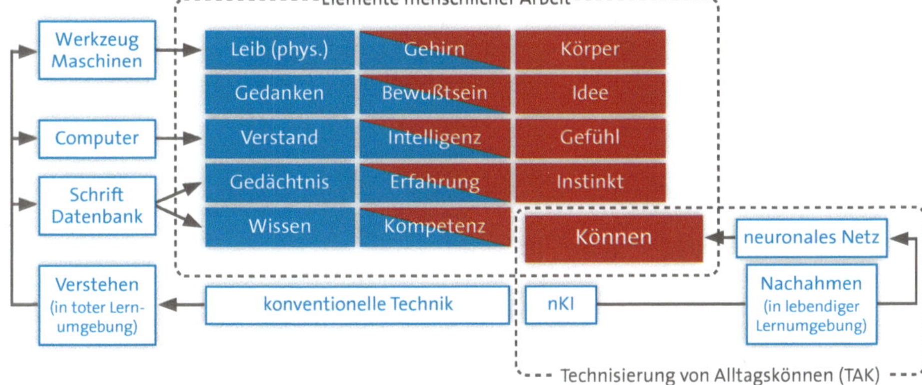

Technisierung ist die Überwindung menschlicher Schranken. Die neue KI technisiert den Alltagsanteil menschlichen Könnens. Überall, wo Menschen zum Arbeiten ihr Bewusstsein nicht benötigen, ist nKI einsetzbar.

In der Wirtschaft werden immer wieder neue Schranken menschlicher Arbeit mittels Technik überwunden. Diese Technisierung steigert Produktivität und Konkurrenzkraft. In der Abbildung sind einige Funktionen menschlicher Arbeit und Beispiele für ihre Technisierung der Unterscheidung *Rot* und *Blau* zugeordnet.

Mit der sogenannten künstlichen Intelligenz (KI) wurde zum ersten Mal versucht, auch *rote* Anteile zu technisieren [Intelligenz ist die Einheit von Verstand (*blau*) und Gefühl (*rot*)]. Dieser Versuch ist vor Jahrzehnten spektakulär gescheitert.

Heute hat sich unter dem alten Begriff KI Neues entwickelt. Wir nennen diese Disziplin „neue Künstliche Intelligenz" (nKI). Sie ist entstanden, weil es inzwischen möglich ist, *blaue* Operationen der Biomaschine Gehirn so zu simulieren, dass damit auch *rote* Funktionen nachgeahmt werden können. Mit neuronalen Netzen zum Beispiel ist es möglich, Muster wie Bilder oder Texte zu „erkennen".

Allerdings ist dazu eine lebendige Lernumgebung aus Personen nötig, die so routiniert sind, dass sie Teile ihrer Arbeit ohne Hilfe ihres Bewusstseins ausführen können. Das heißt, sie sind sich, ohne zu überlegen, sofort einig, was der Fall ist. Um dies zu technisieren, wird nur noch eine neutrale mathematische Struktur programmiert. Sie ist der des Gehirns so ähnlich, dass sie durch Belehrungen aus der Lernumgebung irgendwann die gleichen Ergebnisse liefert wie die Lernumgebung. Zum Beispiel ist es möglich, einem Beschwerdebrief auch dann das Stichwort „Beschwerde" zuzuordnen, wenn das Wort „Beschwerde" im Text nicht vorkommt.

Einfache Funktionen des Gehirns mit ähnlichen Strukturen nachzuahmen statt Vorgänge regelbasiert zu verstehen, ist die Kernidee der nKI. Damit ist Technisierung auch ohne Verstehen möglich. Zum Beispiel können mehrere Tausend textbasierter Nachrichten, die manche Unternehmen täglich erhalten, dem passenden Bearbeitungsort automatisch zugeordnet werden, ohne dass die Texte vorher verstanden sein müssen.

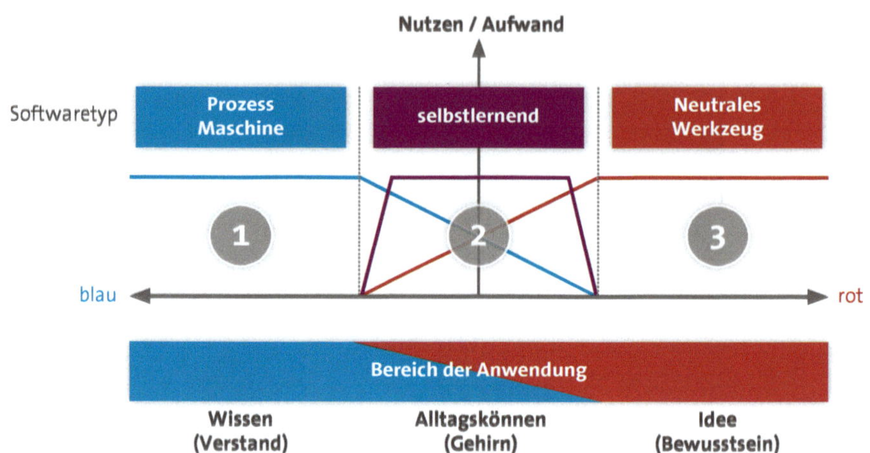

Bezüglich ihres Nutzens in drei Anwendungsbereichen ergeben sich drei Typen von Softwaresystemen. Alltagskönnen ist der blaue Anteil des Könnens.

Bezogen auf die Unterscheidung von *Rot* und *Blau* sind EDV-Systeme, wie alle Maschinen, *blau*. Bezogen auf ihre Anwendungsgebiete lassen sich aber drei Typen unterscheiden. **Erstens:** EDV-Systeme, mit denen *blaue* Anteile von Arbeitsabläufen (Prozessen) zum Teil oder ganz technisiert werden können. Der Oberbegriff ist ERP-System oder Prozess-Steuerung. **Zweitens:** EDV-Systeme als Werkzeug. Sie können mit konkreten Arbeitsabläufen nicht verbunden werden. Das Textsystem eines Dichters zum Beispiel hat mit dem, was geschrieben wird, nichts zu tun. So gibt es EDV-Werkzeuge zum Schreiben, Zeichnen, Rechnen ... Es sind *blaue* Systeme aber nur in *roter* Umgebung nützlich.

Drittens: Dieser Typ funktioniert nicht regelbasiert wie die beiden ersten. Ein Beispiel sind „Neuronale Netze". Hier wird nur eine mathematische Struktur regelbasiert programmiert. Nach ausreichender Rückkopplung in einer *roten* Lernumgebung können sich *blaue* Funktionen des Gehirns (nicht des Bewusstseins) nachbilden. So können zum Beispiel Buchstaben oder Gesichter, aber auch freie Texte unterschieden beziehungsweise zugeordnet werden (Alltagskönnen).

Es ist also möglich, eine Rechnung von einer Adressänderung auch dann zu unterscheiden, wenn beides als Freitext vorliegt. Für Unternehmen, die täglich mehrere tausend Dokumente erhalten, ist es nützlich, wenn die Zuordnung maschinell geschehen kann.

Weil diese Systeme ihre Nützlichkeit nicht nur durch programmiertes Wissen, sondern vor allem durch „Lernen" in einer Umgebung von Können erhalten, werden sie als „selbstlernende" Systeme bezeichnet – früher (oder auch noch heute?) großspurig als „künstliche Intelligenz". Bevor aber kein Konsens darüber besteht, was Intelligenz ist, hat es keinen Sinn, ihre Künstlichkeit zu behaupten.

Es sei daran erinnert, dass auch mit diesen innovativen Systemen keine *roten* Anteile technisiert werden können, besonders keine Funktionen des Bewusstseins. Sie können weder „verstehen" noch „kommunizieren", und Information können sie weder erzeugen noch verarbeiten. Wird dies nicht beachtet, entstehen „romantische" Projekte, die notwendig als Havarie enden.

[1] Siehe Denkzettel 1 „**Chaos und Dynamik** – die Unterscheidung von *Blau* und *Rot*", Seite 16

Labor

Jede ˇOrganisation besitzt ein kulturelles ˇImmunsystem, das sie vor unbedachter Veränderung bewahrt und dadurch stabilisiert. Deshalb ist jede Veränderung, besonders innovative, nur gegen Widerstand möglich.
Bei niedriger ˇDynamik kann das ˇManagement eines ˇUnternehmens seine ˇInnovationen mittels zentraler ˇSteuerung überall durchsetzen. In den wachsenden Bereichen hoher Dynamik aber versagt die Steuerung. Jede Innovation ist jetzt der Destruktion des eigenen ˇImmunsystems schutzlos ausgesetzt. Das gewohnte „Durchsetzen" oder „Ausrollen" ist nur noch als erfolgloses „Theater" möglich.
Um auch bei hoher Dynamik Innovationen wirksam werden zu lassen, benutzen ˇHöchstleister einen speziellen ˇSchutzraum, das sogenannte Labor. Es wird vom obersten Management als lokale „Ausnahme" deklariert.
Zunächst wird das zu lösende ˇProblem publiziert und die neue Arbeitsweise erklärt. Das Management wählt aus den Bewerbern einen Laborleiter. Er hat eine ˇIdee, und ihm wird die Umsetzung zugetraut. Dieser wählt sich seine Mitstreiter und den Manager, der den Schutzraum stiftet. Als Umgebung wird ein ˇ*widerständiges Nest* benötigt. Das Labor arbeitet von Anfang an unter Realbedingungen. Es bedient die vorhandenen ˇSchnittstellen und übernimmt seinen Teil der Arbeit. Diese ˇLernumgebung unterscheidet ein Wertschöpfungslabor von einem Forschungslabor.
Die „Grenzen" des Labors sind „dicht". Während der Laufzeit gibt es keinen Personalwechsel. Jedes Mitglied weiß, dass es Erfolg und Misserfolg teilen wird. Andererseits sind seine „Wände" durchsichtig. Alle dürfen mit den „Laboranten" sprechen, auch vertraulich. Erfolg und Niederlage sind öffentlich. Ist das Labor nicht erfolgreich, wird es lernend begraben. Wenn es aber funktioniert, provoziert es zur Nachahmung. Die Innovation wird jetzt nachgefragt, sie muss nicht mehr gegen Widerstand durchgesetzt werden. So nehmen Höchstleister die gewachsene ˇGegenkompetenz in Gebrauch, statt sie zu überwinden.
Neben der internen Lernumgebung wird auch eine externe Referenz benötigt, gut sind die eigenen Kontakte zu Markt oder zu Kunden.

ˇTalentförderung

lebendig/tot

Menschen liegt es nahe, toten Dingen eine Seele zu geben. Mindestens ihren Computer haben die meisten schon beschimpft oder angefeuert, ganz so, als wäre er lebendig. Mit Lebendigem gehen die meisten Menschen leichter um als mit Totem. Diese Fähigkeit, Totes zu animieren, erleichtert die oft notwenige emotionale Entsorgung.
Für ˇdynamikrobuste ˇOrganisation ist diese Fähigkeit ein Hindernis. Denn die neue Organisation unterscheidet sich von der alten genau durch den Grad ihrer Lebendigkeit. Ohne scharfe ˇUnterscheidung von Lebendigem und Totem können alter und neuer Organisationstyp kaum auseinandergehalten werden. Wir ordnen der Unterscheidung lebendig/tot die Farben *Rot* und *Blau* zu.

Lebendige Systeme (*Rot*)
In lebendigen ˇSystemen erzeugt jede Operation eine große Vielfalt möglicher Anschlussoperationen, aus denen ausgewählt werden muss. Lebendige Systeme benutzen zur Auswahl das ˇMedium ˇSinn. Je größer die Vielfalt aus der auswählt werden muss, umso größer ist die Komplexität.
Ein Gespräch zum Beispiel ist ein System. Es entsteht durch sinnvolle Verkettung gesprochener Sätze. Nimmt niemand sinnvollen Bezug auf die gesprochenen Sätze, verschwindet das System.
Tote Systeme (*Blau*)
Die Verknüpfung der Operationen toter Systeme ist entweder streng ˇkausal oder ˇzufällig. Toten Systemen fehlen die ˇKontingenz der sinnvollen Auswahl und damit jede Komplexität.
Maschinen, auch Computer, sind solche Systeme. Aber auch lebendige ˇOrganisationen können solchen Systemen ähnlich gemacht werden. Menschen können sich verhalten wie Maschinen, wenn sie wollen. Befehl und Gehorsam auf dem Exerzierplatz sind ein Beispiel.
Organisationstypen können also nach ihrer Lebendigkeit unterschieden werden. Dynamikrobuste Organisation ist lebendiger als tayloristische.
Einwurf:
Lebendige Stysmee knönen vieels, das ttoe Sytsmee nciht köennn. Zum Beipseil enien Txet vrsetheen, in dem die Bcuhsatben dreichundaer graeten snid. Es riehct vilölg, wnen der esrte und der ltetze Bcuhsatbe am rihcitegn Patlz setehn.

ˇDualität

Lehrer/Meister
ˇMeister/Lehrer

Leitbild
Als Leitbild bezeichnen wir alles, was in einem Unternehmen gesetzt werden kann, also zum Beispiel: ˇZiele, ˇRegeln, ˇPrinzipien, ˇStrukturen, Abläufe.
Die ˇKultur und ihre ˇWerte gehören nicht zum Leitbild, sondern sind sein Kontext. Dieser bestimmt, was in einem Leitbild realistisch gesetzt werden kann – zum Beispiel durch Anordnung oder Forderung – und was nicht. Ist dieser Kulturkontext unbekannt oder wird er ignoriert, so entgleisen Leitbilder zu ˇromantischen Träumereien über die Zukunft, die – wenn überhaupt – nur zum Schein ernst genommen werden. Ein gutes Leitbild ist die Beschreibung dessen, was sich ein ˇUnternehmen realistisch zutraut.
Für Höchstleister benutzen wir lieber den Begriff ˇSelbstbeschreibung.

Lenkungsausschuss

Ein dynamikrobustes ˇProjekt ist nur an einer einzigen Stelle mit dem Auftraggeber gekoppelt. Das entsprechende ˇGremium ist der Lenkungsausschuss.
Seine wichtigsten Merkmale sind:
Repräsentativ
Im Gegensatz zum Projektteam ist dieses Gremium aus Repräsentanten zusammengesetzt, die vom Verlauf und Ergebnis des Projektes betroffen sind und deren ˇInteressen deswegen berücksichtigt werden müssen. Alle, die vom Projekt betroffen sind, oder alle, die dem Projekt schaden könnten, sollten Mitglied sein.
Passiv
Der Lenkungsausschuss ist ein passives Gremium. Er wird nicht selbst aktiv und schon gar nicht steuernd. Er tagt nur, wenn der Projektleiter Entscheidungen benötigt, die sich aus dem Projektauftrag nicht ableiten lassen.

Siehe auch Denkzettel 1 „**Chaos und Dynamik** – die Unterscheidung von *Blau* und *Rot*“, Seite 16

lernen/üben

Intelligente ˇSysteme bilden Erwartungen. Werden diese bestätigt, so ändert sich nichts, die eigene Struktur bleibt unverändert. Wird eine Erwartung enttäuscht (ˇIrritation), so ändern sich die ˇStrukturen – bewusst oder unbewusst.
Lernen ist die bewusste Änderung der Struktur eines Systems aufgrund enttäuschter Erwartung. ˇRegeln, Gesetze und ˇWerte zum Beispiel sind Erwartungen. Wird eine ˇRegel verletzt, so wird entweder die Regel geändert (lernen) oder mittels Strafe bestärkt (nicht lernen). Lernen erzeugt ˇWissen. Dieses wird in bereits vorhandenes Wissen konsistent eingehängt und erzeugt neue Erwartungen. Damit ständig Wissen erzeugt werden kann, muss Vergessen parallel laufen. Wer sich alles merkt, kann nichts lernen. Vergessen ist die Voraussetzung von Wissen.
Die eigene Struktur kann sich auch unbewusst ändern, durch Üben. Wenn ein passendes Talent vorhanden ist, erzeugt dies ˇKönnen. Im Gegensatz zum Wissen ist Können nicht kommunizierbar und damit nicht auf ˇKommunikation angewiesen. Bei hoher ˇDynamik sind Können und Talent die Basis von ˇHöchstleistung.

Siehe Bild 4 „Irritation als Werkzeug“, Seite 116

Lernumgebung

Wenn ein ˇSystem durch einen äußeren Reiz irritiert wird und dies zu einer neuen, besseren ˇStruktur führt, hat das System gelernt. Eine Umgebung, die diese konstruktiven Irritationen anliefert, nennen wir ˇLernumgebung. Für ˇUnternehmen ist der ˇMarkt die wichtigste Lernumgebung. ˇZentrum und ˇPeripherie sind füreinander Lernumgebung.

ˇWiderständigkeit

Lieferant / Kunde

˘Kunde / Lieferant

Logik (klassisch, zweiwertig)

Die klassische (zweiwertige) Logik beruht auf drei Sätzen:

- dem Satz vom ausgeschlossenen Dritten
  Die Aussagen „Manche Menschen heißen Peter" und ihre Negation „Manche Menschen heißen nicht Peter" decken alle Möglichkeiten ab. Jeder Mensch heißt entweder Peter oder nicht. Eine dritte Möglichkeit kann es nicht geben.
- dem Satz vom Widerspruch
  Die Aussage „Dieser Mensch heißt Peter" kann entweder wahr oder falsch sein. Sie kann nicht zugleich wahr und falsch oder weder wahr noch falsch sein.
- dem Satz von der Identität
  „Peter ist nicht Rolf" bzw. „Peter ist nicht Nicht-Peter". Jedes Ding ist mit sich selbst identisch. Es ist nicht mehr und nicht weniger als es selbst.

Diese Logik ist unschlagbar, solange der Täter, der diese Sätze behauptet, nicht selbst zu der ˘Welt gehört, in der die Sätze gelten. Die Welt kann erst dann als logisch beobachtet werden, wenn sich ein ˘Beobachter von der Welt unterscheidet, sich also aus der Welt heraustrennt und den Rest dann als Welt beschreibt. Er muss unterstellen, dass die Welt unabhängig von seinen ˘Operationen objektiv so existiert. Er bildet sie nur ab.
Wenn sich der Beobachter einmischt, wird die Welt und ihre Beobachtung paradox. Denn der Beobachter verändert die Welt durch seine Beobachtung. Er ist die Ursache dessen, was er beobachtet. Die Beobachtungslogik der ˘Systemtheorie blendet ˘Paradoxien nicht aus, sondern nimmt sie in Gebrauch. Sie überschreitet so die Grenze der zweiwertigen Logik.

Lüge

˘Wahrheit

Macht

Macht kann in sozialen Beziehungen als ˘Medium verwendet werden, wenn die eine Seite negative Wirkungen für die andere Seite erzeugen kann. Macht erhöht die Wahrscheinlichkeit, dass die ˘Interessen des Mächtigen als Basis für das Handeln des Beherrschten genommen werden.
Auch der Mächtige ist bemüht, die Anwendung der möglichen Sanktion zu vermeiden. Denn sie findet nur dann statt, wenn die Macht als Medium schon nicht mehr akzeptiert wird, also wankt.

Management

Management ist die Einheit der ˘Unterscheidung von ˘Führung und ˘Steuerung.
In ˘tayloristischer ˘Organisation ist es möglich, alle wichtige ˘Kompetenz im ˘Zentrum

des ˘Unternehmens zu konzentrieren. Das ermöglicht die Steuerung von Unternehmen. Hier besteht Management fast nur aus Steuerung.
In dynamischer ˘Organisation ist die Konzentration der Kompetenz nicht mehr möglich. Die Anteile der Steuerung sind geringer. Auf den Führungsanteil des Managements kann jetzt nicht mehr verzichtet werden.

Siehe Denkzettel 17 „**Steuerung und Führung** – die zwei Seiten des Managements“ auf der folgenden Seite.

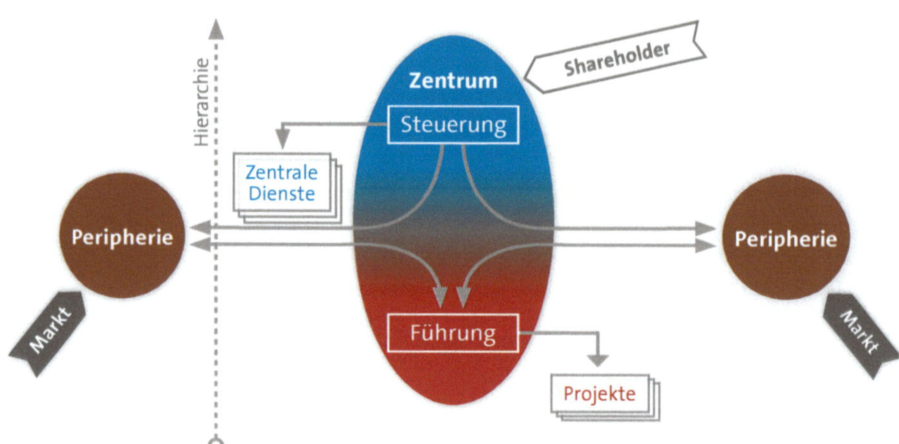

Das dynamikrobuste Management besteht aus den Bereichen Steuerung und Führung. Steuerung benötigt Macht, Führung nur Ansehen. Deswegen sitzt sie hierarchisch tiefer als Steuerung und Peripherie!

Wir benutzen hier die Unterscheidungen *rot* und *blau* aus dem Denkzettel 1[1] und „Zentrum und Peripherie" aus dem Denkzettel 3[2]. In obigem Querschnitt des Zentrums eines Höchstleisters sieht man seine beiden Teile: Steuerung (*blau*) und Führung (*rot*).
Immer wenn die Steuerung die Lösung eines Problems kennt, muss sie Anweisungen erteilen. Das spart Zeit und Kosten. Weil sie dazu Macht braucht, sitzt sie hierarchisch über der Peripherie. Die neue Dynamik des Marktes wirkt nur auf 10 bis 40% aller Tätigkeiten im Unternehmen, deshalb können auch dynamikrobuste Höchstleister Steuerung verwenden. Auch kostensparende zentrale Dienste und Prozesse bleiben möglich und werden genutzt.
Mit innovativen Überraschungen allerdings, die noch keine Lösung haben, kann eine Steuerung nichts anfangen. Zur Bearbeitung sind die Ideen der Talente des ganzen Unternehmens nötig. Führung bringt diese Dynamik-Probleme und die Unternehmenstalente in Resonanz. Das ist ihre nicht delegierbare Aufgabe. Dazu braucht sie hohes Ansehen bei den Talenten. Ansehen hat, wer um Rat gefragt wird. Ein Rat ist nur möglich, wenn er ohne Risiko abgelehnt werden kann. Ein Mächtiger kann keinen Rat geben, das würde als Anweisung wirken. Die Führung des Zentrums darf also keine Macht haben. Deshalb sitzt sie hierarchisch tiefer als die Peripherie. Wenn die Führung hohes Ansehen hat, reicht es, Probleme zu zeigen, um Talente zu gewinnen. Dynamik-Probleme wiederholen sich nicht, jedes ist anders. Deswegen kann die Führung des Zentrums nur mit temporären Strukturen arbeiten, wie Projekte oder Labors. Sind dann Lösungen gefunden, übernimmt die Steuerung ihre Anwendung.
Management, welches zwischen Steuerung und Führung unterscheidet und beides dynamikrobust ausbalancieren kann, nennen wir „föderatives Management".
Wenn Führung fehlt und alles der Steuerung aufgebürdet wird, „verblödet" die Organisation des Unternehmens.

[1] Siehe Denkzettel 1 „**Chaos und Dynamik** – die Unterscheidung von *Blau* und *Rot*", Seite 16

[2] Siehe Denkzettel 3 „**Zentrum und Peripherie** – ungewollte Struktur von Unternehmen", Seite 22

Management (föderatives)

Föderative Organisation ist eine dynamikrobuste ˘Kopplung von Zentrum und Peripherie, wie sie von einigen Höchstleistern benutzt wird. Ihr Kern ist der föderative Knoten. Er besteht aus zwei Kammern. Die erste Kammer ist die föderative Fachführung, die zweite eine Veto-Repräsentanz der ˘Peripherie. Der Knoten koppelt ˘Zentrum und Peripherie ohne ˘Steuerung.

Die Zwei-Kammern-Struktur ermöglicht eine ˘symmetrische Schnittstelle zwischen der Einheit des Zentrums und der Vielfalt der Peripherie im Kontext hoher ˘Dynamik. Das Prinzip des föderativen Knotens ähnelt dem der ˘Konsenswerkstatt.

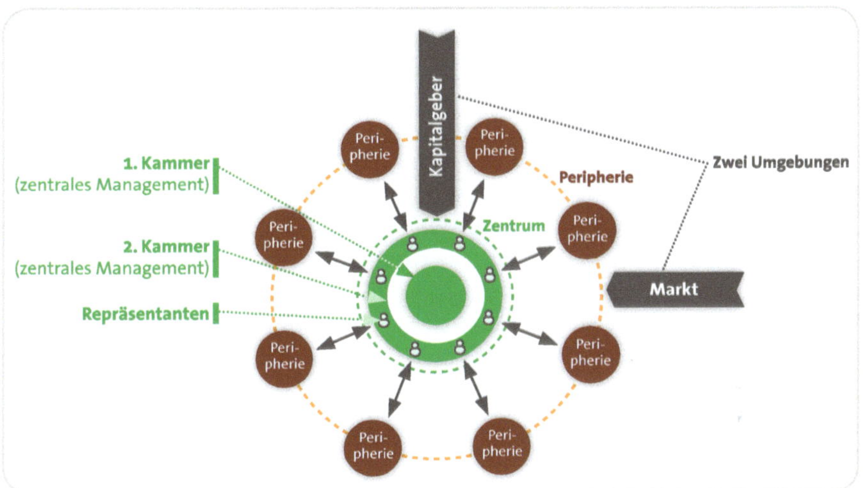

Bild 6: Der föderative Knoten

Er besteht aus erster und zweiter Kammer. Die erste Kammer wird von der zentralen Führung getragen, die zweite Kammer von der Peripherie.

Elemente des föderativen Knotens:

- Die 1. Kammer ist das Team der föderativen Fachführung. Es besteht aus angesehenen Talenten. Dieses Team liegt hierarchisch tiefer als die Peripherie, hat also keine Weisungsbefugnis. Es steuert nicht, es führt.
- Die 2. Kammer ist ein ˘Gremium aus Repräsentanten der Peripherie. Nach ausführlicher ˘Kommunikation und öffentlicher Zustimmung wird hier jeder Vorschlag der 1. Kammer einer geheimen Veto-Abstimmung ausgesetzt. Eine Gegenstimme reicht zur Ablehnung. Ähnlich der ˘Konsenswerkstatt werden hier nicht kommunizierbare Konflikte wirksam (˘Havarie-Prävention).

Föderatives Management setzt eine konstruktive Interessenlage der Peripherie voraus. Wenn ein Vorschlag die 2. Kammer passiert, wird er mittels eines ˘Projektes (˘kapazitive Kopplung) umgesetzt und mündet eventuell in einen zentralen Dienst für die Peripherie (˘symmetrische Schnittstelle).

Siehe auch Denkzettel 17 „**Steuerung und Führung** – die zwei Seiten des Managements", Seite 140.

Manufaktur

Die Manufaktur ist eine vortayloristische Organisationsform für Wertschöpfung. Ihr Prinzip ist: „Jeder Meister arbeite mit seinen Verfahren, mit seinen Werkzeugen und mit seinen Leuten so, wie er es am besten kann." Deswegen arbeitet jeder Meister ein wenig anders. Wenn man wissen will, wie die Arbeitsabläufe sind, muss man den Meister fragen. Dokumentierte Prozesse, Arbeitsvorbereitung oder gar Steuerung sind unbekannt. Mit Überraschungen umzugehen (Dynamik), ist kein Problem.
Als durch die Globalisierung neue träge Massenmärkte entstehen, verschwinden die Manufakturen fast ganz. Ihre Flexibilität wird nicht mehr benötigt. Sie ist nicht mehr konkurrenzfähig.
In dynamischer Umgebung braucht man die Tugenden der Manufaktur wieder. Die passende Organisation muss aber heute neu erfunden werden.
Höchstleister sind Unternehmen, die genau dies geschafft haben.

Marke

Eine Marke ist ein positives Vorurteil über ein Produkt oder ein Unternehmen im Medium ˘Kunde. Das heißt: In der ˘Kommunikation nistet sich eine Selbstverständlichkeit ein, die dann allgemein als solche vorausgesetzt werden kann. In diesem Sinne ist Marke ein ˘Wert und damit Bestandteil von ˘Kultur.
Wie jeder Wert kann auch eine Marke benutzt und geschützt, aber nicht gemacht werden.

Markt

Die ˘Wirtschaft ist ein soziales ˘System. Ihre spezifische ˘Kommunikation ist der wertäquivalente Tausch knapper Güter im Medium ˘Geld. Wertäquivalent bedeutet, dass der Aufwand für die Herstellung der getauschten Güter gleich ist.
Jeder Tauschpartner hat im ˘Konfliktfall Alternativen. So kann sich ein „falscher" Preis nicht lange halten. Diese doppelte ˘Kontingenz erzeugt schließlich Marktpreise. Das geschieht „hinter dem Rücken" der Akteure, auch gegen ihren Willen.
In trägen Märkten ändern sich ˘Preise nur langsam. Dann kann die Illusion entstehen, dass Preise nicht vom Markt gemacht sind, sondern kalkuliert werden können. Wenn das Ergebnis der Kalkulation aber über dem Marktpreis liegt, kauft der ˘Kunde beim Konkurrenten.
Die ˘Selbstorganisation der Märkte kann ohne ˘Steuerung passende Preise bilden und dadurch knappe Güter gewaltlos verteilen. Historisch sinkt der Aufwand und die ˘Qualität steigt. Deshalb wird immer wieder versucht, diese Kraft ökonomischer Selbstorganisation auch außerhalb des Marktes zu nutzen.
Zum Beispiel wird von kostengeplagten staatlichen Institutionen mehr Marktverhalten

gefordert. Dabei wird vergessen, dass es diese Institutionen nur gibt, weil der Markt manche Leistungen eben nicht sozialverträglich verteilen kann. Denn wie jede Selbstorganisation ist auch die wirtschaftliche moralisch dicht. Ist mit einer Leistung kein Gewinn zu machen, so bleibt sie aus – auch dann, wenn sie gesellschaftlich notwendig ist. Dieser „Mangel“ kann nur dann durch staatliche Organe ausgeglichen werden, wenn sie an keinem Markt teilnehmen. „Unternehmerisch“ geführte Behörden sind nur albernes Theater.

Auch innerhalb von ˘Unternehmen wird oft versucht, die Kraft des Marktes zu nutzen. Man spricht dann von internen ˘Kunde-/Lieferant-Verhältnissen. Ein Unternehmen kann aber nur so lange am Markt teilnehmen, wie es sich davon unterscheidet. Durch interne Marktbeziehungen würde das Unternehmen selbst zum Markt. Als Markt würde es sich im Markt auflösen. Deswegen kann innerhalb eines Unternehmens eine Marktbeziehung nur „gespielt“ werden. Dies erzeugt nur unnützen Aufwand, aber keine Selbstorganisation.

˘Höchstleister nutzen den Markt und seine Preise als widerständige ˘Lernumgebung.

˘Marktschnittstelle

Marktdruck

Marktdruck ist kein gemeinsames Schicksal für alle ˘Unternehmen einer Branche. Er wird von Unternehmen erzeugt, die besser sind als ihre Konkurrenten. Marktdruck ist der Beweis, dass es irgendwo bereits besser gemacht wird. Marktdruck ist der Beweis für versäumte ˘Innovation.

Kunden sind nur dann Quelle von Marktdruck, wenn ihre Wünsche nur vom Konkurrenten erfüllt werden können, nicht aber vom eigenen Unternehmen.

Wer sich gegen Marktdruck wehren will, muss sich die Unternehmen als Vorbild nehmen, die den Druck erzeugen. Heute sind das die sogenannten dynamikrobusten ˘Höchstleister.

Markterzeugung

Wenn sich eine ˘Kernkompetenz bewährt, dann eigenen sich auch andere Unternehmen diese an. Deshalb verliert jede Kernkompetenz irgendwann ihre Exklusivität. Jetzt könnte sich ein Zuliefermarkt entwickeln, der die ehemalige Kernkompetenz als ˘Schalenkompetenz anbietet. Wenn aber die notwendigen Investitionen bei potenziellen Lieferanten hoch sind, springt dieser ˘Markt oft nicht an. Jeder scheut aus gutem Grund das Risiko, der Erste zu sein.

Besonders von großen konventionellen Unternehmen wird versucht, diese Zulieferung anzustoßen, um sie dann exklusiv für sich zu nutzen – zum Beispiel durch Ausgründung. Das ist dann aber eine Zulieferung ohne Markt. Sie endet meist in einer ˘Havarie. Eigentlich ist es eine Aufgabe staatlicher Wirtschaftsförderung, potenzielle Märkte anzustoßen. Aber auch diese Maßnahmen enden selten in einem echten Markt.

Bei Höchstleistern kann man beobachten, wie es geht. Echte Märkte entstehen nur, wenn zwei Vielfalten sich koppeln, eine Vielfalt von Anbietern und eine Vielfalt von Interessenten. Wir nennen das die doppelte Kontingenz einer Marktschnittstelle.
Die erste Vielfalt wird erzeugt durch Anschubinvestition bei mehreren Zulieferern. Diese Investition wird aber erst dann endgültig übergeben, wenn es dem Zulieferer gelingt, mindestens 60% seiner neuen Kapazität an die Konkurrenten des Investors zu verkaufen. Das ist ungewöhnlich, aber nur dann entsteht auch die zweite Vielfalt, die Vielfalt der Interessenten. Das heißt, den Höchstleister stört es nicht, wenn auch Vorteile für seine Konkurrenten entstehen – denn er kann sie besser nutzen.

Siehe auch nachfolgenden Denkzettel 18 „**Markterzeugung** – der Wirtschaft aufs Pferd helfen", Seite 145

Marktschnittstelle

Die Schnittstelle zwischen einem Kunden und einem Lieferanten heißt Marktschnittstelle. Sie ist eine spezielle Form der symmetrischen Schnittstelle und erfüllt mindestens folgende Kriterien:

- Symmetrie
  Marktschnittstellen kommen nur symmetrisch vor. Die Operation der Schnittstelle ist der äquivalente Tausch, meist Ware gegen Geld.
- Gebrauchswert als Motiv
  Das Motiv für den Tausch ist der Gebrauchswert des Getauschten. Meist ist das Motiv des Lieferanten die Zahlung, das des Kunden die Ware.
- Verkettung
  Ein Tausch ist nur dann ein Element von Markt, wenn ihm weitere folgen. Zum Beispiel sind Lohn und Gehalt im Tausch für Arbeitskraft nur dann Marktoperationen, wenn sowohl mit dem Arbeitsergebnis als auch mit dem Gehalt weiter getauscht wird. Die Produkte werden verkauft, das Gehalt wird ausgegeben. Jeder Tausch provoziert den nächsten. Verkettung von Operationen gleichen Typs provoziert die Bildung von Systemen. Hier bildet sich das System der Wirtschaft.
- Doppelte Kontingenz
  Marktschnittstellen sind doppelt kontingent. Ein Lieferant sieht immer auch andere Kunden, und er weiß, dass der Kunde das weiß. Der Kunde sieht immer auch andere Lieferanten und weiß, dass der Lieferant das weiß. Diese Alternativen spielen erst im Konflikt eine Rolle. Dann werden sie angedroht oder tatsächlich genutzt. Erst diese doppelte Konkurrenz treibt die Herstellkosten nach unten und die Qualität nach oben, ohne dass sich jemand darum kümmern müsste.
- Selbstorganisation
  Anbieter verlieren Kunden, wenn ihre Preise zu hoch sind. Gleichzeitig sind sie gegen übertriebene Forderungen von Kunden geschützt, weil sie ein marktgerechtes Angebot auch anderswo verkaufen können. Weder ein Kunde noch ein Lieferant kann

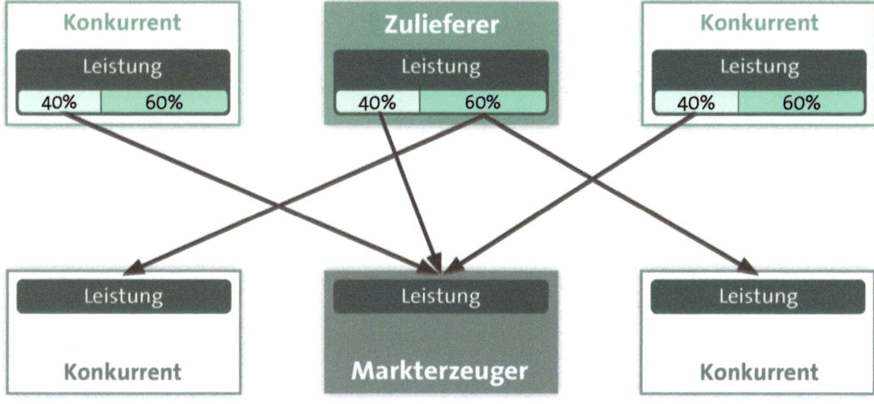

Markterzeugung ist die Herstellung zweier, intern konkurrierender Vielfalten (Lieferanten und Abnehmer). Erst das erzeugt Schnittstellen mit Alternativen für beide Seiten und damit Markt.

Jede innovative Kernkompetenz wird schließlich zur Routine der Branche. Die so entstandene Schalenkompetenz würden jetzt alle gern zukaufen, um die eigene Wertschöpfung zu entlasten. Geeignete Zulieferer würden entsprechende Leistung gern anbieten. Manchmal aber ist die notwendige Investition so hoch, dass jeder das Risiko scheut, der Erste zu sein. Obwohl möglich und gewünscht, entsteht kein Markt. Er kann aber erzeugt werden, allerdings nur, wenn eine doppelte Vielfalt entsteht: mehrere Lieferanten für mehrere Interessenten.

Die erste Vielfalt kann zum Beispiel von einem potenten Unternehmen erzeugt werden. Er investiert bei mehreren Lieferanten, sodass diese die gewünschte Leistung liefern können, zum Beispiel durch Überlassung von Patenten, Maschinen, Prozessen oder Mitarbeitern. Viele dieser Investoren belassen es dabei. Denn es erscheint als Vorteil, aus mehreren Lieferanten wählen zu können und damit günstig einzukaufen. Die Zulieferer aber sind ohne Alternative einem einzigen Käufer ausgeliefert. Der Preiskampf wird ruinös. Die Qualität muss durch Managementeingriffe künstlich gesichert werden (Auditierung). Auf Dauer wird aus diesem scheinbaren Vorteil ein Nachteil.

Erst die zweite Vielfalt der Interessenten erzeugt Marktschnittstellen. Bewährt hat sich, wenn der Markterzeuger einem erzeugten Lieferanten maximal 40% seiner neuen Kapazität abnimmt, allerdings nur, wenn er den Rest (60%) an die Konkurrenten des Markterzeugers verkaufen kann.

Viele Unternehmen scheuen die Erzeugung von Märkten. Sie fürchten Vorteile für ihre Konkurrenten. So werden zum Beispiel einem eigenständigen, aber exklusiven Zulieferer Teile der eigenen EDV übertragen. Zwar werden Angebote eingeholt und Rechnungen geschrieben, Entlastung entsteht aber nicht. Im Gegenteil, die EDV muss nun über eine Unternehmensgrenze hinweg gemanagt werden. Wir nennen dies „ökonomisches Theater“.

Höchstleister nutzen auch die spezielle Intelligenz von Märkten besser als ihre Konkurrenten. Sie erzeugen deshalb immer „richtige“ Zuliefermärkte mit beiden Vielfalten.

die Preise dauerhaft manipulieren. Nur wenn diese Selbstorganisation sich entfalten kann, bilden sich Marktschnittstellen.
Wird diese Selbstorganisation gestört, durch politische oder wirtschaftliche Macht, so stirbt der Markt. Der Austausch von Leistungen muss dann gesteuert werden.

- Nur außerhalb von Unternehmen
  Innerhalb eines Unternehmens kann es keinen Markt geben. Das Unternehmen würde sich sonst als Markt im Markt auflösen. Marktschnittstellen gibt es nur außerhalb von Unternehmen.
  Trotzdem werden die Tauschpartner im Unternehmen oft als „Kunde" und „Lieferant" bezeichnet. Dies ist aber nur teures „ökonomisches Theater".

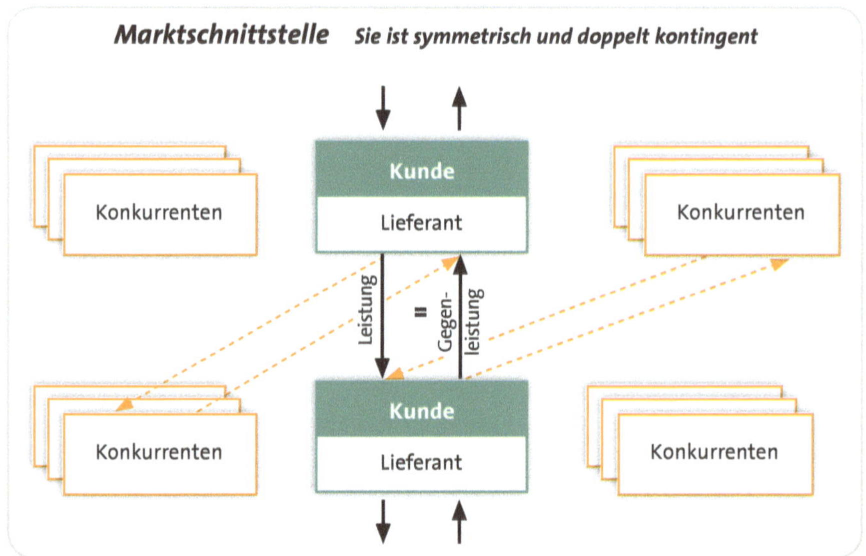

Bild 7: Marktschnittstelle – Nur wenn beide Tauschpartner auch die Alternativen nutzen könnten, ist es eine Marktschnittstelle. Nur dann handelt es sich um „Kunde" und „Lieferant". Sonst ist die Schnittstelle privat.

Marktschnittstellen kommen nur symmetrisch vor. Weil im Konfliktfall jede Seite Alternativen zum aktuellen Geschäftspartner hat (Wettbewerb), optimieren sie sich automatisch. Der Kunde bekommt nur dann den besten Lieferanten, wenn er gut und pünktlich zahlt. Der Zulieferer kann nur dann Kunden halten, wenn er ständig versucht, die Herstellkosten zu senken und die Qualität zu steigern.

Siehe auch:

- Kapitel 13 „Kaufen oder selbst machen?", Seite 59
- ˘Schnittstellen symmetrisieren

Matrix-Organisation (projektzentriert)

Projektzentrierte Matrix-˘Organisation ist eine ˘dynamikrobuste Form für ˘Wertschöpfung mit ˘Projekten. Es gibt sie nur bei ˘Höchstleistern oder in ˘*Höchstleistungsinseln*.
Ein solches Projekt ist mit zwei Vielfalten ˘gekoppelt: der Vielfalt dessen, was es aufnehmen kann – das sind die ˘Kompetenzen und Leistungen aus der Umgebungsorganisation – und der Vielfalt dessen, was es abgeben kann.
Eine projektzentrierte Matrix-Organisation koppelt diese beiden Vielfalten über ihre Projekte. Die beiden Vielfalten bilden die Achsen der Matrix. In ihrem Schnittpunkt befindet sich das ˘Management. Die Projekte bilden das „Innere" der Matrix.

Kompetenzdomänen
Die Kompetenzdomänen sind, als Einheiten der Linie, die ˘Lieferanten der Projekte. Sie liefern Leistungen und Personen. Jeder Mitarbeiter hat eine Domäne als „Heimat". Anzahl, Größe und Kompetenz der Domänen richten sich nach der Nachfrage. Die Kompetenzdomänen arbeiten mit atmender Kapazität. Sie überdecken sich inhaltlich, so dass bei ungleicher Last Mitarbeiter ausgetauscht werden können. Für Lastspitzen gibt es Rahmenverträge mit Zulieferern.

Abnahmedomänen
Die Leistung eines Projektes wird entweder intern über eine symmetrische ˘Schnittstelle abgenommen oder von einem ˘Kunden über eine ˘Marktschnittstelle. Die Abnahmedomänen organisieren die ˘Kommunikation an diesen Schnittstellen. Sie sind meist Einheiten des Vertriebs.

Projekte
Die Projekte sind ˘dynamikrobust strukturiert. Wertschöpfende Projekte der ˘Peripherie orientieren sich operativ am Deckungsbeitrag ihrer ˘Wertschöpfung (externe Referenz). Wertverbrauchende Projekte des ˘Zentrums sind über möglichst wenige symmetrische Schnittstellen an die Wertschöpfung gekoppelt (indirekte externen Referenz).

Management
Das ˘Management der Matrix ist zuständig für die Elemente der beiden Achsen. Es besteht wie immer aus ˘Steuerung und ˘Führung.

Siehe auch Denkzettel 19 „**Projektzentrierte Matrix** – Treibhaus für dynamikrobuste Wertschöpfung" auf der folgenden Seite.

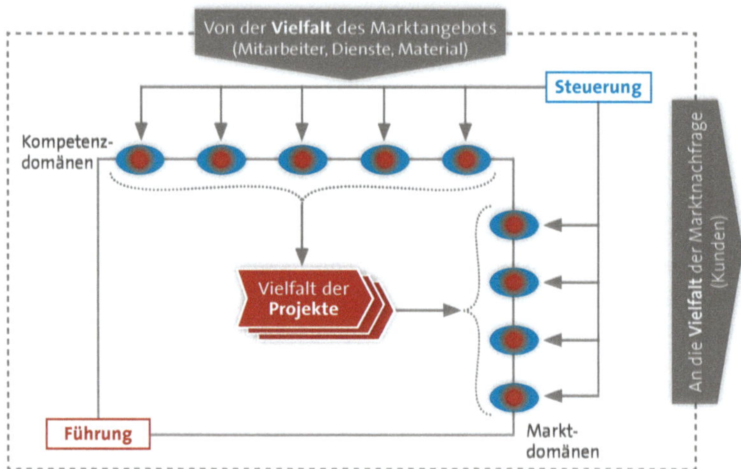

Wertschöpfende Projekte koppeln die beiden intern nutzbaren Vielfalten des Marktes: Die eigenen Ressourcen und die Nachfrage der Kunden.

Ein Markt besteht aus der Vielfalt des Angebots und der Vielfalt der Nachfrage. Ein Unternehmen nutzt einen Teil des Angebots und befriedigt daraus einen Teil der Nachfrage. Dabei geht es um Arbeitskräfte, Wissen, Material oder Dienste. Zweck dieser Kopplung ist Wertschöpfung. Das heißt: Für das Hergestellte soll mehr bezahlt werden, als die Herstellung gekostet hat. Bei niedriger Dynamik kann die wertschöpfende Kopplung allein über eine tayloristische Organisation realisiert werden, also mit Prozessen und einem steuernden Zentrum. Bei hoher Dynamik muss Führung und Selbstorganisation hinzukommen. Wir behandeln hier als Beispiel die Wertschöpfung mittels Projekten, wie sie im Anlagenbau, in Baufirmen, in Software- oder Beratungshäusern dominiert. Die Höchstleister benutzen in diesem Fall die dynamikrobuste Kopplung mittels einer projektzentrierten Matrix-Organisation. Grafisch dargestellt, findet sich auf der waagerechten Achse die Auswahl aus dem Marktangebot, die sogenannten Kompetenzdomänen. Sie importieren Marktressourcen, sind „Heimat" für Kompetenzträger und betreiben die Dienstprozesse für die Projekte. Die Vielfalt der Nachfrage findet sich auf der vertikalen Achse. Sie wird bearbeitet durch die Einheiten des Vertriebs. Im Schnittpunkt der Achsen findet sich die Steuerung. Sie koppelt die wenig dynamischen Abläufe. Die laufenden Projekte bedienen sich über symmetrische Schnittstellen[1] aus den Kompetenzdomänen und liefern ihre Ergebnisse über den Vertrieb an die Kunden. Es sind also die Projekte selbst, die ohne Steuerung die dynamischen Anteile der Wertschöpfung koppeln. Stabilisiert wird diese dynamikrobuste Selbstorganisation durch die Führung des Unternehmens. Sie findet sich ebenfalls im Schnittpunkt der Achsen, sitzt hierarchisch aber unter der Steuerung.[2] Die meisten Unternehmen betreiben neben dieser projektzentrierten Wertschöpfung einen klassischen Bereich mit gesteuerten Prozessen für den Teil der Nachfrage, der mit Standardprodukten bedient werden kann.[3]

Siehe auch Kapitel 15 „Dynamikrobustes Projektmanagement", Seite 69

[1] Siehe Denkzettel 23 „**Schnittstellen symmetrisieren** – Basis für Selbstorganisation", Seite 172

[2] Siehe Denkzettel 17 „**Steuerung und Führung** – die zwei Seiten des Managements", Seite 140

[3] Siehe Denkzettel 28 „**Duale Wertschöpfung** – Innovation und Alltag als Geschwister", Seite 199

Medium

Ein Medium ist eine unerschöpfliche Menge von lose gekoppelten Elementen (zum Beispiel Worte), in die sich durch feste ↗Kopplung Formen prägen lassen (Sätze). Es werden drei Medien unterschieden:

- Medium für Zeichengebrauch: Sprache und Schrift
- Verbreitungsmedien: Druck, Funk, Internet ...
- Symbolisch generalisierte Kommunikationsmedien, zum Beispiel: ↗Wahrheit, Liebe, ↗Macht, Kunst, ↗Eigentum, Religion ...

Nackte ↗Kommunikation ist unwahrscheinlich. Erst Medien machen sie so wahrscheinlich, dass sie stattfindet. Ein Medium kann nur dann für Kommunikation genutzt werden, wenn es sich nicht einmischt. Wenn die Luft Geräusche macht (Sturm) oder wenn das Licht selbst leuchtet (Nebel), sind sie als Kommunikationsmedien nicht zu gebrauchen.
Für dynamische ↗Unternehmen wird zum Beispiel die ↗EDV als Kommunikationsmedium benötigt. Sie muss sich daher aus der Kommunikation heraushalten. Sogenannte fehlervermeidende EDV mischt sich ein. Da sie ↗Fehler und ↗Idee nicht unterscheiden kann, schließt sie mit den Fehlern auch die Kreativität des Bedieners aus. Sie schützt vor seiner Dummheit ebenso wie vor seiner Genialität.
Bei vielen Kameras ist das anders. Dort kann der Fotograf die Automatik abschalten. Dann lässt die Kamera seine „Fehler" zu und wird so zum ↗Werkzeug seiner Kreativität.

↗Software (neutral)
↗Werkzeugcharakter

Meister/Lehrer

Meister nennen wir Könner, die Schüler haben. Schüler sind Personen, die der Meister im Verdacht hat, talentiert zu sein. Deswegen provoziert der Meister seine Schüler zum Üben. Wenn sich herausstellt, dass das Talent fehlt, rät der Meister zum Aufgeben.
Lehrer sind Personen, die gegenüber Schülern einen Wissensvorsprung haben und diesen weitergeben.
Erfahrene Mitarbeiter, die ihre jüngeren Kollegen unterstützen, sind immer beides, wissensvermittelnde Lehrer und provozierende Meister.

↗*Meisterloge*
↗Talentförderung

Meisterloge

Höchstleister fördern ihre talentbasierten Könner durch exklusive Inseln fachlicher ↗Kommunikation. Wir nennen sie *Meisterlogen*. Zu den Meistern eines Faches zählen die jeweils wenigen, die ein Thema auf höchstem Weltniveau behandeln können. Kommunikation kann nur dann dieses Niveau erreichen und halten, wenn alle Nichtmeister aus-

geschlossen bleiben. Ein Zuschauen, Mithören oder gar Mitmachen würde die Kommunikation zur „Diplomatie" zwingen. Jedes Projektteam, das an die Grenze seiner Leistung geht, kennt diesen Effekt. Es kann also nicht mehr Aufgabe des Personalmanagements sein, Inhalt und Form der Arbeit in solchen *Meisterlogen* zu bestimmen. Notwendig ist eine Kultur, in der die Logen arbeiten können, ohne durch negative Gefühle wie Neid oder Misstrauen behindert zu werden. Die Kopplung der *Meisterlogen* an die Ziele des Unternehmens ist eine Führungsaufgabe, die aber nur über die Beurteilung der Ergebnisse, nicht über die Arbeit selbst möglich ist.

Siehe Kapitel 16 „*Meisterloge* als Talentförderung", Seite 80

Mensch

Der Begriff „Mensch" ist eine mystische Zusammenfassung von Nichtwissen, analog etwa zu „der Bürger", „die Frauen" oder „der Wähler". Solche Begriffe sind in der Alltagskommunikation eine große Hilfe, weil sie alles aufnehmen können, was man nicht genau weiß oder wissen will. Nach Wahlen zum Beispiel wird einige Wochen lang der „Wählerwille" analysiert – ganz so, als ob es so etwas geben könnte.
Auch die über 6 Milliarden Individuen werden im Begriff „Mensch" zu einem einzigen Individuum zusammengefasst. Dieser Mensch hat dann Charaktereigenschaften, Ziele, Beweggründe (meist niedere), Verantwortung und so weiter. Wir vermeiden diese „großzügige" Abstraktion und nehmen entweder einen Menschen als Individuum, mit Name und Adresse, bestehend aus vielen gekoppelten Systemen, oder die Gesellschaft und ihre Subsysteme.

messen / bewerten

Messen ist der quantitative Vergleich mit einer gesetzten Größe. Das heißt, nur genau Bekanntes kann gemessen werden. Wenn beim Messen kein Fehler passiert, ist das Ergebnis objektiv richtig. Niemand kann es bestreiten. Deswegen ist Messen sehr beliebt. Im Kontext hoher Dynamik gibt es viel Überraschung, also Unbekanntes. Das lässt sich nicht messen. Mit was sollte es verglichen werden? Unbekanntes lässt sich nicht mit dem Verstand messen, sondern nur mit Gefühl bewerten. Jede Bewertung kann kritisiert werden. Der Bewerter muss sich verantworten. Daher ist Bewerten weniger beliebt als Messen.
In der Misstrauenskultur überlasteter Unternehmen wird versucht, das Risiko einer Bewertung zu vermeiden. Zum Beispiel ist es risikoreich, einen Mitarbeiter am Ende eines Jahres zu bewerten. Es ist leichter für alle, irgendetwas zu messen und auf mathematischem Wege eine Bewertungszahl zu erzeugen. Das ist gerecht und erzeugt keine direkte Verantwortung.

Entscheidung
Komplexität

Methode

Methoden sind wissensbasierte Regelketten als ↗Gedächtnis für Problemlösungen. Sie machen Erfolge wiederholbar. Im Grenzfall werden ↗Talent, ↗Intelligenz und ↗Können überflüssig. Etwas übertrieben: „Wenn die Methode klug ist, kann der Benutzer dumm sein." Auch ↗tayloristische ↗Organisation lebt von der Wiederholung. Taylorismus und Methode passen zusammen.
Wiederholt sich das Problem ständig und damit auch die Methode, spricht man auch von einem Prozess.
Wir unterscheiden Methode von Theorie.

↗Theorie

Mission

Als Mission bezeichnen wir die Struktur der ↗Zwecke eines Unternehmens. Ein Zweck ist unverzichtbar immer vorhanden, der konkurrenzfähige Gewinn. Ohne diesen Zweck wäre eine Organisation kein Unternehmen.
Einem Unternehmen können aber auch weitere Zwecke zugeordnet sein, zum Beispiel:

- Ausgründungen mit dem Zweck, nur den Ausgründer zu beliefern
- Staatliche Unternehmen mit dem Zweck, soziale Aufgaben zu erledigen (Müllabfuhr, Wasser- und Energieversorger ...)
- Unternehmen in der Form eingetragener Vereine. Ihr Zweck ist in der Satzung festgehalten.
- Geförderte Unternehmen, z.B. private Bildungseinrichtungen
- ...

Jeder weitere Zweck bewirkt, dass das betroffene Unternehmen sich von den „normalen" unterscheidet. Sie operieren im „Grenzland" zwischen Wirtschaft und anderen Systemen, zum Beispiel der Politik. Um trotzdem mitspielen zu können, benötigen sie meist ausgleichende Förderung zum Beispiel aus Steuergeldern.

↗Zweck
↗Vision, Strategie, Ziel, Mission

Misstrauen

↗Vertrauen/Misstrauen

Moral-Desinfektion

Moral ist kommunikative Setzung über das, was sich gehört und was nicht. Moral erklärt die Probleme der Welt aus dem Fehlverhalten von Personen, also mittels Schuld. Das reduziert die ↗Komplexität der Welt auf ein erträgliches Maß. Deswegen ist es am Stammtisch so gemütlich. Nicht nur hier ist Moral ein unverzichtbares „Lebensmittel". Moral kann aber nur dann Probleme lösen, wenn diese von Personen verursacht sind.

Wir nennen diesen Bereich die *Vorderbühne* einer Organisation.
Bei hoher Dynamik kann aber die *Hinterbühne* nicht mehr ignoriert werden. Anders als auf der *Vorderbühne* haben die Vorgänge auf der *Hinterbühne* keinen Autor. Es besteht keine kausale Beziehung zwischen dem, was Menschen tun und wollen, und dem, was die *Hinterbühne* daraus macht. Wenn jetzt aus alter Gewohnheit immer noch mit dem Denken aufgehört wird, sobald man sich auf einen Schuldigen einigen kann, werden zumindest Dynamikprobleme unlösbar.
Höchstleister fühlen, dass eine Situation noch nicht verstanden ist, solange Schuldige oder Helden benötigt werden, um sie plausibel zu beschreiben. Unverstandene Probleme sind unlösbar. Moral und Erkenntnis sind beide wichtig, aber nicht gleichzeitig möglich. Wer moralisiert und schimpft, versteht nichts.
Ein moralisches Argument und Erkenntnis schnell zu unterscheiden, ist schwierig. Das Bemühen um moralfreie Diskussion nennen wir Moral-Desinfektion. Besonders in großen Konzernen üben wir dies in speziellen Workshops: Wie kann man über ein Problem sprechen, ohne über das Management zu schimpfen?
Wohl gemerkt, moralfrei ist nicht unmoralisch. Eine unmoralische Diskussion nutzt Moral.

Motivation / Motivierung

Motivation ist ein Anreiz „von innen“ (intrinsisch). Motivierung ist ein Anreiz „von außen“. Motivation entsteht durch Resonanz zwischen einer Fähigkeit und einem ↗Problem. Wenn eine Person Gelegenheit bekommt, auf Basis ihres ↗Talents etwas zu leisten, ist sie motiviert. ↗Höchstleister nutzen diesen Zusammenhang. Sie zeigen Probleme und beobachten, bei wem sie Motivation erzeugen.
Motivierung ist die Anwendung von ↗Macht. Wenn der Chef eine Handlung wünscht, für die der Mitarbeiter keine Motivation hat, kann er argumentieren, belohnen oder strafen. So kann er fast jede Handlung motivieren.
Motivierung ist ein Element von ↗Steuerung und deshalb nur für niedrige ↗Dynamik geeignet. Deswegen sind dynamikrobuste ↗Unternehmen auf Motivation angewiesen. Da Motivierung Motivation behindert, ist eine Koexistenz nicht möglich.

Siehe auch Kapitel 10 „Interne Anreize reduzieren die Leistung“, Seite 47

N

Naive Höchstleistung

Siehe Kapitel 14 „Vom Tisch zur Tafel – über naive Höchstleister“, Seite 66

Nahtstelle

↗Schnittstelle

Norm / Stil

↗Stil / Norm

Notwendigkeit
˘Freiheit / Notwendigkeit

Objekt / Begriff
˘Unterscheidung

Ökonomie
˘Wirtschaft

Ökonomisches Theater
Wenn sich eine Vielfalt von Anbietern mit einer Vielfalt von Interessenten koppelt, entsteht ein ˘Markt. Über sogenannte ˘Marktschnittstellen werden Leistungen gegen ˘Geld getauscht. Da im ˘Konfliktfall jede Seite Alternativen hat (doppelte ˘Kontingenz), besteht Anlass die ˘Preise zu senken und die ˘Qualität zu erhöhen. Wegen dieser Kraft aus ˘Selbstorganisation sind diese ˘Schnittstellen sehr leistungsfähig und damit attraktiv.
˘Unternehmen sind Teilnehmer im Markt. Sie müssen sich also von ihrer Marktumgebung unterscheiden. Entstünde im Unternehmen ein Markt, würde der Unterschied kollabieren, das Unternehmen würde sich als Marktplatz im Markt auflösen.
Trotzdem wird oft versucht, die Selbstorganisation des Marktes im Unternehmen nutzbar zu machen. Wie im Theater werden Rollen verteilt. Der eine gibt den ˘Kunden, der andere den Lieferanten. Weil aber die doppelte Kontingenz beim Tauschen nicht hergestellt werden kann, entsteht keine Selbstorganisation. Wir nennen diese Bemühungen „ökonomisches Theater".
Höchstleister benutzen intern symmetrische Schnittstellen. Sie erzeugen ebenfalls Selbstorganisation, benötigen aber keinen Markt.

Operation
Operationen sind die Atome eines ˘Systems. Es sind zeitlose ˘Ereignisse, die beim Entstehen schon wieder vergehen. Eine wichtige Operation ist die ˘Beobachtung. Sie ist die Einheit der ˘Unterscheidung von Unterscheiden und Bezeichnen.
Wenn jede Operation eine Vorgängerin gleichen Typs benötigt und jede Operation eine Nachfolgerin gleichen Typs provoziert, können sich Operationen verketten. So entsteht eine Differenz zwischen dieser Kette und allem anderen. Kann diese Differenz aufrechterhalten werden, so ist ein System entstanden.
Eine Operation kann vorangegangene Operationen beobachten, nicht aber sich selbst. Beobachtende Operationen laufen also „mit dem Rücken zur Zukunft".

Option / Ziel
˘Ziel / Option

Organisation

Wie jedes soziale ˘System besteht auch eine Organisation nicht aus Personen, sondern nur aus ˘Kommunikation, hier der Kommunikation über ˘Entscheidungen. Entscheidung ist die Auswahl aus mehreren ˘Optionen, von denen unbekannt ist, welche die richtige ist. Damit Entscheidungen aufeinander aufbauen und sich nicht widersprechen, werden sie in Akten verbindlich dokumentiert. Dabei wird nur die Entscheidung selbst festgehalten, die Umstände wie sie zustande gekommen ist, werden „vergessen". Eine Organisation erinnert und vergisst über Akten. Sie sind ihr Gedächtnis.
Die große Menge an Entscheidungen wird in ˘Gremien getroffen. Ihre Mitglieder sind Repräsentanten von ˘Interessen im ˘Unternehmen. Die interne Kommunikation ist meist über eine Geschäftsordnung geregelt.
Anders als andere Sozialsysteme, wie Recht oder ˘Moral, haben Organisationen eine kommunikative Adresse. Man kann sie zum Beispiel anschreiben und eine Antwort erhalten.
Es ist oft schwer zu akzeptieren, dass eine Organisation nicht das Werk ihrer Mitglieder ist. Aber schon eine Schlange beim Bäcker ist ein System, das die Wartenden nicht gemacht haben, sondern vorfinden. Wenn sich einer vordrängelt, wird das kommentiert. Das System (die Schlange) ist dabei ein von allen akzeptiertes Argument.
Es gibt sehr verschiedene Organisationstypen. Ein Unternehmen ist eine Organisation mit einem ˘Markt als ˘Umgebung und dem ˘Zweck, Gewinn zu machen.

Siehe auch
- ˘Kultur
- Kapitel 14 „Vom Tisch zur Tafel – über naive Höchstleister", Seite 66

Organisation (föderativ)

Föderative ˘Organisation ist eine Struktur, wie sie von dynamikrobusten Höchstleistern benutzt wird. Sie ist der historische Nachfolger tayloristischer Unternehmensorganisation. Der Begriff ist der Politik entlehnt, darf aber im Bereich der ˘Wirtschaft nicht als demokratisches Prinzip missverstanden werden. Wir nennen eine Unternehmensorganisation „föderativ", wenn:
- die ˘Kopplung zwischen ˘Zentrum und ˘Peripherie durch ˘Führung ergänzt ist;
- mittels der ˘Unterscheidung ˘Innovation/Alltag eine Arbeitsteilung zwischen ˘Zentrum (Innovation) und ˘Peripherie (Alltag) realisiert ist (Dies gilt für alle wichtigen Funktionen wie EDV, Personalwesen, Controlling ...);
- zwischen Zentrum und Peripherie auf Basis dieser Arbeitsteilung ˘symmetrische Schnittstellen benutzt werden können.

Siehe auch:
- ˘Management (föderatives)
- Denkzettel 17 „**Steuerung und Führung** – die zwei Seiten des Managements", Seite 140

Organisation (lernend)

Jede ˘Organisation ist als ˘System mit ihrer Umwelt strukturell gekoppelt. Da die Umwelt nicht stillhält, ist jedes System ein lernendes. Je höher die nicht ignorierbare ˘Komplexität der Umgebung, umso höher muss die Lernfähigkeit eines Systems entwickelt sein.
Die Mitglieder einer Organisation gehören zu ihrer Umwelt. Das Lernen der Mitglieder und das Lernen der Organisation sind daher zwei verschiedene Operationen. Wenn ihre Mitglieder lernen, tut es die Organisation noch lange nicht – und umgekehrt.
Die Lernfähigkeit tayloristischer Organisation ist an träge Umgebung angepasst, also stark reduziert. Lernmöglichkeiten besitzt sie fast nur im ˘Zentrum.
Die Umgebung dynamischer Organisation ist komplexer. Ihre Lernfähigkeit muss höher sein. Wahrscheinlich ist dies gemeint, wenn als Entwicklungsziel für Organisationen die „lernende Organisation" gefordert wird.

Organisationsentwicklung (˘romantisch)

Wenn Organisation aus Menschen besteht, dann können diese Menschen ihre Organisation auch verändern – sie müssen nur wollen.
Wenn sie nicht wollen, müssen sie mit Argumenten, Belohnung oder Strafe dazu gebracht werden. Die zugehörige Fachdisziplin heißt *Change Management*. Moderne Formen des *Change Managements* benutzen auch gerne demokratische Formen, um dieses Ziel zu erreichen.
Da Menschen aber zur Umgebung einer Organisation gehören, können sie diese zwar beeinflussen, aber nicht kausal. Was die Organisation aus dem Verhalten ihrer Mitglieder macht, ist immer eine Überraschung. Die Entwicklung von Organisation ist etwas anderes als die Entwicklung von Menschen.
Wenn Illusionen wichtiger sind als Erkenntnisse, nennen wir dies „romantisch".

˘Demokratie
˘System

Outsourcing

Outsourcing ist eine spezielle Form der Zulieferung. Konventionell werden ganze ˘Funktionen, zum Beispiel die ˘EDV, ausgelagert und dann zugekauft. Die Erwartung, durch den ˘Skaleneffekt beim Zulieferer Kosten zu senken, wird zumindest langfristig meist enttäuscht.
Im Kontext hoher ˘Dynamik entstehen sogar ˘Havarien. Denn vorteilhafter Zukauf ist dann nur noch für die ˘Schalenkompetenz einer Funktion möglich. Nur wenn die ˘Kernkompetenz abgetrennt wird, kann für die Zulieferung eine ˘Marktschnittstelle genutzt werden. Nur diese ist ˘selbstorganisiert und ˘symmetrisch und ermöglicht es, die ˘Wertschöpfungstiefe zu senken und die Flexibilität zu erhöhen.
Siehe ausführlich Kapitel 13 „Kaufen oder selbst machen?", Seite 59

P

Paradoxie

Jede ˇBeobachtung der ˇWelt verändert den ˇBeobachter, denn er lernt etwas dazu. Weil der Beobachter Teil der Welt ist, verändert die Beobachtung auch die Welt. Das Beobachtete verändert sich durch die Beobachtung. Beobachtung wird reflexiv unmöglich. Das nennt man eine Paradoxie.
Seit Langem hat die klassische ˇLogik dafür eine „Lösung“: Der Beobachter muss sich vor sich selbst verstecken. Er muss so tun, als gehöre er nicht zur Welt, als beobachte er die Welt von außen. Da die Welt kein Außen hat, ist dies ein gutes Versteck. Wenn man bereit ist, mit diesem „Fehler“ zu beginnen, ist logisches Denken nicht nur möglich, sondern auch extrem erfolgreich.
Paradoxien sind keineswegs exotische Ausnahmen, die nur für Philosophen interessant sind. Sie sind alltäglich. Trotzdem stören sie selten. Menschen haben neben ihrem Paradoxie-empfindlichen Verstand auch ihre Gefühle. Die stören sich nicht an Paradoxien.
Die heutige ˇMarktdynamik entsteht aus der gegenseitigen Beobachtung der ˇUnternehmen in der Enge der ˇGlobalisierung. Dort ist es eine tägliche Erfahrung, dass die Beobachtung des ˇMarktes den Markt verändert.
ˇHöchstleister nehmen diese Paradoxie in Gebrauch. Sie verzichten auf mathematisch logische Analysen der Märkte und der ˇWirtschaft. Sie verlassen sich auf die Gefühle ihrer Talente.

Siehe auch: ˇLogik (klassisch, zweiwertig)

Partnerschaft

Da es für ˇKernkompetenz weder viele Anbieter noch viele Interessenten gibt, kann diese nicht über eine ˇMarktschnittstelle zugekauft werden. Zwischen Partnern kann sie aber ausgetauscht werden. Partner verbinden sich für den Lebenszyklus eines Produktes zu einem virtuellen Unternehmen. In allen Phasen, von der Entwicklung bis zum Ende des Verkaufs, werden Chance und Risiko, Investition und Gewinn geteilt.
In vielen ˇOutsourcing-Projekten wird Partnerschaft und das Verhältnis von ˇKunde/Lieferant vermengt. Es wird als Zukauf gestaltet, was besser als partnerschaftliche Zulieferung geregelt wäre. Die Konsequenz sind ˇHavarien.

Siehe auch Denkzettel 20 „**Partnerschaft** – dynamikrobuster Leistungsaustausch ohne Markt“ auf der folgenden Seite.

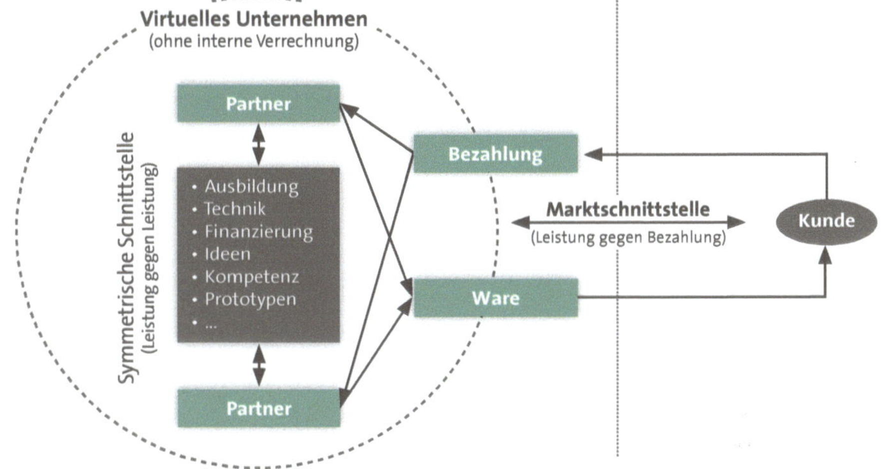

Partner tauschen ihre gegenseitige Leistung über eine symmetrische Schnittstelle (ohne Verrechnung). Verdient wird nur am externen Kunden.

Die möglichst vollständige Zulieferung aller Schalenkompetenz ist ein wichtiges Element dynamikrobuster Flexibilität. Wir kennen zwei Möglichkeiten: den Zukauf der Schalenkompetenz über eine Marktschnittstelle[1] oder die hier beschriebene Verkopplung mit einem passenden Partner. Das dabei entstehende virtuelle Unternehmen ermöglicht eine symmetrische Schnittstelle zwischen den Partnerunternehmen. Diese Schnittstellen gibt es sonst nur innerhalb von Unternehmen. Die Partner bleiben eigenständige Unternehmen, tauschen ihre Leistungen aber wie interne Einheiten eines (virtuellen) Unternehmens. Damit ist ein dynamikrobuster Leistungsaustausch zwischen Unternehmen möglich, ohne Markt und ohne Fusion.

Das Produkt, welches der Kunde erhält und wofür er bezahlt, besteht aus Leistungen beider Partner. Um diese eigenständigen Anteile an der externen Leistung zu erbringen, sind beide Partner aufeinander angewiesen. Die Arbeitsteilung ist so gestaltet, dass jede Seite nur dann Leistung erbringen kann, wenn sie von der anderen Seite Leistung erhält. Solche Abhängigkeiten sind die Voraussetzung für symmetrische Schnittstellen. Eine robuste Stabilität entsteht allerdings nur dann, wenn Interessen und Kompetenzen der beiden Seiten bezüglich eines Marktes harmonieren. Jeder Partner erstrebt und betreibt sein eigenes Geschäft und verdient nur an den Zahlungen des Endkunden. Eine interne Lieferung an den Partner ist also eine Investition in das eigene Geschäft. Sie geschieht zu eigenem Nutzen. Deswegen wäre es nur unnötiger Aufwand, die internen Leistungen zu be- oder zu verrechnen – bei hoher Dynamik ohnehin zu aufwändig und zu langsam. Da die Stabilität dieses Partnerkonzeptes aus der Harmonie der Interessen kommt, werden nur wenige vertragliche Regeln benötigt. Wir nennen sie „Nahtstellenvereinbarung" (NSV). Darin ist zum Beispiel geregelt, welcher Partner die Beziehung zum Kunden gestaltet, wie Erlöse verteilt werden und wie Haftungsfragen geregelt sind.

Übrigens, diese Art Partnerschaft ist eine alte Erfindung von Toyota, die dort bis heute funktioniert.

[1] Siehe Denkzettel 5 „**Kaufen oder selbst machen** – Schalenkompetenz kaufen, Kernkompetenz nicht", Seite 63

Peripherie/Zentrum
↗Zentrum/Peripherie

Plan/Strategie
↗Strategie/Plan

Post-Taylorismus
Es gibt zwei post-tayloristische Nachfolgetypen ↗tayloristischer Organisation: Überlastete, unter Marktdruck leidende Unternehmen und dynamikrobuste Höchstleister.

Siehe auch Kapitel 4 „Taylorismus – Aufstieg und Fall einer genialen Idee“, Seite 17

Praxis
Praxis wird meist von Theorie unterschieden. Wobei Theorie eine Annahme über die Welt ist, die von der Praxis bestätigt oder widerlegt wird.
Wir unterscheiden Theorie von Methode.

↗Theorie

Preis
Preis ist der Geldbetrag, der auf einem ↗Markt für eine Ware bezahlt werden muss, um sie zu erhalten. Preise entstehen durch die doppelte ↗Kontingenz der Tauschpartner. Falsche Preise können sich nicht lange halten.
Preise schwanken durch Wechsel von Angebot und Nachfrage um den Wert der Ware.
Außerhalb eines Marktes, zum Beispiel innerhalb eines Unternehmens, bilden sich keine Preise. Verrechnungssätze müssen durch Entscheidung festgelegt werden.

Prinzipien (Beispiele)
Regeln reduzieren Komplexität, indem sie sagen, was zu tun ist, wenn etwas der Fall ist.
Prinzipien schaffen Platz für Komplexität, indem sie sagen, was der Fall sein muss, nachdem etwas getan wurde.
Bei hoher Dynamik kann nicht mehr alles durch Regeln beschrieben werden. Prinzipien werden wichtiger, weil sie die Möglichkeit offen lassen, wie ein Ziel erreicht werden kann.
Beispiele für Prinzipien:
- ↗Qualität ist was der ↗Kunde bezahlt.
- Der Kunde muss zufrieden sein.
- ↗Strategie ist die Kunst des Weglassens.
- Intelligent sind nur Menschen, weder ↗Methoden noch Maschinen.
- Was geregelt werden kann, muss geregelt werden – aber nicht mehr.
- Wer verstehen will, darf nicht ↗moralisieren.

- Unterbrechung hat Vorrang (↗Sitzungshandwerk).
- Prinzip der ↗Zusicherung.
- Es gibt keine internen ↗Kunden.
- Der Kundenwunsch ist eine Nachricht vom Konkurrenten oder unwichtig.
- ↗Daten sind noch keine ↗Information.
- Eine gute Axt muss scharf sein.

↗Regel/Prinzip

Prinzip/Regel
↗Regel/Prinzip

Problem
Da ein ↗System die ↗Komplexität seiner ↗Umgebung nicht abbilden kann, muss es die meisten Umgebungsreize (↗Irritationen) ignorieren. Ein Reiz, der nicht ohne Schaden ignoriert werden darf, ist ein Problem. Ist das Problem einem bekannten ähnlich, kann es mit einer passenden ↗Methode bearbeitet werden. Ist es neu, so bedarf es einer ↗Idee zur Lösung.
Probleme beinhalten meist beide Aspekte. Sie sind ↗dual. Besonders bei hoher ↗Dynamik ist es sehr nützlich, die beiden Anteile gedanklich zu trennen (↗Problemtransformation), damit sie unterschiedlich (dual) behandelt werden können. Wird auch der innovative Teil eines Problems methodisch behandelt, entstehen ↗Havarien.
Es gibt das Bemühen, den Begriff „Problem" durch „Herausforderung" zu ersetzen. Wir halten dies für modischen Unsinn.

↗Dualität
↗Idee
↗Problemtransformation

Problemtransformation
Wird Milch hoher ↗Dynamik ausgesetzt (geschüttelt), so zerfällt die Emulsion in Fett und Wasser. In der Zentrifuge wird sichtbar, dass Milch zwei Bestandteile hat.
Wird ein ↗Unternehmen hoher Dynamik ausgesetzt, so verlieren seine ↗Funktionen ihre Homogenität. Sie spalten sich auf in einen ↗*blauen* und in einen ↗*roten* Anteil.
Die meisten Projektaufträge sind jedoch homogen formuliert. Die ↗Dualität bleibt unbemerkt. So bekommen ↗Projekte ↗Aufgaben, die falsch oder zumindest unvollständig beschrieben sind.
Ein homogen formuliertes ↗Problem zu „zentrifugieren" und in seine Bestandteile zu zerlegen, nennen wir Problemtransformation. Die *roten* Anteile sind oft nur auf der dunklen ↗*Hinterbühne* zu entdecken. Wir benutzen die Technik der ↗*verketteten Gespräche*, um sie vorsichtig zu erhellen.

Beispiel: Die zentrale ˘EDV soll dem Konzernunternehmen „A“ helfen, endlich auf den beschlossenen Konzernstandard umzusteigen. Das ist der offizielle Projektauftrag. Die Problemtransformation ergibt: Abgesehen von der EDV, ist Unternehmen „A“ das leistungsfähigste im Konzern. Die anderen Unternehmen sind (heimlich) neidisch. Das Projekt „EDV-Hilfe für ‚A‘“ kommt gerade richtig. Niemand weiß es, aber jeder ahnt es, dass mit diesem Projekt die Leistung von „A“ auf ein erträgliches Maß absinken wird.
Wenn der ˘Projektleiter nach dieser ˘Erkenntnis das Projekt fortsetzt, weiß er nun, dass er zwei sehr verschiedene Probleme lösen muss. Zum Einen ein EDV-System portieren, das ist der *blaue* Anteil, mit dem hat er viel Erfahrung. Zum Anderen muss er aber in den Kraftfeldern der Konzernpolitik den Überblick behalten. Das ist der *rote* Anteil. Für den braucht er vielleicht Hilfe.
Der Nutzen der Problemtransformation lässt sich in den folgenden Punkten beschreiben:

Das Havarie-Risiko wird kleiner
˘Havarien entstehen, wenn die *roten* Anteile eines Problems unsichtbar bleiben, aber so stark wirken, dass sie nicht ignoriert werden können. Problemtransformation macht diese Anteile sichtbar. Dadurch ist das Problem noch nicht gelöst, aber lösbar.

Der Aufwand wird geringer
Auch wenn die Themen sehr verschieden sind, sind ihre *roten* Anteile einander ähnlich. Problemtransformation macht dies sichtbar. Oft werden mehrere *blaue* Probleme einfacher, wenn das gemeinsame *rote* gelöst wird.

Bewährte Methoden funktionieren wieder
Solange der *rote* Anteil eines Problems nicht abgetrennt ist, versagen bewährte Methoden. Problemtransformation trennt die *roten* Anteile ab. Für den Rest funktionieren die vertrauten Methoden wieder wie gewohnt.

Talente werden provoziert
˘Höchstleistung im Komplexen basiert nicht nur auf ˘Wissen, sondern auch auf ˘Talent und ˘Können. Problemtransformation macht das Betätigungsfeld für Talente sichtbar. Das provoziert Talente zu zeigen, was sie können.

Siehe auch:
- den folgenden Denkzettel 21 „**Problemtransformation** – falsche Frage ergibt falsche Antwort“
- Denkzettel 9 „**Die Verwandtschaft im *Roten*** – viele Fliegen mit einer Klappe“, Seite 85

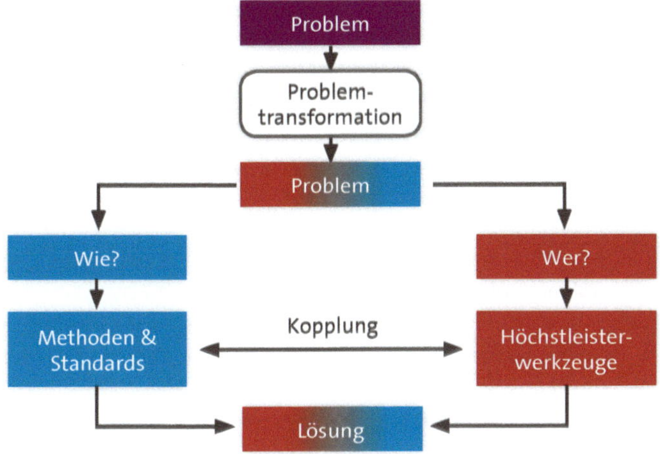

Die zunächst unsichtbare Struktur eines Problems wird durch Transformation sichtbar. Erst jetzt können für blaue und rote Anteile passende Fragen gefunden und bearbeitet werden.

Im Rückblick ist leicht zu sehen, dass das Projekt, einen Seeweg nach Indien zu finden, zwei sehr verschiedene Anteile hatte: Zum einen Themen wie Schiffstechnik, Navigation, Ernährung und Gesundheit, zum anderen Disziplin, Motivation, Mut und Zuversicht. Für den ersten Anteil (Wir nennen ihn den *blauen*.) wurde bestes Wissen benötigt, für den zweiten (Wir nennen ihn den *roten*.) brauchte es einen Menschen wie Christoph Kolumbus.

Wenn mit wenig Überraschung zu rechnen ist, also mit wenig Dynamik, dann reicht Wissen in Form von Methoden und Prozessen zur Lösung eines Problems. Wächst die Dynamik, so wächst der *rote* Anteil. Das Problem wird „dual". Dieser Dynamikeffekt wirkt heute nicht mehr nur bei Expeditionen, sondern in fast allen Unternehmen, ihren Funktionen und Projekten.

Die duale Struktur eines Dynamikproblems ist zunächst unsichtbar. Deswegen wird in den meisten Unternehmen (aus Gewohnheit) jedes Problem so bearbeitet, als wäre es nur *blau*. Um auch die *roten* Anteile sichtbar zu machen, benutzen Höchstleister verschiedene Techniken. Wir nennen diesen dynamikrobusten Einstieg „Problemtransformation". Erst dadurch wird es möglich, beide Anteile zu unterscheiden und verschieden zu bearbeiten. Für den *blauen* Anteil gilt es, die richtige Methode zu finden und diszipliniert auszuführen. Für den *roten* Anteil braucht es talentierte Könner mit Ideen. In enger Kopplung dieser beiden Bearbeitungswege entsteht dann eine duale Lösung.

Bleibt die Dualität eines Problems unerkannt, so bleiben die *roten* Anteile zwar unsichtbar, wirken aber trotzdem. Bei Schwierigkeiten wird nur nach methodischen Fehlern gesucht. Ist die Ursache aber dynamisch (*rot*), so gibt es keine *blaue* Lösung. Im Gegenteil, bei dynamischen Überraschungen ist die Beschränkung auf Methoden die Ursache für Schwierigkeiten. Der übliche Versuch, die Methoden zu verbessern, bekämpft das Problem mit seiner Ursache. Wir nennen das eine „Havarie".

Dynamik ist „roter Sand" im Getriebe der Methoden. Wird er abgetrennt und an geeigneter Stelle bearbeitet, werden die Methoden entlastet und gewinnen ihre Kraft und Eleganz zurück.

Produkt / Ware

Produkt ist das Ergebnis einer zielgerichteten Tätigkeit. Ein Produkt ist erst dann Ware, wenn es verkauft wurde oder wenn mindestens die Hoffnung besteht, es zu verkaufen. Zweck eines ˘Unternehmens ist, Waren herzustellen, nicht nur Produkte.

˘Wertschöpfung

Projekt

Es gibt zwar eine DIN-Definition des Begriffes „Projekt", diese spielt aber kaum eine Rolle. Fast jedes ˘Unternehmen hat eine eigene Auffassung von dem, was ein Projekt ist. Oft gibt es sogar im gleichen Unternehmen mehrere Auffassungen. Die Inhalte reichen vom schlichten Thema, das behandelt werden soll, über Aufgaben für Linien-Einheiten bis zur temporären Sonderorganisation außerhalb der Linie. Am häufigsten sind Projektstrukturen, die wir ˘*Temporär modifizierte Linie* (TmL) nennen.
Wir verstehen unter „Projekt" eine temporäre, eigenständige Sonderorganisation, die nur über symmetrische ˘Schnittstellen an die ˘Linie gekoppelt ist. Sie wird benötigt, wenn Aufgaben zu bearbeiten sind, die die Institutionen der Linie nicht ohne Schaden übernehmen können. Ein Projekt ist also immer eine temporäre ˘Organisation in einer permanenten Organisation als Umgebung. Die konkrete Form der Projektorganisation hängt vom Innovationsgrad des übernommenen Projektauftrags ab. Wenn der Innovationsgrad gering ist, kann das Projekt methodisch arbeiten. Ist der Innovationsgrad hoch, werden dynamikrobuste Strukturen benötigt, wie zum Beispiel das ˘*widerständige Nest*.

Siehe auch:
- Kapitel 15 „Dynamikrobustes Projektmanagement", Seite 69
- ˘Projektmanagement (dynamikrobust)

Projektcontrolling

Bei niedrigem Innovationsgrad kann ein Projekt ein Element der Linie bleiben (˘*Temporär modifizierte Linie*). Auch für das Controlling ist es dann Teil der Linie und darf so behandelt werden.
Wenn aber innovative ˘Aufgaben anstehen, werden Projektstrukturen nötig, die nur außerhalb der Linie möglich sind, zum Beispiel autonome ˘Teams. Sie brauchen für ihre risikoreiche ˘Kommunikation eine „soziale Haut", in der sich ein geschütztes „Privatleben" halten kann.
Dieser Anspruch auf den Status einer „Black Box" wird oft als Versuch missverstanden, sich jeglicher Bewertung und Kontrolle zu entziehen. Das Gegenteil ist der Fall. Ein Projekt braucht öffentliche Beobachtung und hohen Erwartungsdruck – aber eben nur bezüglich der vereinbarten Aufgaben, nicht bezüglich seines Innenlebens.
Ohne Übung verhalten sich die Organe von Linie und Projekt wie Hund und Katze. Ohne Schutzraum wird das Projekt nicht alt. Die Linie, besonders das Controlling, muss lernen,

dass Projekte nicht zum Jagen getragen werden können – auch nicht in bester Absicht. Das Innere eines Projekts „controllen" zu wollen, hat genauso wenig Sinn, wie mit einem Moped durch den Wald zu knattern, um Rehe zu zählen.

˘Projekt
˘Projektmanagement
˘widerständiges Nest

Projektmanagement (dynamikrobust)

Wir unterteilen das ˘Management von ˘Unternehmen in die beiden Anteile ˘Steuerung (*Blau*) und ˘Führung (*Rot*). Das gilt auch für das Management von ˘Projekten.
Je nach Projekttyp sind die beiden Managementanteile unterschiedlich groß. Bei trivialen Projekten dominiert der *blaue* Anteil. Er besteht aus den ˘Methoden und ihrer Verwaltung, der Steuerung. Bei Projekten in dynamischer Umgebung dominiert der *rote* Anteil aus ˘talentbasierter ˘Führung.
Im Gegensatz zum *blauen* kann der *rote* Anteil nicht erlernt werden. Er entsteht nur durch Üben auf Basis eines zunächst unsichtbaren ˘Talents und durch Provokation eines ˘Meisters.
Die *blauen* Anteile des Projektmanagements haben eine lange Tradition. Es gibt viele bewährte Standards und Methoden und viele Angebote, sie zu erlernen. Inzwischen sind typische Ursachen für Projektprobleme aber nicht mehr *blau*, sondern meist *rot*. Da dieser Wandel immer noch fast unbekannt ist, werden Probleme generell so bearbeitet, als hätten sie eine *blaue* Ursache. Wenn ein Projekt in Schwierigkeiten gerät, wird die Ausbildung verbessert, die Methode gewechselt oder ein ˘EDV-Tool angeschafft. Das macht die Situation aber nur schwieriger. Wenn, wie hier, ein Problem mit seiner Ursache bekämpft wird, nennen wir das eine ˘Havarie.

Siehe auch:
- Kapitel 15 „Dynamikrobustes Projektmanagement", Seite 69

Oder die Denkzettel zu Themen des Projektmanagements
- Denkzettel 6 „**Dualität eines Projekts** – zwei Seelen in einer Brust", Seite 72
- Denkzettel 7 „**Projekte und ihre Umgebungen** – nicht nur *Blau* und *Rot*", Seite 74
- Denkzettel 8 „**Das *widerständige Nest*** – Projektstruktur für höchste Dynamik", Seite 76
- Denkzettel 12 „**Drei Wege** – Projekt, Linie oder beides?", Seite 88
- Denkzettel 13 „**Die *Rote Feuerwehr*** – Projektmanagement für Anlagenbauer", Seite 89
- Denkzettel 19 „**Projektzentrierte Matrix** – Treibhaus für dynamikrobuste Wertschöpfung", Seite 148
- Denkzettel 26 „***Temporär modifizierte Linie*** – eine dynamikempfindliche Projektstruktur", Seite 186

Prozess / Struktur

Ein Prozess ist eine zeitliche Folge von ↗Operationen, die sich auf ein gemeinsames ↗Problem beziehen. Diese Operationen teilen sich in zwei Gruppen und bilden so die ↗Dualität des Prozesses.
Die eine Gruppe sind die ↗Operationen, mit deren Wiederholung bei jedem Prozessdurchlauf gerechnet werden muss. Sie erzeugen die ↗Struktur des Prozesses. Diese Ereignisse können beschrieben werden, bevor sie stattfinden.
Die andere Gruppe sind Operationen, die auf überraschende Ereignisse reagieren. Auch sie müssen zwingend stattfinden, können aber naturgemäß nicht vorher beschrieben werden. Sie nachträglich zu beschreiben, macht keinen Sinn, da sie sich kaum wiederholen. Es wären nur nutzlose Anekdoten.
Wir nennen die vorher beschreibbaren Operationen den *blauen* Anteil eines Prozesses, die überraschenden Operationen nennen wir den *roten* Anteil. Eine Prozessbeschreibung kann immer nur die *blauen* Anteile enthalten.
Beispiel: Der Prozess Rechnungsprüfung besteht vielleicht aus zehn *blauen* Schritten. Diese sind im Prozesshandbuch festgehalten. Eine Kollegin sitzt am Schreibtisch. Der sechste Schritt ist gerade abgeschlossen. Der Kollege von nebenan öffnet die Tür mit einer Frage auf den Lippen. Ein Windstoß weht die noch nicht geprüfte Rechnung auf den Fußboden. Natürlich hebt der Kollege die Rechnung auf, und die Kollegin arbeitet weiter. Die Behandlung dieses *roten* Ereignisses ist einfach und unverzichtbar, aber nirgendwo beschrieben. Jede Prozessbeschreibung muss Wichtiges weglassen und darauf vertrauen, dass notwendige Operationen trotzdem stattfinden.
Bei Prozessen in dynamischer Umgebung sind die *roten* Ereignisse nicht so harmlos. Ihre Bearbeitung braucht dann talentbasierte Könner im Prozess.

Siehe auch Denkzettel 22 „**Duale Prozessgestaltung** – nicht ohne Emma und Emil“, Seite 166

Prozessgestaltung (dual)

Jeder Prozess besteht aus einem regelbasierten (*blau*) und einem dynamischen (*rot*) Anteil. Der ↗dynamische Anteil, das sind die vorher nicht beschreibbaren ↗Überraschungen, für die es keine ↗Regeln geben kann. Damit trotzdem gehandelt werden kann, müssen ↗Entscheidungen getroffen werden. Damit diese möglichst oft richtig sind, werden ↗Könner benötigt, die im Rahmen der ↗Prozessprinzipien ↗Ideen liefern.
Bei konventioneller Prozessgestaltung wird versucht, auch die *roten* Anteile regelbasiert (also *blau*) zu bearbeiten. Bei jeder neuen Überraschung werden neue Regeln zugefügt. Da es aber unendlich viele Überraschungen gibt, können noch so viele Regeln nicht helfen. Schließlich sind die Prozessbeschreibungen so dick, dass sie keinen praktischen Nutzen mehr haben. Meist wird dann ein Projekt zur Prozessoptimierung gestartet, das aber in der gleichen Havarie endet. Der Hase kann das Rennen mit dem Igel so nicht gewinnen.

Erst wenn die *roten* Anteile abgetrennt und ausgesuchten Könnern zur Entscheidung überlassen werden, gewinnt der Prozess Kraft und Eleganz. Auch deswegen, weil sich die *blauen* Anteile vereinfachen, wenn sie nicht mehr mit *roten* Aufgaben belästigt werden.

Ein Bild: Die *roten* Prozessanteile wirken wie Sand im Getriebe der *blauen* Prozessregeln. Schon wenig reicht aus, um das Getriebe zu zerstören. Nun gibt es zwei Möglichkeiten: Der Sand wird entfernt, oder die Zahnräder werden vergrößert, damit sie mehr Sand vertragen. Das erste ist duale Prozessgestaltung, das zweite die übliche ˘Havarie.

Im Kontext hoher ˘Dynamik werden auch in konservativen ˘Unternehmen die Prozesse ˘dual gefahren. Die überspannten Prozessbeschreibungen werden ignoriert oder umgangen. Wegen fehlender ˘Schutzräume geschieht dies aber heimlich und damit suboptimal. Bei ˘Höchstleistern enthält eine Prozessbeschreibung nur wenige Regeln. Andererseits sind dort die Personen benannt, die entscheiden können, wenn Regeln nicht passen oder fehlen. Die Prozessbeschreibung ist so dünn, dass die Beteiligten sie meist auswendig können.

Siehe auch Denkzettel 22 „**Duale Prozessgestaltung** – nicht ohne Emma und Emil“ auf der nächsten Seite.

Qualität

Oft wird Qualität ˘romantisch definiert. Sie ist der Aufwand, der betrieben werden muss, um bestimmte messbare Kriterien zu erreichen. Die entsprechenden ˘Kosten heißen Qualitätskosten. Hier ist Qualität eine interne ˘Referenz.

Für ˘Höchstleister ist die Qualität einer ˘Ware der ˘Gebrauchswert für den Käufer. Qualität ist das Kaufmotiv. Oder anders: Qualität ist, was der Käufer bezahlt. Hier ist Qualität eine externe ˘Referenz. Qualitätskosten ist ein unbrauchbarer Begriff.

Referenz (extern / intern)

Die ˘Umgebung des ˘Systems ˘Unternehmen ist der ˘Markt. Wie jedes System muss es nicht ignorierbare ˘Reize bearbeiten (˘Problem). Ein Reiz, der der Umgebung zugerechnet wird, ist ein externer, der Rest ist intern. Die jeweilige Zurechnung bezeichnen wir als externe beziehungsweise interne ˘Referenz.

Ist die ˘Dynamik der Umgebung niedrig, können die externen Referenzen vom ˘Zentrum in interne Referenzen übersetzt werden. Aus der externen Referenz „Qualität ist, was der Kunde bezahlt“ wird die interne Referenz: „Qualität ist die Erfüllung von gesetzten Normen“. Die internen Abläufe benutzen dann nur diese internen Referenzen. In der Sprache der Betriebswirtschaftslehre heißen solche internen Referenzen zum Beispiel Kennzahlensysteme oder Qualitätshandbücher. Interne Referenzen sind auch Basis der üblichen Zertifizierungen.

In dynamischer Umgebung ist dies zu langsam und zu fehlerhaft. Diese Unternehmen introvertieren und verlieren die Bewegungen des Marktes aus den Augen.

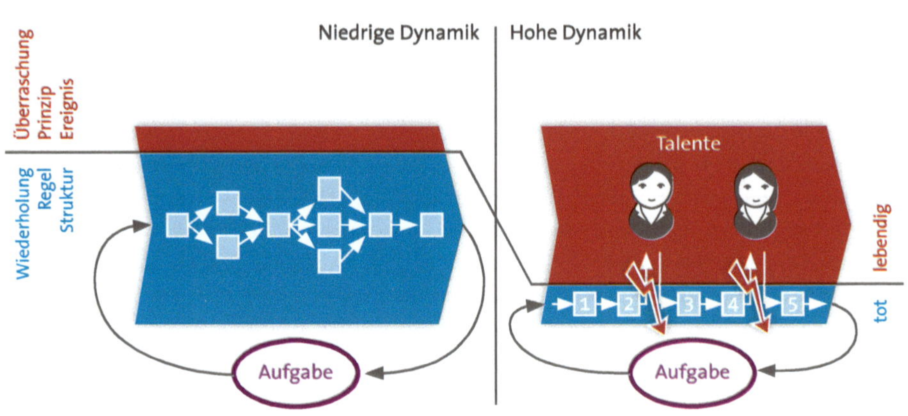

Bei hoher Dynamik wird der rote (lebendige) Anteil eines Prozesses wichtiger und damit größer. Bei Störung des blauen Prozesses wird dort entschieden, wie weitergemacht wird.

Ein Arbeitsprozess ist eine Folge von Tätigkeiten, die ein benötigtes Ergebnis erzeugen. Wird der Prozess wiederholt, so wiederholt sich auch ein Teil dieser Tätigkeiten. Wir nennen ihn den *blauen* Anteil. Dieser kann regelbasiert beschrieben werden, bevor er stattfindet. Diese sogenannte Prozessbeschreibung kann für künftige Durchläufe genutzt und so ständig verbessert werden.

Es gibt aber auch überraschende Ereignisse, deren Bearbeitung erst beschrieben werden könnte, wenn sie vorbei sind. Für zukünftige Prozessdurchläufe wäre das ohne Nutzen, denn Überraschungen wiederholen sich nicht als Überraschung. Wir nennen dies den *roten* Anteil eines Prozesses. Je höher der *rote* Anteil ist, umso dynamischer ist der Prozessablauf. Sind beide Anteile wichtig, nennen wir den Prozess dual.

Ist die Dynamik niedrig, so kann mit einer (*blauen*) Prozessbeschreibung alles Wichtige erfasst werden. *Rote* Ereignisse gibt es nur wenige, und sie sind leicht zu bearbeiten. Zum Beispiel: Wenn Gewitterwolken das Büro verdunkeln, kann man sich darauf verlassen, dass jemand das Licht einschaltet.

Steigt die Dynamik, so gibt es mehr und anspruchsvollere *rote* Ereignisse. Oft wird versucht, die Beschreibungen der Prozesse so zu verbessern, dass sie auch mit Dynamik fertig werden. Dazu werden möglichst alle Ereignisse gesammelt, die störend eintreten könnten. Zu jedem dieser Ereignisse wird dann beschrieben, wie damit umzugehen ist. Dabei entsteht eine „kombinatorische Explosion", die nur noch mit entsprechender Software verwaltet werden kann. Die ausgedruckten Prozesshandbücher sind schließlich so dick, dass sie ihren Nutzen verlieren. Bei hoher Dynamik ist Prozessgestaltung dieser Art immer eine Havarie.

Höchstleister beschränken ihre Beschreibungen auf den *blauen* Regelanteil eines Prozesses. Der wachsende *rote* Anteil wird nicht beschrieben. Tritt ein *rotes* Ereignis ein (Überraschung), so wird der *blaue* Ablauf unterbrochen, damit der benannte talentbasierte Könner (Meister) eine Entscheidung treffen kann. Dann wird der *blaue* Prozess fortgesetzt. Nur mit dieser dualen Gestaltung [Regel (*blau*) und Entscheider (*rot*)] entsteht ein eleganter, dynamikrobuster Prozess.

Bei ↗Höchstleistern übersetzt die ↗Peripherie durch eigenen Marktkontakt die externen Referenzen in Echtzeit.

Realität

Es kann unendlich viel geschehen und gemacht werden, aber nicht alles. Den Grund dafür nennen wir Realität. Die Realität „ist“ nicht und deshalb keiner Erkenntnis zugänglich. Sie wird durch ↗Irrtümer bemerkbar.
Manchmal wird auch der Begriff „↗Welt“ benutzt. Welt ist das Ergebnis kommunikativer Konstruktion. Durch Unterscheidungen entstehen Elemente, die bezeichnet werden können. Die Welt hat eine Struktur, Realität nicht (siehe Roth 1997).

Regel/Prinzip

Regeln sind Kausalbeziehungen der Form „Wenn – dann“. Wenn eine bestimmte Situation gegeben ist, so ergibt sich aus der Regel, was zu tun ist. Aus einer Regel folgt eine Handlung, ohne dass eine ↗Entscheidung notwendig wäre.
Ein Prinzip gilt immer. Es hat keine Voraussetzungen. Andererseits folgt aus einem Prinzip keine Handlung. Erst wenn auf Basis des Prinzips eine kontextbezogene ↗Entscheidung getroffen wird, kann gehandelt werden. Weil ↗Entscheidungen immer auch falsch sein können, erzeugt die Anwendung von Prinzipien Verantwortung.
Beispiel:

- Regel: Erst wenn die Rechnung positiv geprüft ist, darf sie bezahlt werden.
  Hier ist gegeben, was zu tun ist.
- Prinzip: Es ist so zu handeln, dass der Kunde seine Rechnung bezahlt.
  Hier muss entschieden werden, was getan wird.

↗Kausalität

Reichweite (kommunikative)

Jede Aussage kann kommunikativ angenommen oder abgelehnt werden. Wird sie von vielen akzeptiert, so gilt die Aussage als ↗Wissen. Die Ausdehnung des kommunikativen Raums, in dem eine Aussage als Wissen gilt, wird kommunikative Reichweite genannt. Außerhalb dieser Reichweite wird aus Wissen eine Meinung.
Die Reichweite kann durch Argumente, Beweise, ↗Macht, Belohnung oder Strafe vergrößert werden. Das ↗Zentrum eines Unternehmens ist darauf angewiesen, dass die kommunikative Reichweite seiner Aussagen das ganze Unternehmen überspannt.

↗Kommunikation

Reiz

↗Irritation

R

Risiko/Gefahr

Risiko wird meist als ↗Begriff der ↗Unterscheidung Risiko/Sicherheit verwendet. Als Maß für Risiko gilt die Schadenshöhe mal Schadenswahrscheinlichkeit.
Wir verwenden die Unterscheidung Risiko/Gefahr. Sie orientiert sich nicht am Schaden, sondern an seiner Verursachung durch interne oder externe ↗Ereignisse.
Risiko ist die Wirkung, die einer eigenen ↗Entscheidung zugerechnet wird. Da auch Nichtentscheiden Risiko beinhaltet, kann Risiko nicht vermieden werden. Eigene Entscheidungen modifizieren es lediglich.
Gefahr ist das, was der ↗Umwelt zugerechnet wird, also entweder einem Ereignis ohne Entscheidung oder einer fremden Entscheidung. Gefahr ist also eine systemexterne ↗Referenz.
Je größer die nicht ignorierbare ↗Komplexität von ↗System und Umwelt, desto mehr Wirkungen können Entscheidungen zugerechnet werden. Die Erwärmung der Atmosphäre ist heute keine schicksalhafte Gefahr mehr, sondern ein auf Entscheidungen zurechenbares Risiko. Gefahren werden zunehmend in Risiken transformiert.
Entscheidung schafft Betroffene. Das Risiko, dem ein Entscheider sich aussetzt, erzeugt für die Betroffenen eine Gefahr. Oder anders: Der Fahrer eines Autos geht Risiken ein. Der Beifahrer setzt sich einer Gefahr aus.

Romantik

Die Welt ist dem Bewusstsein nur über enttäuschte Erwartungen (Widerständigkeit) zugänglich.
Der Romantiker interessiert sich weniger dafür, was der Fall ist (Wahrheit), sondern sucht nach Heilung für seine Verletzungen aus enttäuschter Erwartung. Als Kunstform ist die Romantik ein Gewinn. Als Beobachtungsperspektive für ↗Dynamikprobleme ist sie nicht geeignet.
↗Verstand und ↗Gefühl sind ein starkes Team, wenn sie sich gegenseitig ihrer Widerständigkeit aussetzen (strukturelle Kopplung). Wird das Gefühl zurückgedrängt, entsteht der Technokrat. Wird der Verstand zurückgedrängt, entsteht der Romantiker. Wir denken, dass die beste Kopplung beider der Humor ist.

Rot/Blau

↗Dualität

S

Schalenkompetenz/Kernkompetenz

↗Kernkompetenz/Schalenkompetenz

Schließung (operational)

↗Systeme unterscheiden sich von ihrer ↗Umwelt über ↗Operationen. Eine Operation gehört entweder zum System oder zu seiner Umwelt. Ein System bleibt nur bestehen, wenn jede Operation im System wieder eine Operation im System provoziert. Ohne diese operationale Geschlossenheit könnte sich ein System nicht von seiner Umwelt unterscheiden. Es würde sich in seiner Umwelt auflösen.

Zwei Beispiele:

- Ein Gespräch unter vielen Gästen in einer Kneipe:
  Die Operation dieses Systems ist ↗Kommunikation im ↗Medium Sprache. Wenn unklar wird, welcher der vielen hörbaren Sätze zum Gespräch gehört und welcher nicht, löst sich das Gespräch auf.
- Ein ↗Unternehmen unter vielen im ↗Markt:
  Systembildende Operation eines Unternehmens ist die Kommunikation über eigene ↗Entscheidungen. Kommunikation im Markt (Tauschoperationen) gehört nicht zum Unternehmen. Würde es im Unternehmen ↗Kunden und ↗Lieferanten geben, die über ↗Preise verhandeln und sich dann einigen oder auch nicht, würde die Differenz von Unternehmen und Markt verschwinden. Das System wäre operativ nicht mehr geschlossen und würde sich als Marktplatz in seiner Marktumwelt auflösen.

Die operationale Geschlossenheit eines Systems bezieht sich nur auf seine Operationen. Für alles andere ist das System offen. Oder anders: Ein System kann nur offen für seine Umwelt sein, wenn es sich durch operationale Schließung von seiner Umwelt stabil unterscheidet. Erst die operationale Schließung erzeugt eine Umwelt als Differenz zum System. Sie ist deshalb Voraussetzung für jede ↗Erkenntnis über die Umwelt. Nur wenn ein System zwischen sich und seiner Umwelt unterscheiden kann, kann es ↗externe Referenzen bilden. Das sind interne Zustände, die der Umgebung zugerechnet werden. Wenn Sie diesen Satz lesen, kann Ihr Gehirn den Text nicht „sehen", sondern nur bestimmte Zustände Ihrer Netzhaut und Ihres neuronalen Systems auswerten. Erst das Bewusstsein kann dies der Umwelt als Text zurechnen.

Auch ein ↗Unternehmen besteht, wie jedes System, nur aus eigenen internen Operationen und kann nur auf diese reagieren. Jeder Gestaltungseinfluss von außen wird vom System gemäß interner Strukturen verarbeitet. Für einen ↗*Change Manager* ist das immer eine ↗Überraschung. ↗Kausalitäten sind kaum zu entdecken. Erst wenn die innere ↗Komplexität der ↗Organisation auf Maschinenniveau abgesenkt ist (↗Taylorismus), sind die Operationen kausal zu verbinden. Das ist die gewohnte Welt der ↗Prozesse, ↗Regeln und Pläne.

Ein dynamisches System ist nicht direkt gestaltbar. Es gestaltet sich.

Schnittstelle

Schnittstelle ist ein Ort auf der Grenze einer ↗Unterscheidung. Sie dient der ↗Kopplung des Unterschiedenen durch Austausch. Oder kurz: Schnittstellen sind Kopplungen durch Austausch. Je nach Art der Kopplung beziehungsweise des Austausches können verschiedene Typen von Schnittstellen unterschieden werden:

- ↗Schnittstelle (asymmetrisch / symmetrisch)
- ↗Schnittstellen symmetrisieren
- ↗Marktschnittstelle = ökonomische Schnittstelle

Bei selbstorganisierter, symmetrischer Kopplung wird auch oft der Begriffe der Nahtstelle benutzt, um den Kopplungsaspekt zu betonen.

Schnittstelle (ökonomisch)

Marktschnittstelle

Schnittstelle (symmetrisch/asymmetrisch)

Symmetrische Schnittstelle

Eine Schnittstelle heißt symmetrisch, wenn die ausgetauschten Leistungen für jede Seite unverzichtbar sind und die Leistungen aufeinander angewiesen sind. Die eine Seite kann nur liefern, wenn die andere liefert. Wenn eine Seite ihre Lieferung verweigert, kann sie auch keine Gegenlieferung bekommen.

Die Symmetrie einer Schnittstelle erzeugt auf beiden Seiten das Interesse, sich im Falle eines Konfliktes zu einigen. Diese Selbstorganisation benötigt und verträgt keine externe Steuerung.

Da diese einfache symmetrische Schnittstelle, im Gegensatz zur Marktschnittstelle, keine doppelte Kontingenz benötigt, kann sie auch innerhalb von Unternehmen eingesetzt werden.

Asymmetrische Schnittstelle

Asymmetrisch heißt eine Schnittstelle, wenn nur eine Seite auf die Leistung der anderen angewiesen ist und die Leistung nur mit externer Macht erzwungen oder verweigert werden kann. Eine asymmetrische Schnittstelle ist robust gegen Interessen, benötigt aber eine externe Steuerung und die zugehörige Macht. Fehlt Letztere oder ist sie zu gering, entsteht Überlastung auf Seiten des Lieferanten.

Eine typische asymmetrische Schnittstelle ist die zwischen Bürger und Staat. Der Staat hat das Recht und die Macht, Steuern ohne direkte Gegenleistung einzutreiben. Der Bürger hat das Recht, ihm zustehende Leistungen unentgeltlich oder nur gegen Gebühr vom Staat zu fordern. Im Falle eines Konfliktes entscheiden Gerichte.

Wenn die Steuerung einer asymmetrischen Schnittstelle versagt, entsteht eine sich selbst verstärkende Überlastung der liefernden Seite. Das heißt: Je mehr und je besser geliefert wird, umso mehr wird gefordert. Die Befriedigung erzeugt den Bedarf. Wir nennen dies eine *Weihnachtsmann-Schnittstelle*.

In tayloristischer Organisation entstehen asymmetrische Schnittstellen, wenn Leistungen zentralisiert werden. Die so erzeugten zentralen Dienste müssen dann die abgemagerte Wertschöpfung beliefern. Solange die Steuerung funktioniert, sind asymmetrische Schnittstellen ein sehr leistungsfähiges Organisationselement.

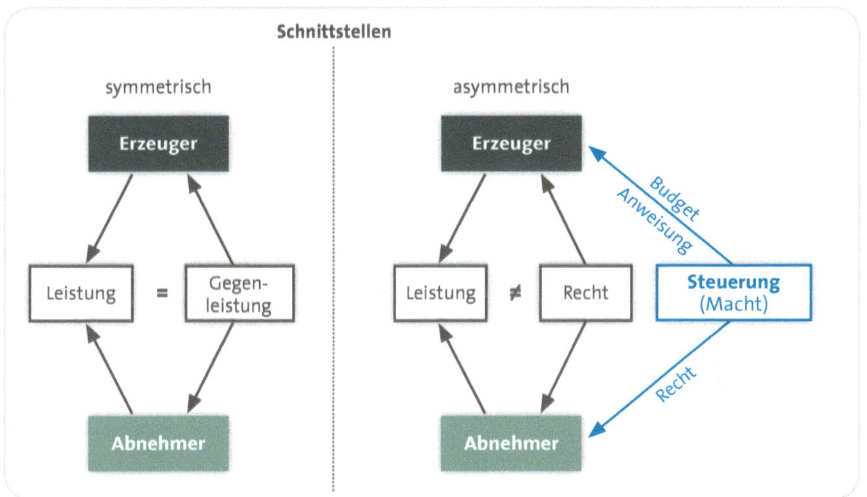

Bild 8: Schnittstellen – Asymmetrische Schnittstellen brauchen operative Steuerung, symmetrische nicht.

Schnittstelle symmetrisieren (extern, intern)

Tayloristische Unternehmensorganisation basiert auf ˇasymmetrischen Schnittstellen. Sie sind robust und billig. Da sie aber eine Steuerung benötigen, sind sie für hohe Dynamik nicht geeignet. Deswegen ist die Symmetrisierung von Schnittstellen ein wichtiges Werkzeug bei der Umstellung auf dynamikrobuste Organisation.

Für dynamikrobuste Selbstorganisation durch symmetrische Schnittstellen gibt es zwei Möglichkeiten: die Symmetrisierung interner Schnittstellen oder die Ausweitung der Marktschnittstellen an der Grenze des Unternehmens.

Externe Marktschnittstellen sind schon symmetrisch. Um sie auch symmetrisch zu nutzen, darf nur ein Teil der bisher intern erbrachten Leistung „auf die andere Seite", die Seite des Zulieferers, gebracht werden. Die notwendige Aufteilung ist die von Kern- und Schalenkompetenz. Nur die Schalenkompetenz lässt sich über eine Marktschnittstelle beziehen. Kernkompetenz würde die Symmetrie und damit die Marktschnittstelle zerstören.

Siehe auch:

- Nachfolgender Denkzettel 23 „**Schnittstellen symmetrisieren** – Basis für Selbstorganisation", Seite 172
- ˇWertschöpfungstiefe (Optimierung)
- ˇMarktschnittstelle

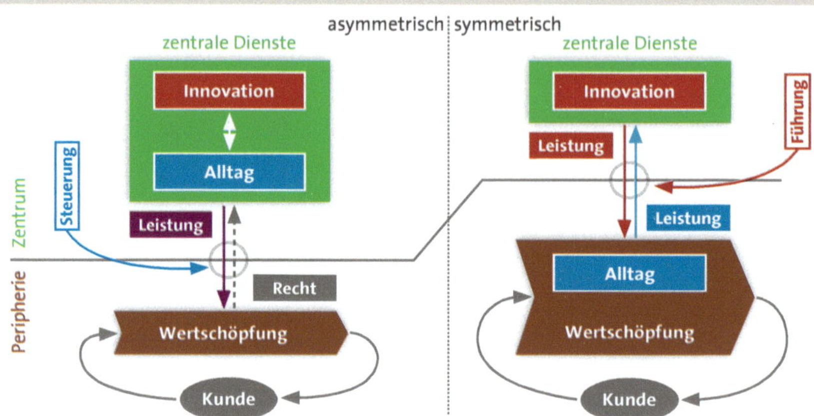

Ein Beispiel: Die Re-Integration des Alltags in die Verantwortung der peripheren Wertschöpfung symmetrisiert diese Schnittstelle. Das erzeugt Selbstorganisation ohne Steuerung.

Wir betrachten hier als Beispiel die Schnittstelle zwischen Zentrum und Peripherie eines Unternehmens und die Unverträglichkeit von Steuerung und Dynamik.[1+2] In tayloristischer Organisation werden die dezentralen Prozesse der Wertschöpfung ständig nach Abläufen abgesucht, die einander ähnlich sind. Diese werden ausgelagert und zentral zusammengefasst. So entstehen mächtige zentrale Dienstprozesse, die die Wertschöpfung beliefern. Da das Zentrum nur liefert, die Wertschöpfung nur erhält, nennen wir eine solche Schnittstelle asymmetrisch. Solange die Steuerung des Ganzen funktioniert, können so Skaleneffekte erzeugt werden. Das heißt: Die Kosten sinken, die Qualität steigt. Ein geniales Konzept. Steigt jedoch die Dynamik, so verliert ein steuerndes Zentrum seinen Überblick. Die asymmetrischen Schnittstellen werden „steuerungslos". Chaos entsteht. Die meisten Unternehmen versuchen, ihre Steuerung zu „reparieren". Aussichtslos, denn sie ist ja nicht kaputt, nur ungeeignet für Dynamik. Dort, wo Dynamik dominiert, heißt die Alternative nicht bessere Steuerung, sondern Symmetrisieren der Schnittstellen und Umschalten auf Führung. Höchstleister schaffen dazu einen Teil der Leistung zurück auf die andere Seite der Schnittstelle. Jetzt sind beide Seiten auf die Leistung der anderen angewiesen. Diese gegenseitige Abhängigkeit erzeugt Selbstorganisation, die bekanntlich keine Steuerung braucht. Am Beispiel Zentrum und Peripherie heißt das: Der Alltag einer Funktion wird in die periphere Wertschöpfung zurückgegeben, Innovation und Strategie bleiben im Zentrum. Es nützt nichts, eine Funktion als Ganzes auf die andere Seite zu schaffen, also zum Beispiel die EDV zu dezentralisieren. Das ist zwar flexibel, aber viel zu teuer. Ein Beispiel für Symmetrisierung: Planung und Spezifikation eines Bedarfs werden nicht mehr von der zentralen EDV erstellt, sondern von der Fachabteilung. Ist alles fehlerfrei, so kann die EDV zu dem Termin liefern, den die Fachabteilung errechnet hat. Da sie nun einen gewichtigen Teil der Leistung selbst zu erbringen hat und die Leistungsfähigkeit der anderen Seite kennt, wird sie nur fordern, was nötig und möglich ist. Die EDV muss nicht mehr „mauern". Steuerung ist unnötig. Die Führung beobachtet nur die Qualität der Selbstorganisation. Im Falle von Schwächen gibt sie – im Interesse beider Seiten – Hinweise, mehr nicht.

[1] Siehe Denkzettel 3 „**Zentrum und Peripherie** – ungewollte Struktur von Unternehmen", Seite 22

[2] Siehe Denkzettel 17 „**Steuerung und Führung** – die zwei Seiten des Managements", Seite 140

Schutzraum

Für unterschiedliche Problemtypen benötigt ein Unternehmen unterschiedliche Organisationstypen. Dabei sind die tayloristischen (*blau*) und die dynamikrobusten (*rot*) Typen unverträglich wie Feuer und Wasser, zum Beispiel ein Forschungsprojekt und das Controlling der Linie (Antagonismus).

Um destruktiven Kontakt zu vermeiden, benötigen die dynamikrobusten Teile soziale Schutzräume. Dieses Problem ist nicht neu. Projekte zu Forschung und Entwicklung beispielsweise wurden immer schon durch soziale Schranken auf Abstand gehalten, sei es durch Kleidung (Weißkittel / Blaukittel), eigene Gebäude oder gar andere Standorte.

Eine Metapher: Werden Feuer und Wasser in direkten Kontakt gebracht, so ist dieser destruktiv. Eine Seite gewinnt auf Kosten der anderen. Wird das Wasser in einem Kessel übers Feuer gehängt, so ist der Kontakt konstruktiv. Es gibt eine warme Suppe. Der Kessel ist ein Schutzraum, der einen „belehrenden" Kontakt zwischen Feuer und Wasser verhindert.

In dynamischer Umgebung wachsen die *roten* Anteile, die Gefahr belehrender Kontakte ist größer. Schutzräume werden hier häufiger und in speziellen Formen benötigt. Damit die Linie die Schutzräume als exterritoriales Gebiet behandeln kann, muss dies vom obersten Management gestiftet werden. Die Provokation wäre sonst unerträglich und das Immunsystem würde aktiviert.

Wir unterscheiden destruktive und konstruktive Schutzräume. Erstere setzen Leistung frei, Letztere binden sie.

Beispiele für destruktive Schutzräume

Theater-Kommunikation: Partner, deren Kommunikation die Kulturgrenze zwischen *rot* und *blau* überwinden muss, zum Beispiel Projektleitung und externes Controlling, erleichtern sich ihre Lage, indem sie sich mit gegenseitiger Duldung Theater vorspielen. Der Projektleiter schönt die Zahlen, der Controller tut so, als wüsste er es nicht. Jeder ist geschützt, weil keine Regel verletzt wird. Wie im Theater spielen sich die Beteiligten eine Rolle vor, ohne sich etwas mitzuteilen. Das vermeidet Konflikte. Auf Dauer führt es aber zur „Verblödung" der Organisation, weil die Mitarbeiter sich ihre Sicht der Wirklichkeit vorenthalten.[1]

Fleiß: Bei hoher Dynamik verlieren die bewährten Methoden des Projektmanagements an Wirksamkeit. Dynamikprobleme brauchen Ideen zur Lösung. Projekte, denen es an Ideen mangelt, demonstrieren ihren Fleiß, um sich gegen Vorwürfe zu schützen. Fleiß als Mittel zur Umsetzung von Ideen ist konstruktiv. Fleiß als nutzloser Ersatz für Ideen ist destruktiv. Projekte schützen sich zum Beispiel durch Produktion vieler Folien nach dem Motto: Viel nützt viel!

Fettsucht: Damit ist die Tendenz gemeint, Zulieferprobleme durch Selbstmachen zu lösen. Dadurch wird die Zuständigkeit eines Projektes so lange ausgeweitet, bis kein Überblick mehr gewonnen werden kann. Die umgebende Linie wird im Projekt dupliziert. Das entstehende Mitleid schützt.

[1] Siehe auch Kapitel 5 „Die Vernunft im Unsinn", Seite 24

Statushektik: Hektik ist ein Symptom für Überforderung. Tayloristische Organisation wird durch Dynamik überfordert. Viele Unternehmenskulturen bieten dafür einen Schutzraum, indem hektische Geschäftigkeit als Symbol für Wichtigkeit und Status gelten.
Messung: Bei hoher Dynamik muss viel entschieden werden. Um das Risiko des Entscheidens zu reduzieren, wird gern der Schutzraum des Messbaren aufgesucht, indem eine Handlung auf Basis von Messwerten als Entscheidung kommuniziert wird. Die Bewertung von Mitarbeitern zum Beispiel wird gern durch Messung ihrer Leistung ersetzt. Dies reduziert Verantwortung, macht aber die wichtigen Talente unsichtbar.[1]
Demokratie: Diese leistungsfähigste Organisationsform der Politik ist für den ökonomischen Aspekt eines Unternehmens unbrauchbar. Sie delegiert Verantwortung an die Mehrheit und ist damit eine „interne Referenz". Höchstleistung benötigt externe Referenzen.

Konstruktive Schutzräume
Konstruktive Schutzräume entstehen aus der Einsicht, dass sich die *rot* beziehungsweise *blau* dominierten Bereiche nicht belehren, sondern nur tolerieren können. Eine gemeinsam akzeptierte Grenze zwischen Lebensräumen erleichtert die Toleranz. Konstruktive Schutzräume sind die Voraussetzung für dynamikrobuste Leistung.
Beispiele:
Konsenswerkstatt
"widerständiges Nest"
Labor
Projekt
Meisterloge

Schwingung

Wenn die Kosten im Unternehmen zu hoch sind, werden seine Funktionen zentralisiert. Das senkt die Kosten, aber auch die Flexibilität. Wenn dies in dynamischer Umgebung zu gefährlich wird, werden die Funktionen dezentralisiert. Das steigert die Flexibilität, aber auch die Kosten. Irgendwann sind die Kosten zu hoch, und das Spiel beginnt von vorn. Wir nennen das die Schwingung zwischen Zentrum und Peripherie. Höchstleister vermeiden diese Schwingung, indem sie die Schnittstellen zwischen Zentrum und Peripherie symmetrisieren. Das heißt, jede Leistung wird auf Zentrum und Peripherie aufgeteilt. Das Prinzip ist: Alltag in die Peripherie, Innovation ins Zentrum. Jetzt sind beide Seiten aufeinander angewiesen: Der Alltag „stirbt", wenn er nicht mit Innovation versorgt wird. Die Innovation „stirbt", wenn sie sich im Alltag nicht bewährt. Da beide Seiten sich ihre Leistung auch vorenthalten können, entsteht Interesse an problemlösender Kommunikation.

[1] Siehe auch Kapitel 10 „Interne Anreize reduzieren die Leistung", Seite 47

Siehe auch:

- ˇSchnittstelle symmetrisieren
- Denkzettel 3 „**Zentrum und Peripherie** – ungewollte Struktur von Unternehmen“, Seite 22

Seitenwindempfindlichkeit

ˇHöchstleistung entsteht in Konfrontation mit der ˇDynamik des ˇMarktes. Dieser „Wind von vorn“ ist die ˇLernumgebung, die ständig für höchstes Leistungsniveau sorgt. Für alles andere haben Höchstleister keine vergleichbare Lernumgebung. Deswegen sind sie für nichtdynamische Probleme vergleichbar naiv.
Wir nennen diese Schwäche der Höchstleister ihre Seitenwindempfindlichkeit.
Das Mittel dagegen nennen wir „ˇSelbstbeschreibung“, ein Dokument, in dem dargestellt wird, auf welchen Gegebenheiten die eigene Höchstleistung beruht. Daraus ergibt sich, wo man stur bleiben muss und wo man Kompromisse machen darf.
Die Selbstbeschreibung ist eine Sicht von außen, die nicht mit internen Mitteln angefertigt werden kann. Hier, nur hier können Höchstleister externe Beratung nutzen.

Selbstbestimmung/Selbstorganisation

Selbstbestimmung und Selbstorganisation werden oft verwechselt.
Selbstbestimmung ist ein politischer ˇBegriff. Er bezieht sich auf die Meinungsbildung mit internen Mitteln einer ˇOrganisation. Der Gegenbegriff ist Fremdbestimmung. Die ˇReferenz sind ˇInteressen und ˇBedürfnisse der Mitglieder. Da Selbstbestimmung nur diese interne Referenz aufnehmen kann, ist sie als Organisationsprinzip für ˇUnternehmen nicht geeignet. Siehe auch ˇDemokratie.
Ein System ist selbstorganisiert, wenn sich seine Strukturen trotz kleiner Änderungen in seiner Umgebung stabil halten können. Selbstorganisation stellt sich ein, wenn bestimmte Bedingungen erfüllt sind.

Beispiele

- Eine Kerzenflamme beginnt zu brennen, wenn die Bedingungen dafür hergestellt sind. Einen kleinen Luftzug kann die Struktur verkraften. Wird zu stark geblasen, bricht die Selbstorganisation zusammen. Sie erlischt.
- ˇSymmetrische Schnittstellen in Unternehmen.

Selbstorganisation

ˇSelbstbestimmung/Selbstorganisation

Sinn

Wir benutzen „Sinn“ im Sinne von Bedeutung.

ˇBeobachtung

Sitzungshandwerk

In den meisten ˘Unternehmen wird ein Elend der Meetings beklagt. Sie kosten viel Zeit und haben keinen Nutzen, finden aber immer wieder statt.

Dieses Elend erwächst aus dem ˘Irrtum, dass Menschen kommunizieren und ˘Information austauschen könnten, wenn sie nur wollen. Deswegen wird meist versucht, diesem ˘Problem mit allerlei Dressurmethoden und strengen ˘Regeln beizukommen. Das Maximale, was damit erreicht werden kann, ist ein anstrengendes Theater. Die Teilnehmer kommen, obwohl sie das Meeting nutzlos finden, sie tun so, als würden sie zuhören, obwohl sie das Gesagte nicht interessiert, sie pochen auf Redezeit, egal, wie interessant der Redner gerade spricht, man lässt den Laptop zu, obwohl dort wichtigere Arbeit wartet.

˘Höchstleister haben keine Zeit für Theater. Für sie sind Zusammenkünfte Arbeitswerkzeuge, die wie alle Werkzeuge in gutem Zustand gehalten und richtig benutzt werden müssen.

Hier einige Prinzipien für Teamsitzungen (nicht für ˘Gremien!):

Freiwilligkeit

Das beste Mittel die Qualität von Teamsitzungen zu steigern, ist die Freiwilligkeit der Teilnahme. Nur diese Freiwilligkeit ergibt eine Lernumgebung für den Gastgeber. Wenn zu wenige oder niemand kommt, ist die Qualität des Angebots zu niedrig.

Teilnahmezwang würde diesen Mangel nur verdecken, nicht beseitigen.

Die Qualität einer Sitzung ist die Qualität der Vorbereitung

Vorbereitung heißt, dass alles, was vor Beginn der Sitzung zu zweit oder in kleinen Gruppen besprochen werden kann, besprochen sein muss. Nur der Rest, für den alle Teilnehmer anwesend sein müssen, darf auf die Tagesordnung.

Dies ist ein großer Aufwand. Die Zahl der Meetings geht aber zurück, der Nutzen wird höher; damit wird der Aufwand insgesamt geringer.

Eingeladen wird nur, wen es betrifft

Sitzungszeit ist Arbeitszeit. Schon in der Vorbereitung ist zu klären, wer von einem Tagesordnungspunkt profitieren kann und wer nicht. Niemand darf rumsitzen und warten, ob noch was Interessantes kommt.

Erst denken, dann sprechen

Die Qualität eines Redebeitrags steigt, wenn zwischen dem Impuls „Dazu muss ich was sagen!" und dem tatsächlichen Beitrag ein paar Minuten vergehen.

Ein Mittel hierzu ist eine Rednerliste und Stichwortblätter für die Teilnehmer.

Unterbrechung hat Vorrang

˘Kommunikation kann nur dann stattfinden, wenn jemand aus ˘Interesse zuhört. Deswegen ist der Anspruch „Lassen sie mich bitte ausreden!" nur angenehm für den Redner, nicht für die Kommunikation.

Der Zweck einer Sitzung ist Kommunikation, nicht Wellness für Redner. Jeder kann so lange reden, bis er unterbrochen wird. Unterbrechung ist das Signal, dass zumindest einer nicht mehr zuhören kann. Jede weitere Rede ist dann nur noch zeitraubendes

Geräusch. Deswegen gilt das Prinzip: „Unterbrechung hat Vorrang!" Sind sich die Zuhörer uneins, so muss beschlossen werden.

Zweck einer Sitzung

↗Zweck einer Sitzung ist das Erzeugen von Information, Meinung und Haltung. Mitteilungen zu verbreiten, ist Missbrauch der Sitzung, denn das geht auch einfacher.

Das Protokoll macht immer der Einladende

Eine Sitzung ist ein Führungswerkzeug des Gastgebers. Damit er die ↗Widerständigkeit der Teilnehmer gut nutzen kann, stellt er in einem Protokoll dar, was und wie er verstanden hat. Die Teilnehmer kritisieren dann und der Gastgeber kann lernen.
Ein historisches Protokoll wird nicht benötigt (für Gremien ist das anders).

Skaleneffekt

Die Heizkosten für eine Produktionshalle sind Teil der Herstellkosten der dort hergestellten Produkte. Werden in der Halle mehr Produkte hergestellt, so verteilen sich die Heizkosten auf mehr Produkte. Das einzelne Produkt wird billiger. Betriebswirte nennen das den ↗Skaleneffekt.

Software (lernende)

Software ist immer ein totes System und kann deshalb nicht lernen. Gemeint ist meist, dass das System externe Daten so verarbeitet, dass sich seine Algorithmen verbessern. ↗nKI-Systeme sind in diesem Sinne lernend. Sie brauchen dazu allerdings eine Umgebung aus lebendigen Systemen. Dabei wird das in der Umgebung schon Gelernte nachgeahmt.

Software (neutral)

↗EDV (neutral)

Statushektik

Hektik entsteht bei Überforderung. In träger ↗Organisation entsteht Hektik durch zu hohe ↗Dynamik in der Umgebung. Ist die Organisation an hohe Dynamik angepasst, verschwindet die Hektik. Dynamikrobuste Organisation ist gelassen. Statushektik bedeutet, dass die Hektik (ein Zeichen für Überforderung) als Zeichen für Wichtigkeit und damit als Statussymbol uminterpretiert ist. Wer hektisch ist, ist wichtig und geschützt. Die ↗Kultur erlaubt, dass die mangelnde Qualität der eigenen Arbeit durch Quantität kompensiert werden darf.
Statushektik ist ein Element ↗verblödeter Organisation.

Steuerung/Führung

↗Führung/Steuerung

Stil / Norm

Stil ist Identität durch Vielfalt. Norm ist Identität durch Gleichheit.
Stil wird nur im Verschiedenen sichtbar. Ein Stil ist erst entstanden, wenn zum Beispiel ein Haus, ein Löffel und ein Abendkleid so zusammengehören, dass man Jugendstil dazu sagen kann. Eine Marke wie Mercedes definiert einen Stil. Er wird erst durch verschiedene Modelle sichtbar. Identische Dinge begründen keinen Stil.
Mit Stil ist es wie mit Qualität: Sie ist leicht zu erkennen, aber schwer zu erzeugen. Fehlt der Stil, wird oft versucht ihn durch formale ᵕNormierung zu ersetzen. Das wirkt leicht lächerlich. Uniformen von Soldaten, geklonte Berater oder die identische Gestaltung von Folien und Briefköpfen sind Beispiele.
Stil ist *rot*, Norm ist *blau*.

Strategie / Plan

Wenn der Weg zu einem Ziel festgelegt werden kann, bevor man losgeht, genügt ein Plan. Er beschreibt für alle verbindlich, was zu tun ist.
Kann der Weg erst beim Gehen gefunden werden, so benötigt man eine Strategie. Sie ist (nach Clausewitz) „die Kunst des Weglassens". Mit Hilfe von ᵕPrinzipien legt Strategie nur fest, was nicht angestrebt wird. Dadurch entsteht ein zunächst leerer Handlungsraum zwischen Ist und Soll. In diesem „Raum des Erlaubten" kann entschieden und gehandelt werden, ohne vorher fragen zu müssen.
Plan ist ein Instrument der ᵕSteuerung, Strategie eines der ᵕFührung.

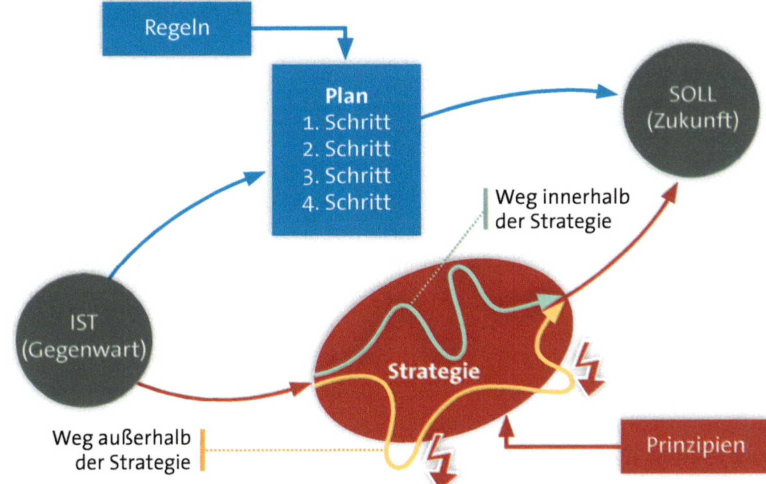

Strategie ist ein zunächst leerer Handlungsraum, begrenzt durch Prinzipien. Er wird für den unbekannten Teil des Weges benötigt. Für den bekannten Teil genügt ein Plan, gebildet aus Regeln.

Plan ist *blau*, Strategie ist *rot*.

Eine Strategie hat vier Teile: Den Zustand, in dem sich ein Unternehmen befindet (IST). Den Zustand, den es erreichen will oder muss (SOLL). Regeln für den bekannten Teil und Prinzipien für den unbekannten Teil des Weges vom IST zum SOLL.

Regeln sind Elemente von Wissen. Sie beschreiben, was zu tun ist, und werden geordnet und dokumentiert in einem Plan.

Prinzipien beschreiben nicht, was zu tun ist, sondern nur das, was erreicht oder vermieden werden muss. Sie werden geordnet und dokumentiert in einer Strategie.

Ist der Weg vom IST zum SOLL bekannt, dann reicht ein Plan. Wird dieser diszipliniert und ohne Fehler ausgeführt, so wird das SOLL sicher erreicht. Im Kontext niedriger Dynamik ist das immer der Fall.

Bei hoher Dynamik ist der Weg zumindest teilweise unbekannt. Er muss erst, oft experimentell, gesucht werden. Damit die Suche schnell und erfolgreich ist, müssen sich viele mit ihrer Kompetenz daran beteiligen. Damit dabei mehr als nur Chaos entsteht, müssen Ideen und Tun der vielen harmonisch zueinander passen. Mit Regeln und Plan ist das nicht zu erreichen, weil am Anfang ja noch unbekannt ist, was geschehen wird.

Jetzt wird eine Strategie benötigt. Sie entsteht durch verbindliche Prinzipien, die hauptsächlich festlegen, was vermieden werden muss. Deswegen nennt sie Clausewitz „die Kunst des Weglassens". Die Strategie ist ein zunächst leerer Handlungsraum zwischen IST und SOLL. Er wird begrenzt durch die Prinzipien. Innerhalb dieses Raumes darf jeder nach eigener Kompetenz handeln, ohne vorher fragen zu müssen. So füllt sich dieser zunächst leere „Raum des Erlaubten" erst auf dem Weg vom IST zum SOLL.

Wenn eine Strategie überall im Unternehmen akzeptiert ist und dadurch wirkt, koppelt sie die Eigenständigkeit der vielen mit dem zentralen Management – ohne Steuerung. Deshalb ist konsensuale Strategieentwicklung ein wichtiges Führungselement dynamikrobuster Organisation. Die Reduktion auf Planung erzeugt teure Havarien.

Struktur / Prozess

↗Prozess / Struktur

Symbolische Tat

Wenn ↗hohe Marktdynamik ein ↗Unternehmen überlasten, wird dies in einer Misstrauenskultur abgebildet. Die Entwicklung der ↗Wertekultur kann durch die üblichen Maßnahmen (Argumente oder Versprechungen, ↗*Change Management*) nicht beeinflusst werden. Je mehr das ↗Management die Aufrichtigkeit seiner Absichten beteuert, desto größer wird das Misstrauen. Aufrichtigkeit ist nicht kommunizierbar.
In dieser Situation muss Aufrichtigkeit durch Taten „bewiesen" werden. Nur mit einer Tat, die nicht zurückgenommen werden kann, kann das Management glaubhaft beweisen, dass es eigenes ↗Risiko übernimmt. Eine solche „symbolische Tat" wirkt als sinnstiftendes Symbol für den Beginn einer Veränderung. Wenn sie Eindruck macht, verändert eine symbolische Tat die Situation und damit die bestehende Kultur.
Ein Beispiel: Als John Reed in den 1990er Jahren CEO der stark angeschlagenen Citibank wurde, nahm er spektakulär hohe private Kredite auf, um mit diesem Geld Optionen auf die Citibank-Aktie zu kaufen. Mit großer öffentlicher Resonanz ging er ein hohes persönliches Risiko ein, indem er sein eigenes Schicksal mit der Sanierung der Bank verband. Der Ernst seines Engagements war damit bewiesen.
Wenn eine symbolische Tat benötigt wird, muss sie sehr konkret passend für die Situation gefunden werden. Eine symbolische Tat ist immer eine konkrete Idee.

System

Der hier benutzte Begriff des Systems ist erst mit der funktional orientierten ↗Systemtheorie entstanden. Er unterscheidet sich grundlegend von der gewohnten Vorstellung, ein System sei eine ordnende Zusammenfassung von ↗Objekten und ihren Relationen.
Systeme entstehen, wenn sich ↗Operationen gleichen Typs verketten. Jede Operation setzt eine vorangegangene voraus und ermöglicht eine nächste. Dies schafft einen Unterschied zwischen dieser Kette und allem anderen – das System.
Ein System teilt die ↗Welt in System und Umwelt und existiert, solange ihm das gelingt. In diesem Sinne ist ein System die permanente Vermeidung seines Untergangs. Erst ein System kann die unendliche ↗Komplexität der Welt so weit ignorieren, dass es den Rest, aus dem es besteht, beobachten kann. Systeme sind Inseln reduzierter Weltkomplexität. Die Bildung von Systemen ist der Sündenfall, mit dem die ↗Erkenntnis in die ↗Welt kommt.
Systeme sind in der Welt, weil sie funktionieren. Sie verfolgen weder ein ↗Ziel, noch haben sie einen ↗Zweck, der über ihre eigene Erhaltung hinausgeht. Jede Folgeoperation muss aus einer Vielzahl möglicher Folgeoperationen ausgewählt werden. Dabei ist die Anzahl der Möglichkeiten, aus denen ausgewählt wird, ein Maß für die ↗Komplexität des Systems. Die getroffene Wahl ist nicht beliebig, aber immer auch anders möglich (↗Kontingenz). Deswegen ist jede Operation eines komplexen Systems eine ↗Über-

raschung. Jede Operation des Systems ist „innen". Alles andere ist „außen" und gehört nicht zum System, sondern zu seiner Umwelt.
Wenn ein System zwischen „innen" und „außen" unterscheiden kann, kann es eigene Operationen auf seine Umwelt beziehen. Es kann externe Referenzen bilden. Diese operationale Schließung ist die Voraussetzung der Identität des Systems – und damit für Erkenntnisse über seine Umwelt.

Komplexität
Schließung (operational)
soziales System
Systemtypen

System (soziales)

Die Operation eines sozialen Systems ist Kommunikation. Bewusstsein oder gar ganze Menschen gehören zur Umgebung sozialer Systeme. Je nach Typ der Kommunikation können Typen von Sozialsystemen unterschieden werden. Das umfassendste Sozialsystem ist die Gesellschaft. Sie enthält die ausdifferenzierten Subsysteme wie zum Beispiel Recht, Politik, Bildung oder Wirtschaft. Die Subsysteme strukturieren sich über Organisationen.
Beispiele für soziale Systeme:
Gespräch: Die Kommunikation läuft im Medium Sprache. Man beobachtet gesprochene Sätze, die aufeinander Bezug nehmen. Aus der unübersehbaren Vielfalt möglicher Sätze wird der jeweils nächste sinnvoll ausgewählt. Jeder Satz, der sich in dieser Weise an die vorangegangenen anschließt, gehört zum Gespräch. Alles andere gehört zur Umwelt. Bleibt der Anschluss aus, endet das Gespräch. Sind die Sprechenden anwesend, wie in einem Meeting, so spricht man von Kommunikation unter Anwesenden (Sitzungshandwerk).
Wirtschaft: Sie ist ein Subsystem der Gesellschaft. Die Basis ihrer Kommunikation ist der Tausch im Medium Geld. Zur Umwelt der Wirtschaft zählen auch andere Systeme, mit denen sie strukturell gekoppelt ist, zum Beispiel das Rechtssystem oder das Bildungssystem.
Organisation: Anders als die Subsysteme der Gesellschaft haben Organisationen kommunikative Adressen. Man kann sich an ein Gericht (Organisation) wenden, an „das Recht" (Subsystem) nicht. Die Operation der Organisation ist die Kommunikation über Entscheidungen. Jede Entscheidung im Unternehmen basiert auf vorangegangenen und ist Basis für zukünftige Entscheidungen. Die Mitglieder einer Organisation sind Elemente ihrer Umgebung.
Unternehmen: Unternehmen sind Organisationen im Subsystem Wirtschaft. Ihre Umgebung ist der Markt. Der Zweck eines Unternehmens ist gewinnbringende Wertschöpfung.

System (kommunikatives)

System
Systemtypen

Systemtheorie

Gemeint ist hier immer die sogenannte funktionale Systemtheorie, wie sie vor allem von Niklas Luhmann entwickelt worden ist. Mit dieser Theorie wird unter der Annahme beobachtet, dass es Systeme gibt, die sich über die Unterscheidung System/Umwelt erzeugen.
Aus unserer Sicht ist diese Systemtheorie die beste Möglichkeit, moderne Dynamikprobleme der Wirtschaft zu beschreiben. Sie bringt Licht ins Dunkel der hilflos gewordenen Hemdsärmeligkeit konventioneller Betriebswirtschaft. Leider ist sie genauso leistungsfähig wie schwer verdaulich.

System
Systemtypen
Unterscheidung

Systemtypen

Alle Systeme schaffen und erhalten einen Unterschied zwischen „innen" und „außen", zwischen System und Umwelt. Soziale und psychische benötigen und produzieren Sinn (Bedeutungen). Lebende Organismen (Zellen) und technische Systeme operieren sinnfrei. Ihre Grenzen sind keine Sinngrenzen.
Wir unterscheiden folgende Typen:

Sinnsysteme

- Psychisches System: Bewusstsein, Verstand und Gefühl. Grundoperation des Bewusstseins sind Gedanken, besondere Eigenschaft ist die Wahrnehmung.
- Soziale Systeme: Gesellschaft und ihre Subsysteme, Organisation, Interaktion. Grundoperation ist Kommunikation.

Sinnfreie Systeme

- Lebendige Systeme: Organe, Zellen, Bakterien
- Tote Systeme: Maschinen, Theorien, EDV ... Besondere Eigenschaft: Tote Systeme haben keine Komplexität, sie sind nur kompliziert.

Alle Systeme, außer den technischen, können sich strukturell koppeln, also füreinander Umwelt sein. Psychische Systeme operieren, indem sie Gedanken aneinanderreihen. Soziale Systeme operieren, indem sie kommunizieren, lebendige Systeme operieren, indem sie ihren genetischen Code replizieren.
Wegen ihrer operationalen Geschlossenheit können diese Systeme sich nicht übereinander informieren. Ein Bewusstsein kann vom eigenen Körper nicht erfahren, was dort an Leben vor sich geht. Das Kommunikationssystem kann nicht aufnehmen, was ein Bewusstsein denkt.

Trotzdem gilt: Ohne Leben wäre kein Bewusstsein möglich, und ohne Bewusstsein kann Kommunikation nicht zustande kommen. Auch die Wirtschaft, ihre Organisationen und personalen Teilnehmer sind strukturell gekoppelte Systeme, die sich jeder kausalen Beschreibung entziehen. Bei niedriger Dynamik fällt das weniger auf als bei hoher.

Tabu

Wie Werte, so sind auch Tabus stabile kommunikative Erwartungen, auf die man sich verlassen kann. Sie sind notwendig, um Risikothemen der Kommunikation zu vermeiden.

Tabus sind „Eigenwerte" der Kommunikation. Sie werden von niemandem gemacht, sie entstehen. Sie können auch nicht aufgehoben werden. Sie machen sich unangenehm bemerkbar, wenn Innovationsvorhaben scheitern, obwohl sie von allen eingesehen und gewollt werden.

Hinterbühne
Werte

Tabuzonen für EDV

Wie jede Maschine ist auch ein EDV-System nie komplex, sondern nur kompliziert (nur *blau*, nie *rot*). Es kann Überraschungen nicht verarbeiten. Dort, wo viele Überraschungen passieren und wo deshalb Können benutzt werden muss, dürfen EDV- und Arbeitsprozess nur lose gekoppelt sein.

Bereiche hoher Dynamik sind Tabuzonen für EDV-Systeme, die eine feste Kopplung brauchen. Möglich ist dort nur neutrale EDV.

Talent

Jeder Mensch hat Talente, wahrscheinlich unendlich viele. Die meisten davon bleiben unentdeckt, denn sie sind unsichtbar. Sichtbar werden sie erst, wenn eine Person sich von einem Problem provoziert fühlt und ihr die Lösung leichter fällt als den meisten.

Talent ist eine Eigenschaft des Körpers, weder des Bewusstseins noch des Verstands. Wie Gefühle können auch Talente nicht vermessen werden. Mit den üblichen Methoden des Personalmanagements werden Talente nicht sichtbar.

Höchstleister suchen Talente, indem sie Probleme zeigen und beobachten, ob sich jemand provoziert fühlt. Ob der Provozierte tatsächlich ein Talent ist, wird erst sichtbar, wenn er das Problem löst. Damit dieses Risiko vertretbar ist, braucht man schon für das Vermuten von Talent ein Talent.

Talentförderung

Talentförderung bedeutet, Talente durch Provokation sichtbar zu machen. Sichtbar ist ein Talent erst, wenn das provozierende Problem tatsächlich gelöst ist. Es ist durchaus möglich, dass sich eine Talentvermutung als Irrtum herausstellt. Deswegen braucht

man schon für die Talentförderung Talente. Ein Talent für Projektleitung zum Beispiel ist erst entdeckt, wenn es ein Projekt erfolgreich geleitet hat.
Bei den talentierten Talentsuchern der Höchstleister haben wir folgende Werkzeuge beobachtet:

- Recht auf Karriere
- Meister-Schüler-Verhältnisse
- *Meisterlogen*
- Interessenmanagement
- Schutzraum für Innovation

Tausch

Wenn Eigentum erfunden ist, kann dieses seinen Besitzer wechseln. Ist der Besitzwechsel gegenseitig, so heißt dies Tausch. Wenn sich Märkte bilden, in denen sich Tausch vergleichbar wiederholt und damit Alternativen für die Beteiligten entstehen, setzt sich der äquivalente Tausch durch. Das Äquivalente an verschiedenen Waren ist der Wert. Wenn Geld erfunden ist, erscheint der Wert als Preis. Preise schwanken durch Angebot und Nachfrage um den Wert.

Taylorismus

Taylorismus ist nicht Arbeitsteilung und Hierarchie, sondern die Reduktion der Komplexität einer Organisation auf das Niveau träger Massenmärkte. Dies geschieht vor allem durch Steuerung. Das kluge Zentrum steuert die Peripherie. Für niedrige Dynamik ist dies ein unschlagbares Konzept.

Siehe auch Kapitel 4 „Taylorismus – Aufstieg und Fall einer genialen Idee“, Seite 17

Team/Gremium

Die richtige Organisationsform für eine Gruppe von Menschen mit einer gemeinsamen Aufgabe hängt davon ab, ob Entscheidungen getroffen werden sollen oder Ideen benötigt werden.
Entscheidungen bekommt man von einem Gremium, Ideen von einem Team.

Siehe den folgenden Denkzettel 25 „**Team und Gremium** – Ideen oder Entscheidung“.

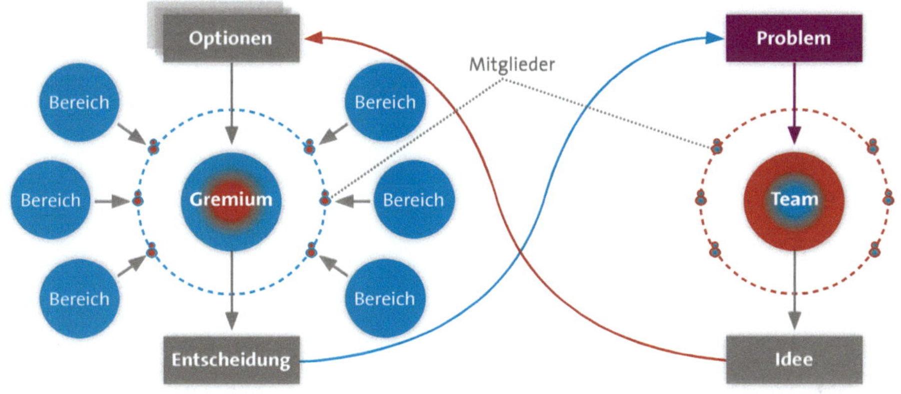

Ein Gremium ersetzt unvermeidliche Unwissenheit durch Entscheidung. Das schafft Probleme. Ein Team löst Probleme mit Ideen, über die entschieden werden muss.

Organisation ist das Ergebnis von Entscheidungen, also die ständige Auswahl aus mehreren Optionen, von denen unbekannt ist, welche die richtige ist. Damit Entscheidungen sich nicht widersprechen, müssen diese in Akten verbindlich dokumentiert werden. Dabei wird nur die Entscheidung selbst festgehalten, die Umstände ihres Zustandekommens werden „vergessen". Eine Organisation erinnert und vergisst über Akten. Sie sind ihr Gedächtnis.

Die notwendige Menge an Entscheidungen wird von Personen erzeugt, die wir Gremien nennen. Ein Gremium besteht aus Repräsentanten von Einheiten. Es besitzt meist eine Geschäftsordnung, um auch mehrheitlich entscheiden zu können. Ein Gremium ist darauf angewiesen, dass seine Mitglieder sich gemäß den Entscheidungen verhalten. Mit welcher eigenen Meinung sie dies begleiten, ist unwichtig. Ein Gremium braucht nur Konsens im Verhalten.

Um dynamikrobust zu entscheiden, werden ausreichend Optionen benötigt. Diese entstehen durch Ideen. Das sind Gedanken, die sich auf die Lösung eines Problems beziehen. Ob mit einer Idee ein Problem gelöst werden kann, hängt vor allem davon ab, mit welcher Motivation dies versucht wird. Denn die Qualität einer Idee wird, wenn überhaupt, erst nach vielen Niederlagen sichtbar. Sind mehrere beteiligt, so ist das notwendige Durchhaltevermögen nur über einen robusten Konsens der Meinungen möglich. Gruppen, die darauf angewiesen sind, nennen wir Teams.

Teams treffen keine Entscheidungen, sondern bringen ihr Können so zur Resonanz, dass auch Meinungen und Gefühle geteilt werden können. Dabei entsteht ein „Wir", das Probleme mit Ideen lösen kann. Ein Team wird gestiftet von einem Teamleiter. Ein Talent, das sicher genug erkennen kann, welche Talente zueinander passen und welche Umgebung sie brauchen. Ein Team kann nicht methodisch erzeugt werden. Es erzeugt sich, oder es fehlt. Es ist eine hinderliche Mode, aus jeder funktionalen Gruppe ein Team machen zu wollen. Ein Gremium kann nicht gleichzeitig ein Team sein. Möglich ist das schnelle „Umschalten". Das Management vieler Höchstleister kann das. Je nach Bedarf wird als Gremium gesteuert oder als Team geführt.

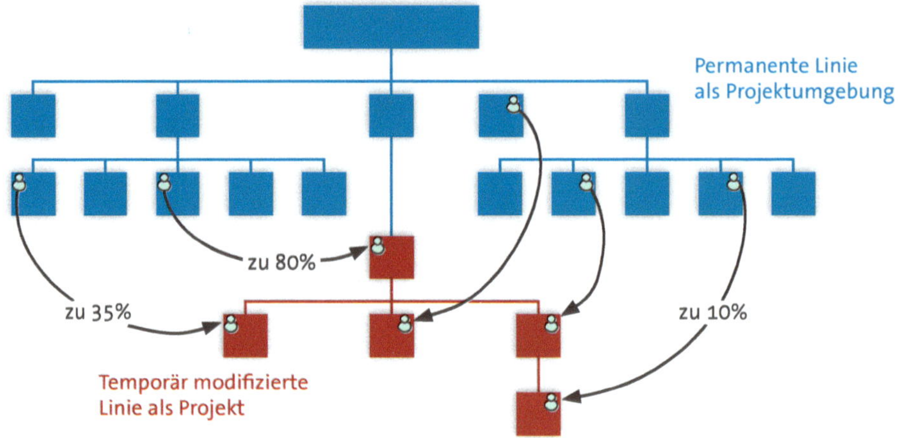

Die Projektmitglieder arbeiten in zwei Strukturen gleichzeitig (Doppelmanagement). Bei hoher Last verliert diese Form der Organisation die Orientierung, sie „verblödet".

Die Prozesse einer Linienorganisation sind spezialisiert für wiederkehrende Aufgaben. Für seltene oder einmalige Aufgaben oder gar Dynamik ist dieser Organisationstyp nicht geeignet. Deswegen benutzen fast alle großen Organisationen in diesem Fall temporäre Erweiterungen ihrer Linie und nennen diese Struktur „Projekte". Diese *Temporär modifizierte Linie* (TmL) ist erfolgreich, solange die Dynamik so niedrig ist, dass genügend Spielraum bleibt, um den Mehraufwand für die Erweiterung zu leisten.

Doch die Dynamik ist heute hoch. Die klassische Linienorganisation meist überlastet. Der Spielraum fehlt. Jetzt wächst das Risiko für sogenannte Projekt-Havarien.

Der Grund: Die TmL-Projekte werden aus der gegebenen Linie besetzt. Die Arbeitszeit der ausgewählten Mitarbeiter wird prozentual auf Projekt und Linie aufgeteilt. Der aufgeteilte Mitarbeiter hat nun zwei Vorgesetzte, den der Linie und seinen Projektleiter.

Überlastete Organisation bedeutet, dass es mehr Aufgaben gibt, als bearbeitet werden können. Nur Wichtiges kann bearbeitet werden. Unwichtiges muss weggelassen werden.

Von den beiden Vorgesetzten wird eine abgestimmte Unterscheidung erwartet. Bei Überlastung leidet auch die Kommunikation. Manchmal hört sie ganz auf. Irgendwann können sich die beiden Vorgesetzten nicht mehr harmonisieren. Wenn sich ihre Anweisungen schließlich widersprechen, sind die Mitarbeiter gezwungen, auf Basis ihrer eigenen Übersicht Prioritäten zu setzen. Selbst wenn dies mit hoher Kompetenz und Verantwortung geschieht, passen die Entscheidungen der Mitarbeiter nur noch zufällig zusammen, oft widersprechen sie sich. Auch bei bester Absicht entsteht unter diesen Bedingungen Chaos. Das Ergebnis sind Frust und Resignation. Das reduziert die Leistung und steigert die Überlastung weiter.

Wir sagen dazu: Die Organisation „verblödet".

Höchstleister benutzen bei hoher Dynamik eine Arbeitsteilung zwischen Linie und Projekt. Das Projekt ist eine kleine Sonderorganisation neben der Linie. Es bearbeitet nur die dynamischen Anteile. Die Linie beschränkt sich auf die Routine und liefert diese zu.

Temporär modifizierte Linie (TmL)

Die sogenannte *Temporär modifizierte Linie* (TmL) ist eine verbreitete, aber sehr ↗dynamikempfindliche Projektstruktur. In dynamischer ↗Umgebung gehen viele ↗Havarien auf ihr Konto.

Siehe Denkzettel 26 „***Temporär modifizierte Linie*** – eine dynamikempfindliche Projektstruktur“ auf der vorhergehenden Seite.

Technik

Technik kommt vom altgriechischen „téchne“. Das bedeutet so viel wie ↗Können oder Fähigkeit. Technik sind die Mittel, mit denen Menschen ihre Schranken überwinden können. Das reicht von Werkzeugen wie dem Faustkeil über die Dampfmaschine bis zum Computer.
Nach Niklas Luhmann bezeichnet Technik eine funktionierende Simplifikation im Medium der Kausalität. Technik basiert auf der kausalen Schließung eines Operationsbereiches durch Isolierung von Kausalbeziehungen. Kurz: Technik ermöglicht triviale Verhältnisse. Zum Beispiel sind Abläufe kontrollierbar, Ressourcen planbar und Fehler erkenn- und zurechenbar.
Der ↗Taylorismus hat seine Wurzeln im technischen Ingenieurwesen. ↗Organisation ist dort ein technisches System mit den Menschen als biologische Risikofaktoren. Das erklärt den Hang zu kausal beschreibbaren, trivialen Verhältnissen.

Theorie

Theorie kann von ↗Praxis, ↗Methode oder etwas anderem unterschieden werden.
Wird sie von Praxis unterschieden, so ist sie eine Annahme über die ↗Welt, die von der Praxis bestätigt oder widerlegt werden kann. Man sagt auch, eine Theorie müsse sich in der Praxis bewähren. Wir nennen diese Form von Theorie lieber ↗Methode und unterscheiden davon Theorie.
Theorie ist dann ein ↗System von konsistenten ↗Begriffen maximaler Abstraktion, mit dem (fast) alle konkrete Erfahrung präzise beschrieben werden kann. Erst diese Präzision macht „Schlampereien“ der Alltagskommunikation sichtbar. Das löst noch kein Problem, macht es aber lösbar.
Theorie ist ein ↗Denkwerkzeug, aus dem nichts Praktisches folgt. Eine Theorie geht nur mit sich selbst um. Im Gegensatz zur Methode lässt sich Theorie also nicht anwenden oder gar umsetzen. Wegen ihrer Abstraktheit kann sie aber auch Fragen behandeln, die nur bei Überraschungen auftreten.
Beispiel: Ein Erfinder benutzt eine bewährte Methode, um seine ↗Idee umzusetzen. Überraschenderweise funktioniert seine Maschine zur Energieerzeugung nicht. Hätte er vorher die Theorie der Physik befragt, hätte er sich eine Niederlage erspart, denn Energie lässt sich nicht herstellen. Bei seiner nächsten Erfindung befragt er alle Theorien, keine widerspricht. Jetzt muss er bauen, wenn er wissen will, ob es funktioniert.

In der ↗dynamischen Umgebung moderner ↗Märkte gibt es wenig Wiederholung und viel ↗Überraschung. Für Überraschungen kann es keine Methoden geben – sonst wären es keine. Das ↗Werkzeug für Überraschendes sind ↗Ideen. Theorie ist ein Qualitätsfilter für Ideen. Ohne Theorie müssten alle Ideen, auch die „Schnapsideen", ausprobiert werden, um ihre Qualität zu prüfen. Bei Wiederholung nutzen Methoden, bei Überraschung nur Ideen und Theorie.
↗Höchstleister benutzen selten Theorie, sondern das ↗Gefühl ihrer ↗Talente. Das geht auch. Wenn man aber auch verstehen will, kommt man ohne gute Theorie nicht weit. Wir benutzen zu diesem Zweck die Luhmann'sche ↗Systemtheorie.
Die Theorie bestimmt, was beschrieben und damit beobachtet werden kann. Ohne Theorie bleibt's dunkel.

tot/lebendig

↗lebendig/tot

Trauerarbeit

Schwindende Leistung tayloristischer ↗Organisationen verführt dazu, vergangene Leistungen zu diskreditieren, um Innovation zu erleichtern. Das erzeugt aber nur unnötigen emotionalen Widerstand von Menschen, die ihr Lebenswerk infrage gestellt sehen.
Die konstruktive Überwindung von Bewährtem nennen wir Trauerarbeit. So gesehen unterstützt Trauer das Neue. Veraltete Traditionen waren einmal richtig. Sie sind erst falsch geworden. Trauerarbeit ist die Form, in der Altes beendet werden kann, ohne die Würde von Menschen zu verletzen. Wird dies unterschätzt, so ist Innovation immer begleitet von destruktivem Widerstand.

trivial

Kompliziertes wird durch Lernen trivial. Dabei verändert sich nur das Verhältnis des Betrachters zum Betrachteten. Die Begriffe „trivial" und „kompliziert" treffen also gleichzeitig zu. Trivial ist objektiv, kompliziert subjektiv.

↗kompliziert/komplex

üben/lernen

↗lernen/üben

Überraschung

Eine Überraschung ist ein Ereignis ohne erkennbaren Grund, eine enttäuschte Erwartung.
Nun gibt es zwei Möglichkeiten:

- Das Ereignis konnte nicht erwartet werden, weil Wissen fehlte.
  Beispiel: Das Auto springt nicht an, obwohl es gerade aus der Inspektion kommt – eine

Überraschung! Die Suche nach der Ursache führt auf eine defekte Sicherung. Jetzt ist die Überraschung verschwunden.

- Oder das Ereignis konnte nicht erwartet werden, weil es sich um eine Idee handelt. Ideen haben keine Ursache und sind deshalb immer eine Überraschung.
  Beispiel: Ein Unternehmen bringt ein nutzloses Gerät auf den Markt und nennt es Handy. Eine ideenbasierte Überraschung, die sich für das Unternehmen als nützlich erweist. Niemand konnte dieses Ereignis erwarten.

↗komplex / kompliziert
↗Dynamik

Umwelt
↗System

Unternehmen
Unternehmen sind ↗Organisationen im ↗System der ↗Wirtschaft. Wirtschaft ist ein Subsystem des Systems ↗Gesellschaft. Die ↗Umgebung von Unternehmen ist der ↗Markt. Markt ist eine systeminterne Umgebung im System Wirtschaft. ↗Zweck von Unternehmen ist ein konkurrenzfähiger Gewinn durch ↗Wertschöpfung. Die systembildende ↗Operation der ↗Organisation von Unternehmen ist die ↗Kommunikation über ↗Entscheidungen bezüglich der Wertschöpfung.
Wir unterscheiden Unternehmen mit ↗tayloristischer und solche mit ↗dynamikrobuster Organisation. Die ersten sind optimiert für träge Märkte, die zweiten für dynamische. Fast alle Märkte sind inzwischen dynamisch. Fast alle Unternehmen mit tayloristischer Organisation leiden unter dem ↗Marktdruck, der von ihren dynamischen Konkurrenten (↗Höchstleister) erzeugt wird.

↗Taylorismus
↗Dynamik

Unterscheidung
↗Beobachtung ist unterscheidendes Bezeichnen. Erst wenn die unendliche ↗Komplexität der ↗Welt durch ↗Unterscheidung (Ausblendung) reduziert ist, kann beobachtet und bezeichnet werden. Beobachtung ist immer eine Reduktion von Komplexität.
Wir unterscheiden zwei Typen von Unterscheidungen:

- Objekt
  Ein Etwas wird von allem anderen unterschieden. Das Andere bleibt unbestimmt. Das so Bezeichnete heißt Objekt. Beispiele: Auto, Haus, Landschaft ...
- Begriff
  Ein Etwas wird von einem anderen Etwas unterschieden. Das so Bezeichnete heißt Begriff. Beispiele: Mensch / Tier, Mensch / Natur, Mensch / Gott ...

Konventionell wird mit ontologischen Begriffen gearbeitet. Das heißt, ein Begriff repräsentiert ein Etwas, das in der Welt „ist“. Er bildet die objektiv gegebene Welt subjektiv ab. Das funktioniert nur, wenn der Beobachter als Teil dieser Welt „versteckt“ wird (˘Paradoxie).
Wir benutzen Unterscheidungen vor allem, um Zusammenhänge zu beschreiben.
Beispiele:

- Wenn Elektrizität als Einheit der Unterscheidung Strom / Spannung beobachtet wird, kann das Ohm'sche Gesetz als Zusammenhang zwischen Strom und Spannung beschrieben werden – eine Voraussetzung für den Ferntransport über Hochspannungsleitungen.
- ˘Management als Einheit der Unterscheidung ˘Steuerung und ˘Führung kann leichter beschrieben werden, wenn ein ˘Unternehmen als Einheit der Unterscheidung ˘Zentrum / Peripherie beobachtet wird.[1]

Die grundlegendste Unterscheidung, die wir benutzen, ist die zwischen ˘kompliziert und ˘komplex.

Verblödung von Organisation

Bei hoher ˘Dynamik entsteht ein wachsender Teil der operativen ˘Kompetenz eines ˘Unternehmens nicht mehr im ˘Zentrum, sondern in der ˘Peripherie: dort, wo die neue Dynamik des ˘Marktes unmittelbar wirkt. Die ˘kommunikative Reichweite dieser neuen Kompetenz ist auf die Peripherie beschränkt. Sie kann im Zentrum nicht unmittelbar genutzt werden. Sie macht sich nur über die ˘Widerständigkeit der Peripherie bemerkbar. Das ist die „Wand“, gegen die das Management spielt. Hat die Wand zu viele Löcher, ist sie zu weich oder fehlt sie gar, dann hält das Management alle seine ˘Entscheidungen für genial. Ohne Widerständigkeit der Peripherie ˘verblödet die Organisation.
Bei hoher Dynamik erfüllt der bequeme Verzicht der Mitarbeiter auf Kritik den Tatbestand der Sabotage.

˘Verwöhnung

Verhalten / Werte

˘Werte / Verhalten

Verkettete Gespräche

In Phasen dynamischen Wandels kann der Einfluss der unsichtbaren *Hinterbühne* einer ˘Organisation so zunehmen, dass sie dominiert. Spätestens, wenn Gerüchte und Intrigen die ˘Kommunikation bestimmen, ist es schwierig, Chancen und ˘Risiken eines Vorhabens realistisch einzuschätzen.

[1] Siehe Denkzettel 3 „**Zentrum und Peripherie** – ungewollte Struktur von Unternehmen“, Seite 22
Siehe Denkzettel 17 „**Steuerung und Führung** – die zwei Seiten des Managements“, Seite 140

Eine einfache und bewährte Analyse- und Gestaltungstechnik sind die sogenannten *verketteten Gespräche*. Mit anschließender Arbeitssitzung und Dokumentation liefern sie nicht nur eine solide Analyse der bestehenden Situation, sondern bereiten auch den Boden für problemlösende Veränderungen.

Der typische Ablauf
Verkettete Gespräche beginnen mit dem Vorurteil des externen Beraters, welches dieser aus den Vorgesprächen mit dem Auftraggeber gewonnen hat. Dieses wird im ersten Gespräch vorgestellt und provoziert den Gesprächspartner zu kompetenter Korrektur. Das jetzt verbesserte (Vor-)Urteil wird im folgenden Gespräch wiederum präsentiert und wieder verbessert. Ziel ist, mittels der auch unbewussten Kompetenz der Gesprächspartner, aus dem Vorurteil ein Urteil zu entwickeln. Die üblichen strukturierten Interviews können nur die *Vorderbühne* analysieren. Erst diese Technik kann auch Teile der unsichtbaren *Hinterbühne* sichtbar machen.
Die Gesprächskette wird mindestens so lange fortgesetzt, bis das Ergebnis präsentiert werden kann, ohne die zugesicherte Vertraulichkeit der Einzelgespräche zu verletzen. In einem Durchlauf sind jedoch nicht mehr als zwölf Gespräche sinnvoll. Die erste Hälfte wird vom Auftraggeber benannt, die zweite ergibt sich aus den Gesprächen selbst.
Das gewonnene Urteil wird nach einer Denkpause möglichst allen Gesprächspartnern in einer Arbeitssitzung präsentiert. Diese setzen sich nun als soziale Gruppe mit dem auseinander, was aus den vertraulichen Einzelgesprächen erarbeitet wurde. Die präsentierte Analyse hat Qualität, wenn sie von den Teilnehmern „wiedererkannt" und dadurch bestätigt wird. Dann ist es gelungen, von individueller Befindlichkeit zu abstrahieren und zur vollständigen Problemlage vorzustoßen.
Aus dieser Vorarbeit kann abschließend eine profunde Analyse abgeleitet und ein angemessenes Vorgehen vorgeschlagen werden.

Siehe auch den folgenden Denkzettel 27 „***Verkettete Gespräche*** – Lampe für die dunkle *Hinterbühne*".

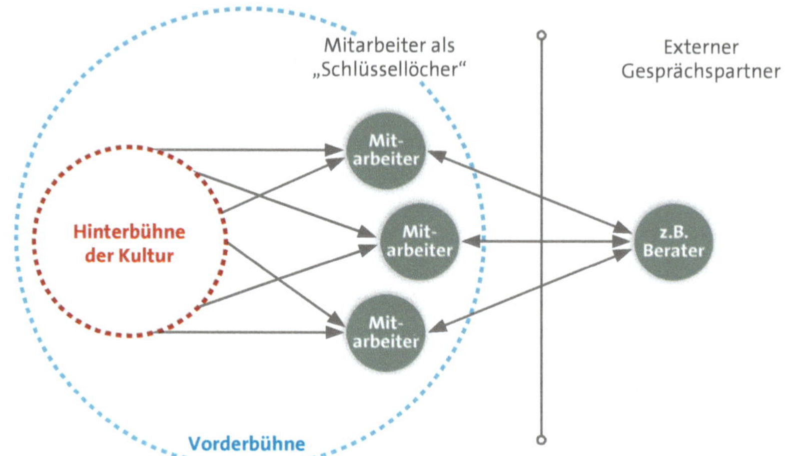

Für sein Verhalten auf der Vorderbühne der Unternehmenskultur nutzt jeder Mitarbeiter dieselbe unsichtbare Hinterbühne. Der externe Gesprächspartner benutzt die Mitarbeiter als Schlüssellöcher und erfühlt aus den vielen kleinen Ausschnitten ein Bild der Hinterbühne.

Die Kultur einer Organisation ist ein vielfältiger, aber unsichtbarer Wertehintergrund für das Handeln der Mitglieder. Es setzt das Verhalten auf der *Vorderbühne* einer „Widerständigkeit" aus. Jeder merkt, ob er sich im Sinne der Kultur verhält oder nicht. Der eine fügt sich, der andere rebelliert. So entsteht die Vielfalt der Personen, die man Mitarbeiter nennt. Jede Person fühlt und handelt individuell, der Hintergrund ist aber für alle derselbe. Kultur besteht aus genau den Werten, auf die – positiv oder negativ – Bezug genommen wird. Nur einem externen Gesprächspartner kann es gelingen, hinter der Vielfalt der Personen den gemeinsamen Hintergrund zu erfühlen. Er kann dann zumindest einzelne Elemente der *Hinterbühne* sichtbar machen. Ähnlich einem Stil, der nur sichtbar wird, wenn sehr verschiedene Gegenstände einander ähnlich scheinen: ein Kaffeelöffel, ein Abendkleid, eine Haustür ... Nur am Verschiedenen kann Jugendstil, Barock oder Bauhaus erfühlt werden.

Mit Wissen, Verstand und Methode wird nur die *Vorderbühne* sichtbar, zum Beispiel mit einem strukturierten Fragebogen. Hier steht die Illusion im Wege, dass die Werte eines Individuums erfragt werden können oder die Kulturwerte einer Organisation sich aus den Werten ihrer Individuen zusammensetzen. Wer eine Frage beantwortet, benutzt zwar seine Werte, gibt sie aber nicht preis.

Klüger ist es, möglichst nichts zu fragen, sondern sein Vorurteil über den Alltag des anderen zu erzählen. Die eigene Unwissenheit provoziert zur Korrektur. So werden Fragen beantwortet, die gar nicht hätten gestellt werden können. Durch die Verkettung der Gespräche entsteht aus dem anfänglichen Vorurteil ein Urteil über den gemeinsamen Hintergrund, über den Stil. Wir nennen diese Technik *verkettete Gespräche*.

Da Werte nicht gemacht sind, kann auch niemand für sie verantwortlich sein. Das allgegenwärtige Gefühl moralischer Wertung ist deshalb nutzlos. Es gilt, Situationen zu verstehen, statt zu bewerten. Durch die verstehende Analyse der *verketteten Gespräche* werden Elemente der *Hinterbühne* sichtbar. Sie wandern auf die *Vorderbühne*. Dadurch wird die Kultur nicht nur analysiert, sondern sie verändert sich auch.

Vertrauen / Misstrauen

Vertrauen heißt, sich auf eine Zusicherung zu verlassen, deren Erfüllung auch ausbleiben kann. Vertrauen ist eine riskante Vorleistung. Man könnte auch sagen, Vertrauen ist das Kreditwesen der ˘Kommunikation.
Wie alle ˘Werte entsteht auch Vertrauen, indem aus vergangener Erfahrung Erwartungen für die Zukunft gebildet werden.
In einer ˘Misstrauenskultur beginnt der kluge Manager mit einer sogenannten ˘symbolischen Tat. Damit verbindet er sein Schicksal mit dem des ˘Unternehmens. Diese Vorleistung kann Vertrauen schaffen. Die üblichen „Commitments" oder gar das „Vorleben" von Werten stabilisieren eher das Misstrauen.
In überlasteter ˘Organisation sorgt Misstrauen dafür, dass Bereiche sich voneinander isolieren. Dadurch bleiben Störungen lokal, die ansonsten gleich das ganze Unternehmen gefährden würden. Weil Misstrauen auch diese lebenserhaltende Funktion hat, ist es so schwer zu überwinden.
Bei ˘Höchstleistern entsteht Vertrauen durch die Erfahrung ihres Erfolgs.

Vertrieb (symmetrisch)

Manchmal werden Hersteller dazu gedrängt, eine Problemlösung anzubieten anstatt nur leistungsstarke Produkte. Oft entspricht das einer Umstellung vom Produkthersteller zum Anlagenbauer.
Eine Anlage besteht aus möglichst vielen Standardbausteinen und möglichst wenigen Unikaten. Das gilt auch für Konzept, Planung und Montage.
Schon der noch unbezahlte Beginn des Vertriebsprozesses einer großen Anlage ist meist auch der Anfang eines innovativen Projekts. Die hierbei gewonnenen Erkenntnisse haben auch Konsequenzen für kommende Projekte und Produkte. Der Vertriebsprozess erzeugt wichtige Kompetenz für die langfristige Strategie von Forschung und Entwicklung.
Wir nennen diesen neuen Typ „symmetrischen Vertrieb". Damit ist gemeint, dass der Vertrieb nicht mehr nur von innen nach außen zu wirken hat (verkaufen), sondern auch umgekehrt. Der Vertrieb betreibt innovative Kundenprojekte und wird damit zur Lernumgebung für die Unternehmensentwicklung.

Verwirrung / Irritation

˘Irritation / Verwirrung

Verwöhnung

Ein ˘System braucht die ˘Widerständigkeit seiner ˘Umgebung, um zu lernen. Wird diese reduziert, sprechen wir von Verwöhnung. Verwöhnte Systeme sind dumm.
Jede vorenthaltene externe ˘Referenz fördert Verwöhnung.
Beispiel: Wenn ein kleiner ˘Höchstleister von einem großen Konzern gekauft wird, verschwindet die anstrengende ˘Lernumgebung für den Höchstleiser und damit seine

V

dynamikrobusten Eigenschaften. Es dauert nur wenige Monate, dann ist das gekaufte Unternehmen von einer Konzernabteilung nicht mehr zu unterscheiden.
Was Marktdynamik betrifft, sind die meisten Konzernabteilungen verwöhnt.

Vision

Jeder Mensch hat eine Vision. Sie ist der Antrieb, das Motiv für strebendes Denken und Handeln. Ein Visionär ist ein Mensch mit einer „ansteckenden" Vision. Talentierte Manager können ganze Unternehmen mit ihrer Vision anstecken. Eine Vision kann nicht „gemacht" oder gar erlassen werden. Fehlt der Visionär, so fehlt die Vision.
Höchstleistung beginnt immer mit einem Visionär, oder sie bleibt aus.

Vision, Strategie, Ziel, Mission

Die Begriffe Vision, Strategie, Ziel und Mission werden oft nur durch ihren zeitlichen Horizont unterschieden. Ziele sind kurzfristig, Strategie sind mittelfristige Ziele, Vision langfristige und Mission unveränderliche Ziele. Alle vier Begriffe sind Ziele.
Im Kontext hoher Dynamik haben diese Begriffe verschiedene Qualitäten und werden in ihrer präzisen Bedeutung benötigt.
Merksätze:

- ↗Vision ist, was einen Visionär antreibt.
- ↗Strategie ist die Kunst des Weglassens.
- ↗Ziel ist die Hoffnung auf zukünftige Zustände.
- ↗Mission sind die ↗Zwecke.

Vorderbühne

↗Hinterbühne / Vorderbühne

W

Wahrnehmung

In der Alltagskommunikation ist Wahrnehmung die Wiederholung der umgebenden ↗Welt als sinnliches Abbild im ↗Bewusstsein. Dies wird auch als Übertragung von ↗Information von außen nach innen beschrieben.
↗Systemtheoretisch ist Wahrnehmung kein Transport, sondern eine ↗Funktion des ↗Bewusstseins. Wie jedes ↗System ist auch das Bewusstsein ↗operational geschlossen. Es nimmt also nur sich selbst wahr. Es kann diese Wahrnehmungen aber externalisieren, das heißt, der ↗Umwelt zurechnen. Die Welt, die das Bewusstsein „sieht", ist also sein eigenes Werk, gestaltet nach dem Kriterium der Nützlichkeit für das System.
Wahrnehmung kann nicht direkt kommuniziert werden. Erst ihre Interpretation als ↗Information kann Ausgangspunkt von ↗Kommunikation sein. Die ↗Wirtschaft oder ein ↗Unternehmen kann nicht wahrnehmen. Beide sind auf die ↗Irritation durch wahrnehmendes Bewusstsein angewiesen.
Im Kontext hoher ↗Dynamik muss ein Unternehmen viel mehr Wahrnehmungen seiner Mitarbeiter integrieren. Die ↗Komplexität, die dazu nötig ist, kann nur die ↗Organisation

des Unternehmens aufbauen. Jedes Management wäre damit überfordert. Auch deswegen ist die Komplexität eines Höchstleisters so hoch.

Wahrheit

Kein soziales ˇSystem kann selbst etwas wahrnehmen, auch ein ˇUnternehmen nicht. Nur das ˇBewusstsein der Mitarbeiter kann wahrnehmen. Durch ˇWahrnehmung erzeugt ein Beobachter seine Wahrheit. Nur wenn Mitarbeiter ihre Wahrheit in die ˇKommunikation einbringen, kann sich das Unternehmen seine eigene Wahrheit schaffen und sich daran orientieren. Bei dieser Konstruktion von Wahrheit und ˇErkenntnis ist ˇIrrtum unvermeidlicher Begleiter, Lüge aber vermeidbare Sabotage. In dynamischer Umgebung ist intensive Wahrnehmung wichtig, denn es gilt, schnell zu reagieren. Lügen sind für Unternehmen daher kein moralisches, sondern ein wirtschaftliches Problem. Je mehr gelogen wird, desto träger und dümmer wird das Unternehmen. Lüge verursacht unnütze Kosten und ist damit teure Verschwendung. Wahrheit hingegen ist eine dynamikrobuste Produktivkraft.
Bemerkung: Unseres Wissens gibt es in keiner Sprache ein Wort für „die Wahrheit sagen". Oder anders: Sagen kann man nur die Wahrheit. Wer lügt, sagt nichts.

Ware / Produkt

ˇProdukt / Ware

Weihnachtsmann-Schnittstelle

Nehmen wir mal an, der Weihnachtsmann ist es leid, dass seine Kundschaft sich jedes Jahr darüber beklagt, er habe nicht alles geliefert, was auf dem Wunschzettel stand. Nehmen wir mal an, ab nächstes Jahr liefert er die Wunschzettel vollständig aus. Ist dann Zufriedenheit? Einmal vielleicht, dann aber werden einfach die Wunschzettel länger.
Eine ˇSchnittstelle, an der neuer Bedarf durch seine Befriedigung erzeugt wird, nennen wir *Weihnachtsmann-Schnittstelle.*
Diese Inflation tritt auf, wenn bei einer ˇasymmetrischen Schnittstelle die ˇSteuerung versagt und der ˇLieferant versucht, den Druck der anderen Seite durch beste Lieferung zu mildern.
Nehmen wir die asymmetrische Schnittstelle zwischen zentraler ˇEDV und Fachabteilung. Solange die Steuerung die Alltagskonflikte durch richtige ˇEntscheidung löst, genießt die EDV ausreichend Ansehen. Kollabiert die Steuerung wegen hoher ˇDynamik, dann gerät der kostenlose Dienstleister EDV unter Druck. Schnell bildet sich öffentlicher Konsens, dass unsere EDV zu teuer, zu langsam und zu dilettantisch ist. Wenn die EDV nun versucht, durch bessere Leistung ihr Ansehen zu steigern, findet sie sich in der Rolle des Weihnachtsmannes wieder. Je mehr sie leistet, desto schlechter sieht sie aus.
Höchstleister lösen dieses Problem durch die Symmetrisierung dieser Schnittstelle.

Siehe auch:

- ↗Schnittstellen
- Denkzettel 23 „**Schnittstellen symmetrisieren** – Basis für Selbstorganisation“, Seite 172

Welt

Welt ist die Einheit der ↗Unterscheidung von ↗System und Umwelt. Welt ist der Beobachtung nicht zugänglich, weil jeder Beobachter selbst Welt ist. Obwohl sie nicht beobachtet werden kann, macht sich die Welt doch bemerkbar. Nicht alles, was denkbar ist, kann auch geschehen. Die Welt setzt den ↗Operationen eines ↗Systems mehr oder weniger Widerstand entgegen. Wir nennen dies die ↗Widerständigkeit der Welt.
Alles, was geschieht, geschieht in der Welt. Die Welt hat kein Außen, ist also selbst kein ↗System. Die Welt ist unendlich komplex. Erst Systeme, die eine Unterscheidung zwischen sich und ihrer Umwelt stabilisieren können, reduzieren die ↗Komplexität der Welt auf ein beobachtbares Maß. So ist Welt nur als Konstruktion verfügbar. Diese Konstruktion ist subjektiv, aber nicht beliebig. Sie ist ein Abbild der vor Ort wahrzunehmenden ↗Widerständigkeit. Von diesem Ort aus erscheint der „Rest der Welt“ als unerreichbarer Horizont.

Wert / Gebrauchswert

Wert ist das, was beim ↗Tausch über eine Marktschnittstelle äquivalent ist. Die konkrete Form des Wertes ist der Preis. Er schwankt gemäß Angebot und Nachfrage um den Wert. Werte und Preise werden „hinter dem Rücken“ der Akteure vom ↗System ↗Wirtschaft gebildet. Sie können zwar irritiert, aber nicht festgelegt werden.
Gebrauchswert ist das private Motiv eines Käufers. Es kann, muss aber nicht benannt werden und kann für jeden Käufer verschieden sein. Der Gebrauchswert ist nicht messbar.

Werte / Verhalten

Das Verhalten unterliegt dem Willen. Die Forderung nach einem bestimmten Verhalten ist vernünftig, denn sie kann erfüllt oder durch ↗Macht erzwungen werden.
Wie alle ↗Gefühle unterliegen auch Werte nicht dem Willen. Sie entstehen durch Erfahrung und stehen im Gedächtnis der ↗Kultur zur Verfügung. Wer sich auf sie bezieht, kann mit Zustimmung rechnen. Deswegen helfen sie bei der ↗Kommunikation. Die Forderung nach bestimmten Werten ist unvernünftig, da sie nicht erfüllt werden kann.
Verhalten und Werte haben ein ↗widerständiges, aber kein kausales Verhältnis. Werte sind Kraftfelder fürs Verhalten. Jeder kann sich gegen seine Werte verhalten. Es ist nur anstrengend und macht ein schlechtes Gewissen.
Werden Werte gefordert, so wird meist das passende Verhalten geheuchelt.

Siehe auch:
- *Hinterbühne / Vorderbühne*
- Kultur
- Kapitel 8.4 „Wer Werte fordert, bekommt Heuchelei", Seite 41

Wertschöpfung

Wertschöpfung ist die Erzeugung von neuem, vorher nicht vorhandenem Wert. Börsengewinne oder ein Bankraub mehren den Wertbesitz des Akteurs, sind aber nicht wertschöpfend. Die einzige Quelle von neuem Wert ist menschliche Arbeit. Maschinen übertragen nur anteilig ihren Wert auf Produkte. Wir definieren Wertschöpfung als „Produktion von Gebrauchswert unter der Bedingung von Konkurrenz und Knappheit".
Gebrauchswert bedeutet, dass es jemanden gibt, der das Hergestellte brauchen kann und deswegen kaufen möchte. Ein Unternehmen stellt also Dinge her, die es selbst nicht brauchen kann.
Konkurrenz bedeutet, dass auch andere das Gleiche vorhaben. Ohne Konkurrenz ist die Herstellung von Gebrauchswert eine private Angelegenheit. Es entsteht weder Preis noch Wert und damit keine Wertschöpfung.
Knappheit bedeutet, dass der Bedarf höher ist als das Angebot. Luftsauerstoff hat einen hohen Gebrauchswert. Seine Herstellung ist aber nicht wertschöpfend, weil er (noch) nicht knapp ist und damit nicht verkauft werden kann.
Im Gegensatz zum Wert ist der Gebrauchswert ein nicht messbares subjektives Kaufmotiv. Jeder Käufer hat andere Motive und rechnet dem Produkt einen anderen Gebrauchswert zu. Der Gebrauchswert ist die externe Referenz, die eine Arbeitshandlung im Unternehmen zur Wertschöpfung macht oder nicht. Ohne diese externe Referenz kann zwischen wertschöpfenden und wertverbrauchenden Tätigkeiten nicht unterschieden werden.
Die Lagerung von Rotwein steigert den Gebrauchswert und damit den gezahlten Preis. Hier ist Lagerung wertschöpfend. Die Lagerung von Autos im Verkaufsraum steigert nicht ihren Wert. Hier ist Lagerung wertverbrauchend. Wertschöpfung ist eine rein ökonomische Kategorie, keine moralische, etwa im Sinne von wertvoll. Es gibt unverzichtbare Tätigkeiten im Unternehmen, die nicht wertschöpfend sind – zum Beispiel Vertrieb, Verwaltung und Management. Bei hoher Dynamik ist nur die Selbststeuerung durch externe Referenz konkurrenzfähig. Wertverbrauchende Tätigkeiten sind interne Referenzen, die sich nicht zur Selbststeuerung eignen. Der übliche Begriff der Wertschöpfungskette basiert nicht auf dieser ökonomischen Unterscheidung und sollte daher gemieden werden.

Wertschöpfung (dual)

Wir nennen die Wertschöpfung eines Unternehmens „dual", wenn die gesteuerten und die dynamikrobusten Anteile konstruktiv koexistieren, weil sie strikt getrennt sind. In tayloristischer Organisation werden die beiden Anteile nicht getrennt. Das funk-

tioniert so lange, wie die dynamischen Anteile so klein sind, dass sie ignoriert werden können.
Bei hoher Dynamik sind die *roten* Anteile zu groß, um sie zu ignorieren. Da sie sich aber unterscheiden wie „Feuer und Wasser", müssen sie getrennt werden. Dabei bilden zwei verschiedene ˇKulturen. Unternehmen, die duale Wertschöpfung brauchen, müssen lernen, mit diesen zwei Kulturen zu leben.
Das alte Motto „Ein Unternehmen – eine Kultur" erzeugt heute ˇHavarien.

Eine duale Wertschöpfung kann sich nur dann entfalten und stabilisieren, wenn beide Welten als notwendig verschieden anerkannt werden. Oft wird versucht, beide Typen der Wertschöpfung nach denselben Kriterien zu organisieren – meist nach tayloristischen. Das bringt beide Welten in ein gegenseitiges Belehrungsverhältnis. Für die dynamikorientierten Bereiche sind die anderen „Bürokraten", für die methodenorientierten Bereiche sind die anderen „Chaoten". Dieser kräftezehrende destruktive Konflikt entspricht einer ˇHavarie.
Duale Wertschöpfung ist also eine besondere Form von Trennung und ˇKopplung innerhalb eines Unternehmens. Wir nennen diese Kopplung „ˇstrukturelle Kopplung" oder auch Kopplung durch Trennung. (Kopplung setzt immer Trennung voraus.)
Ein Teil der Kopplung besteht in einem permanenten „Grenzverkehr". Abläufe, die sich im dynamischen Teil wiederholen, wandern in den tayloristischen Teil. Standardabläufe, die laufend verändert werden müssen, wandern in den dynamischen Teil. Dieser Grenzverkehr bedarf des Managements und wird meist von Produktmanagern verantwortet.
Der Kopplungstyp der dualen Wertschöpfung kann auch in einer Metapher erzählt werden: Die beiden Wertschöpfungstypen sind wie Feuer und Wasser. Der direkte und belehrende Kontakt ist destruktiv. Einer „gewinnt" auf Kosten des anderen. Füllt man das Wasser in einen Kessel und hängt diesen über das Feuer, so ist der Kontakt konstruktiv, zum Beispiel in Form einer warmen Suppe. In Höchstleistungsunternehmen wird der Kessel durch konstruktive soziale ˇSchutzräume gebildet.

ˇAntagonismus
ˇKopplung durch Trennung
ˇKopplung
ˇWiderständigkeit

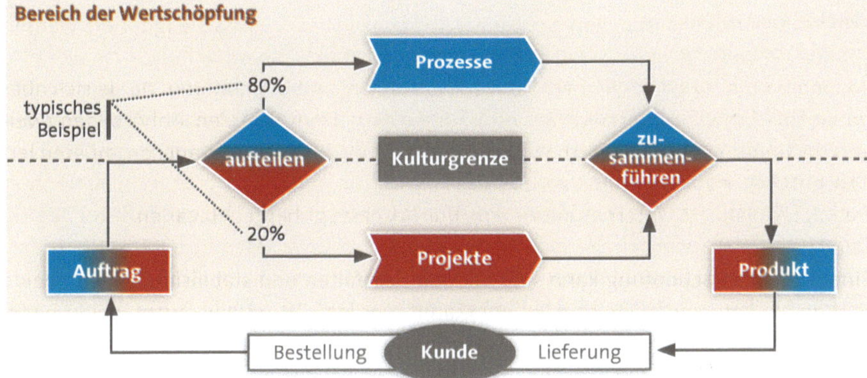

Die Bestellung eines Kunden wird intern aufgeteilt, getrennt bearbeitet und die Ergebnisse zu einem Produkt zusammengeführt.

In einem dynamischen Markt ist keineswegs „alles" dynamisch. Auch bei dynamikrobusten Höchstleistern sind die *blauen* Anteile der Wertschöpfung viel größer als die *roten*. Die Konkurrenzkraft allerdings erwächst in dynamischer Umgebung nur aus den *roten* Anteilen. *Rot* und *Blau* sind also keine Alternativen, sondern die zwei Seiten einer Medaille.

Beispiel: Eine Stadt kauft sich neue Straßenbahnen. Der Hersteller teilt den Auftrag intern in einen kundenneutralen Serienanteil (*blau*) und ein kundenspezifisches Projekt (*rot*). Das ist schwieriger, als es scheint. Die beiden Wertschöpfungen erzeugen zwei Kulturen. Diese sind so unterschiedlich, dass sie sich zueinander verhalten wie Feuer und Wasser. Ein direkter Kontakt würde eine der Seiten zerstören. Gewinnt das *Rote*, so wird die Produktion zu teuer. Gewinnt das *Blaue*, so wird die Produktion unbeweglich. Beides wäre nicht mehr konkurrenzfähig. Deswegen wird meist einer der Anteile zugekauft.

Höchstleister setzen beide Kulturen in ein konstruktives Verhältnis, indem sie diese unter dem eigenen Dach getrennt halten. Im Bild vom „Feuer und Wasser": Nur wenn Wasser durch einen Kessel vom Lagerfeuer getrennt bleibt, gibt es eine warme Suppe als konstruktive Kopplung. Das Motto „Ein Unternehmen, eine Kultur!" gilt für Höchstleister nicht. Trennung von Kulturen bedeutet nicht Trennung von Menschen. Dieselbe Person kann sich in einem Fußballstadion wohlfühlen und in einem Konzert. Die Kulturen dürfen nur nicht verwechselt werden. Mitarbeiter eines Höchstleisters können die interne Kulturgrenze leicht überschreiten. Ärger gibt es nur, wenn dies in belehrender Absicht geschieht. Denn die „kreativen Chaoten" aus der Projektarbeit und die „bürokratischen Betonköpfe" der Serienfertigung können sich beschimpfen, aber nicht belehren.

In dynamischer Umgebung muss die Grenze ständig verschoben werden. Sobald sich im *roten* Bereich Abläufe wiederholen, müssen daraus Prozesse werden (Rationalisierung). Wenn ein Prozess ständig modifiziert werden muss, wird die Arbeit zukünftig von einem Projekt übernommen (Individualisierung). Wir nennen dieses Hin und Her „Grenzverkehr". Weil bei Höchstleistern diese Grenze intern ist, können sie diese leichter und schneller verschieben.

Wertschöpfungskette

Die Wertschöpfungskette ist ein Begriff konservativer Betriebswirtschaft. In dieser Kette werden wertverbrauchende Funktionen wie Vertrieb und Entwicklung und wertschöpfende Funktionen wie Produktion und Transport nicht unterschieden. Alles, was zur ˇWertschöpfung notwendig ist, wird zur Wertschöpfungskette gezählt. Wertschöpfend sind aber nur die ˇFunktionen, die ˇGebrauchswert für den Käufer erzeugen. Im Kontext hoher ˇDynamik ist „Wertschöpfungskette" ein unbrauchbarer und gefährlicher Begriff. Denn nur die tatsächliche Wertschöpfung ist eine ˇexterne Referenz und damit ˇwiderständige ˇLernumgebung. Wertverbrauchende Funktionen sind nur interne Referenzen. Bei japanischen ˇHöchstleistern heißen alle wertverbrauchenden Abläufe „Muda" – Verschwendung.

Wertschöpfungstiefe (Optimierung)

Das Verhältnis von Zukauf und Eigenleistung wird in der Wirtschaft als Wertschöpfungstiefe bezeichnet.
Bei niedriger ˇDynamik ist das wichtigste Kriterium für die Wertschöpfung: niedrige Kosten bei hoher Qualität. Wegen der Skaleneffekte können das große Unternehmen besser als kleine Zulieferer. Deswegen ist Zulieferung die Ausnahme und die Wertschöpfungstiefe möglichst hoch.
Bei hoher Dynamik ändern sich das. Bezahlt wird jetzt vor allem für Flexibilität. Diese ist einfacher zu erreichen, wenn der Anteil der ˇSteuerung durch ˇSelbstorganisation reduziert wird. Steuerung ist zwar kostengünstig, aber nicht flexibel. Das wirksamste Mittel, die eigene Steuerung zu entlasten, ist der Zukauf von Leistung über ˇMarktschnittstellen. Das heißt, für hohe Dynamik muss die Wertschöpfungstiefe reduziert werden.
Die Wertschöpfungstiefe ist optimal, wenn alle ˇSchalenkompetenz über ˇMarktschnittstellen bezogen und alle ˇKernkompetenz intern erzeugt wird.
Höchstleister reduzieren immer bis auf die ˇKernkompetenz.

Siehe auch: Kapitel 13 „Kaufen oder selbst machen?", Seite 59

widerständiges Nest

Das *widerständige Nest* ist eine Metapher für die Umgebung von Projekten, die für ihren Erfolg Schutz und Widerständigkeit gleichzeitig benötigen.

Siehe auch:
- Kapitel 15.4 Das *widerständige Nest*, Seite 75
- ˇProjektmanagement

Widerständigkeit

Ein Papierdrachen kann nur fliegen, wenn ihm die Widerständigkeit der Schnur zur Verfügung steht. Reißt sie, fällt er zu Boden.

Auch die Belegschaft eines ˘Unternehmens und das ˘Management sind über ihre Widerständigkeit ˘strukturell gekoppelt. Sie sind für einander ˘Lernumgebung. Wenn eine Seite die andere einfach machen ließe, könnte nur mit der eigenen ˘Kompetenz gelernt werden. In ˘dynamischer ˘Umgebung ist das nicht konkurrenzfähig.
Wenn die gegenseitige Widerständigkeit nur schwach ist oder gar ausbleibt, sprechen wir von ˘Verwöhnung. Als Konsequenz verblödet die ˘Organisation.

˘Lernen
˘Ko-Evolution
˘strukturelle Kopplung

Wirtschaft
Ab einer bestimmten ˘Komplexität differenziert sich in der ˘Gesellschaft ein Subsystem aus, das die Verteilung knapper Güter übernimmt. Wie alle sozialen ˘Systeme besteht die Wirtschaft aus ˘Kommunikation. Die kommunikative Grundoperation der Wirtschaft ist der äquivalente ˘Tausch knapper Güter zu ihrem ˘Wert. Der Wert einer Ware entsteht durch ˘Wertschöpfung. Das Medium ist ˘Geld.
Die Wirtschaft ist das Kommunikationssystem, das das unwahrscheinliche Ereignis eines Tausches „bedrucktes Papier gegen Mittagessen“ wahrscheinlich macht.

Wissen / Können
˘Können / Wissen

Wissensmanagement
˘Kompetenzmanagement

Zeit
Zeit ist die Einheit der ˘Unterscheidung „vorher/nachher“. Sie wird erzeugt beim Gebrauch von Unterscheidungen. Wenn eine Seite einer Unterscheidung bezeichnet (gemeint) wird, so ist dies nur möglich, wenn die andere Seite nicht gleichzeitig gemeint ist. Sonst wäre nichts gemeint. Wenn also die andere Seite bezeichnet werden soll, kann das nur später erfolgen. Der Wechsel von einer Seite der Unterscheidung zur anderen benötigt ein Nacheinander, also Zeit. Dieser ungewohnte Zeitbegriff ist hilfreich für den Begriff der ˘strukturellen Kopplung, zum Beispiel für die Unterscheidungen ˘Zentrum / Peripherie oder ˘Führung/Geführte.

˘Beobachtung
˘Kausalität

Zentrum / Peripherie

Jedes ↗Unternehmen hat sich bezüglich zweier wichtiger Zwänge zu bewähren. Der eine ist der ↗Markt, der andere die Interessen der Kapitalgeber.
Alle ↗Funktionen eines ↗Unternehmens, die unter dem Druck des ↗Marktes ablaufen, nennen wir Peripherie. Funktionen, die dem Druck der Kapitalinteressen ausgesetzt sind, nennen wir Zentrum. Zentrum und Peripherie sind also weder Orte noch Personen. Die Zentrale ist nicht gleich Zentrum, die Niederlassung nicht die Peripherie.
Mit dieser Unterscheidung lässt sich die Wirkung von Dynamik gut beschreiben.

Siehe auch:

- Kapitel 4 „Taylorismus – Aufstieg und Fall einer genialen Idee“, Seite 17
- Denkzettel 3 „**Zentrum und Peripherie** – ungewollte Struktur von Unternehmen“, Seite 22
- Denkzettel 17 „**Steuerung und Führung** – die zwei Seiten des Managements“, Seite 140

Ziel / Option

Ziele sind Hoffnungen auf zukünftige Zustände, die durch eigene Aktivitäten erreicht werden sollen. Im Gegensatz zu ↗Werten und ↗Visionen können Ziele gesetzt werden. Sie sind Verbrauchsmaterial. Sie verschwinden, wenn sie erreicht sind. Sie sind Episoden (Aristoteles).
Ziele sind nur sinnvoll, wenn sie eine gewisse Zeit ohne Schaden gültig bleiben können. Bei hoher ↗Dynamik gibt es aber viele ↗Überraschungen. Bei jeder dieser Überraschungen müssten die Ziele geprüft und notfalls korrigiert werden. Bleibt dies aus oder ist der Aufwand zu groß, zeigen Ziele schnell in die falsche Richtung.
Höchstleister benutzen deswegen Optionen statt Ziele. Die Optionen sind ein Vorrat an durchdachten, oft auch durchgerechneten Möglichkeiten. Eine dieser Optionen wird gewählt und verfolgt. Ist sie erfolgreich, wird sie verstärkt. Wenn nicht, wird sie lernend vergessen und eine neue aus dem Vorrat aktiviert.
Das ist eine dynamikrobuste Arbeitsweise, die sich natürlich nicht mit zielgebundenen Anreizen verträgt.

↗Zweck
↗Strategie
↗Vision

Zielhierarchie

Wenn in einem ↗Unternehmen Ziele gesetzt werden, dann dürfen sie sich gegenseitig nicht behindern. Deswegen müssen sie hierarchisch aufeinander bezogen sein. Das heißt, ein Ziel ist nur dann zulässig, wenn es einem höheren dient. Damit diese Bedingung geprüft werden kann, müssen Ziele erklärend begründet sein.
Das oberste, triviale Ziel (eigentlich ↗Zweck) jedes Unternehmens ist ein konkurrenz-

fähiger Gewinn. Im System Wirtschaft ist dieses Ziel für alle Unternehmen gesetzt und bedarf keiner Begründung. Es bildet die Spitze der Zielhierarchie.
Alle weiteren Ziele sind direkt oder indirekt über andere Ziele diesem Zweck untergeordnet.
Bei niedriger Dynamik ergibt sich die Begründung der Ziele aus den Sollvorgaben der Steuerung, also aus Plänen und Budgets. Bei hoher Dynamik sind Ziele problematisch und werden durch Optionen ersetzt.

Zufall/Gesetz

Zufall ist nicht „gesetzlos“ oder akausal. Jedes Ereignis, auch das zufällige, kann prinzipiell kausal zurückverfolgt werden. Die Kausalität macht keine Pausen. Da es aber unendlich viele Kausalitäten (Gesetze) gibt, ist der unbekannte Rest immer unendlich groß. Ein Ereignis heißt zufällig, wenn keine dominante Kausalität isoliert werden kann.

Zusicherung (Prinzip)

Das Prinzip der Zusicherung stammt aus der (objektorientierten) Software-Entwicklung. Dort bedeutet es, die Qualität von Daten nur auf der „Sendeseite“ einer Schnittstelle zu sichern. Die „Empfängerseite“ muss sich auf die zugesicherte Qualität verlassen. Jede Maßnahme zur Absicherung gilt als Versteck für Fehler.
Dieses Prinzip passt auch zu den symmetrischen Schnittstellen der Höchstleistungsorganisation. Da das Interesse an der Qualität des Getauschten gemeinsam ist, kann sich der Empfänger auf die Zusicherung des Lieferanten verlassen. Dieses Vertrauen wird benutzt, um auf teure Absicherung und Kontrolle zu verzichten.

Zweck

Zweck ist ein Ziel, das man sich nicht aussuchen kann. Der Zweck eines Unternehmens ist, Gewinn zu machen. Deswegen wurde es gegründet und nur dann kann es überleben. Es ist ungenau zu sagen, Gewinn sei das Ziel eines Unternehmens.
Im Gegensatz zum Ziel kann ein Zweck nicht erreicht werden.
Die Zwecke eines Unternehmens bezeichnen wir als seine Mission.

19 Anhang

19.1 Kommentierte Literaturliste

Der Denkhintergrund für den Umgang mit unserem Thema ist in der Literatur weit verstreut. Wir haben nachfolgend einige Texte ausgewählt, die uns als Einstieg zum Thema dynamikrobuster Höchstleistung geeignet scheinen, und sie kurz (und subjektiv) kommentiert.

Baecker, Dirk, Postheroisches Management – Ein Vademecum, Berlin, 1994. Eine Sammlung überarbeiteter Zeitungsartikel zum Thema Management aus systemtheoretischer Sicht.

Berghaus, Margot, Luhmann leicht gemacht – Einführung in die Systemtheorie, Köln, 2003. Eine erfrischende Einführung mit vielen Beispielen und sogar Bildern.

Brandes, Dieter, Konsequent einfach – Die ALDI-Erfolgsstory, Frankfurt am Main, 1998. Ein Berater, der sein Handwerk als Manager bei einem Höchstleister gelernt hat, berichtet über seine Erfahrungen.

Brödner, Peter, Der überlistete Odysseus – Über das zerrüttete Verhältnis von Menschen und Maschinen, Berlin, 1997. Hervorragend, mit vielen Details. Als Denkbasis wird das „kommunikative Handeln" (Habermas) verwendet. Die Allgemeine Systemtheorie (Luhmann) hat der Autor noch nicht für sich entdeckt.

Collins, Jim, „Der Weg zu den Besten" – Die sieben Managementprinzipien für dauerhaften Unternehmenserfolg, München, 2002. Ein bisschen viel „amerikanische" Romantik, aber zahlreiche Prinzipien der Höchstleister werden gut erläutert, zum Beispiel: Die Lösung eines Dynamikproblems beginnt nicht mit der Frage „Wie?", sondern mit „Wer?".

Coveney, Peter; Highfield, Roger, Anti-Chaos – Der Pfeil der Zeit und die Selbstorganisation des Lebens, Frankfurt am Main, 1992. Eines der besten physikalisch basierten Chaosbücher, bis auf Schwächen im quantenmechanischen Teil (ein Elektron interferiert nicht mit sich selbst) physikalisch sauber, aber trotzdem populär.

DeMarco, Tom, Der Termin – Ein Roman über Projektmanagement, München, 1998. Genial wie fast alles, was DeMarco schreibt, eine Ergänzung zu „Wien wartet auf Dich". Auch lesenswert ist sein Buch: „Spielräume".

Foerster, Heinz von, Einführung in den Konstruktivismus – Beiträge von Glasersfeld,

München, 1997. Der Konstruktivismus ist eine der Säulen der Systemtheorie. Erkenntnis beginnt mit einer Unterscheidung und Bezeichnung. Erst danach kann über die „Welt" nachgedacht werden.

Fuchs, Peter, Niklas Luhmann – beobachtet – Eine Einführung in die Allgemeine Systemtheorie, Opladen, 1993. Ein kleiner Roman, in dem einige theoretische Elemente beobachtet werden können, indem sie geschehen.

Goldratt, Eliyahu M., Das Ergebnis – Ein Roman über profitable Software-Lösungen, Frankfurt am Main, 2000. Wie schon der Roman „Das Ziel" ein Muss-Buch für alle, die den Zusammenhang zwischen Arbeitsorganisation und EDV begreifen müssen.

Goldratt, Eliyahu M.; Cox, Jeff, Das Ziel – Höchstleistung in der Fertigung, Wiesbaden, 1990. Eine beeindruckende Idee: neue Erkenntnisse industrieller Organisation als Roman.

Gripp-Hagelstange, Helga, Niklas Luhmann – Eine erkenntnistheoretische Einführung, Göttingen, 1995. Eine hilfreiche Einführung in die Systemtheorie aus theologischer Sicht.

Imai, Masaaki, Kaizen – Der Schlüssel zum Erfolg der Japaner im Wettbewerb, München, 1992. Ein Klassiker der *Lean Production*. Kaizen ist das ständige Verbessern von bereits Gutem. Das bezieht sich nicht nur auf die Technologie, sondern vor allem auf die Strukturen von Organisation.

Jullien, François, Vortrag vor Managern über Wirksamkeit und Effizienz in China und im Westen – Berlin, 2006. Ein Bericht über die unbekannte Welt chinesischer Denkalternativen. Sie passen gut zu heutiger Dynamik. „Ich setze mir kein Ziel, dies würde mich hindern, die Situation positiv zu entwickeln."

Kühl, Stefan, Wenn die Affen den Zoo regieren – Die Tücken der flachen Hierarchien, Frankfurt am Main, 1995. Interessant, leider immer kurz vor dem Durchbruch zur Erkenntnisweise der Systemtheorie.

Lister, Timothy; DeMarco, Tom, Wien wartet auf Dich, Frankfurt am Main, 1991. Am Beispiel Projektmanagement werden in unterhaltsamer Form Prinzipien moderner Organisationsformen erläutert.

Nonaka, Ikujiro; Takeuchi, Hirotaka, Die Organisation des Wissens – Wie japanische Unternehmen eine brachliegende Ressource nutzbar machen, Frankfurt am Main, 1995. Ein Klassiker zum Thema Wissensmanagement. Das Buch beweist, dass das Wissen übers Wissen schon lange vorhanden ist. Die Frage bleibt offen, warum die meisten einschlägigen Projekte es nicht nutzen.

Oess, Attila, Total Quality Management – Die ganzheitliche Qualitätsstrategie, Wiesbaden, 1991. Ein empfehlenswertes Buch, das das Thema auf dem Niveau der sozio-technischen, computerintegrierten Fertigung behandelt.

Ohno, Taiichi, Das Toyota Produktionssystem, Frankfurt am Main, 1993. Einer der wichtigsten Figuren der japanischen *Lean Production*. Es wird sichtbar, dass mehr dahinter steckt als nur wissensbasierte Methode. Es war die erste Form dynamikrobuster Höchstleistung.

Owen, Harrison, Erweiterung des Möglichen – Die Entdeckung von Open Space. Stuttgart, 1997. Eine der beiden Einführungen des Entdeckers von *Open Space*; eine spannende Möglichkeit, Organisation auch unter komplexen Bedingungen (ohne Steuerung) zu entwickeln.

Pirsig, Robert M., Zen und die Kunst, ein Motorrad zu warten, Frankfurt am Main, 1974. Ein Kultbuch zum Thema Emotion, Technik, Handwerk und vor allem: Qualität.

Pfläging, Niels, Führen mit flexiblen Zielen – Praxisbuch für mehr Erfolg im Wettbewerb, Frankfurt am Main, 2011. Basiswerk zum Thema moderne Unternehmensorganisation. Wer Beispiele für Höchstleister sucht, hier sind sie beschrieben!

Roth, Gerhard, Das Gehirn und seine Wirklichkeit – Kognitive Neurobiologie und ihre philosophischen Konsequenzen, Frankfurt am Main, 1996. Eine konstruktivistische Sicht auf Gehirn und Bewusstes: Das Gehirn ist ein System, was nur mit eigenen Produkten umgeht. Auch die Welt da draußen ist ein eigenes Produkt.

Rubin, Harriet, Machiavelli für Frauen – Strategie und Taktik im Kampf der Geschlechter, Frankfurt am Main, 1997. Kein „Frauenbuch", wie der Untertitel suggeriert, sondern nur ein Buch aus Sicht einer Frau. Das Thema ist die in Managementtheorie übersetzte Bergpredigt, dargestellt am Thema Frauen im Management. Kostprobe: „Wenn man einen Gegner besiegen will, muss man ihm nützen."

Simon, Fritz B., Einführung in Systemtheorie und Konstruktivismus, Heidelberg, 2009. Hier schreibt ein Psychiater über Systemtheorie als Werkzeug für seinen Beruf. „Wer Vorurteile über Psychiater hat, hier kann er sie loswerden!"

Senge, Peter M, „ie fünfte Disziplin – Kunst und Praxis der lernenden Organisation, Stuttgart, 1996. Eine beeindruckende Sicht auf Organisation und ihre Bewegungsformen: „Nicht die Menschen sind das Problem, sondern die Strukturen, in denen sie organisiert sind."

Sprenger, Reinhard K., Vertrauen führt – Worauf es im Unternehmen wirklich ankommt, Frankfurt am Main, 1995. Am Anfang etwas langatmig, dann aber von gewohnter Qualität. These: „Vertrauen wird gestiftet, indem man sich verwundbar macht."

Sprenger, Reinhard K., „Mythos Motivation" – Wege aus der Sackgasse, Frankfurt am Main, 1996. Eine erfrischende Abrechnung mit dem verbreiteten Unfug der Zielsysteme als Mittel zur Motivation. Seit diesem Buch kann man wissen, dass sich moderne Höchstleistung und Belohnungssysteme ausschließen.

Tapscott, Don; Williams, Anthony D., Wikonomics – Die Revolution im Netz. Leider viel amerikanisch-euphorischer Text. Es ist aber eine Witterung aufgenommen von den neuen ökonomischen Möglichkeiten, die das Medium Internet erzeugt.

Taylor, Frederick Winslow, „Die Grundsätze wissenschaftlicher Betriebsführung" – Reprint: Neu herausgegeben und eingeleitet von Walter Bungard und Walter Volpert, Weinheim, 1995. Der Klassiker, das Hauptwerk des Begründers des Taylorismus, mit sehr lesenswertem Vorwort.

Vieweg, Wolfgang, Erfolg durch Management by Options – Eine Technik des Changemanagements, Bad Kreuznach, 2003. Eine tolle Idee, endlich mal aufgeschrieben, leider zu viel Text.

Volpert, Walter, Zauberlehrlinge – Die gefährliche Liebe zum Computer, Weinheim, 1985. Die typische Denkweise von Software-Entwicklern, mit den Augen eines Arbeitspsychologen so scharf beobachtet, dass man sich als Software-Ingenieur ertappt fühlt.

Watzlawick, Paul, Lösungen – Zur Theorie und Praxis menschlichen Wandels, Bern, 1992. Verallgemeinerungen aus der „systemischen Kurztherapie" des Autors. Auf Basis mathematischer Gruppentheorie wird eine Systematik paradoxer Intervention abgeleitet. Das Motto: „Oft ist die Lösung das Problem."

Wiemeyer, Matthias, Kostenrechnung als Irrweg, Forum Führung 6/2006. Über den Irrglauben, die Methoden der Kostenrechnung könnten ökonomische Vernunft ersetzen oder seien mit ihr identisch.

Wiemeyer, Matthias, Aufwind für Könner – Denkwerkzeuge für den Umgang mit Talent und Können, Personalwirtschaft 12/2005. Die Unterscheidung zwischen Wissen und Können wird als Denkwerkzeug für die Personalentwicklung vorgestellt.

Wohland, Gerhard; Huther-Fries, Judith; Wiemeyer, Matthias; Wilmes, Jörg, Vom Wissen zum Können – Merkmale dynamikrobuster Höchstleistung, Bonn, 2004. Eine Studie der Detecon, in der zum ersten Mal das neue Phänomen der Höchstleistung systematisch untersucht wird.

Wohland, Gerhard, Denkwerkzeuge für das Management von Wissen – Innovative Lösungen für ein neues Problem, Diebold Management Report 10.5.2002. Erfahrungen aus einer Projektsanierung im Bereich Wissensmanagement für einen großen Konzern.

Womack, James; et al., Die zweite Revolution in der Autoindustrie – Konsequenzen aus der weltweiten Studie des *Massachussets Institute of Technology*, Frankfurt am Main, 1991. Die berühmte MIT-Studie in Buchform, die dem japanischen Phänomen industrieller Entwicklung den Namen *Lean Production* gab.

19.2 Stimmen zur 1. Auflage des Buches

Seit Jahren nutzen wir die Denkwerkzeuge in Projekten und stellen Sie in Seminaren und Vorträgen vor. Es gibt also bereits einige, die den Nutzen der Denkwerkzeuge aus eigener Erfahrung beurteilen können. Diesen hatten wir die erste Auflage des Buches vorab vorgelegt und um eine Stellungnahme gebeten. Lesen Sie hier die Reaktionen:

Prof. Dr. Walter Ackermann
(Director of the Institute of Insurance Economics, Hochschule St. Gallen)
Wohland und Wiemeyer votieren für weniger Mittelmaß und inspirieren zu mehr Höchstleistung. Ihre vielfältigen Denkwerkzeuge helfen, typische Fallen der tayloristischen Managementlehre zu erkennen und zu überwinden. Lesen Sie beispielsweise das Experiment zur Kundenorientierung.[1]

DI. Andras Bartok-Nagy
(Vorstandsvorsitzender, Europäische Reiseversicherung AG, Budapest)
Viele Lebens- und Berufsjahre bringen einem nicht nur Erfahrungen, sondern auch mehr Vorsicht bei. Insbesondere gegenüber neuen, angeblich alles lösenden Ideen von Beratern wächst instinktiver Widerstand.
So passierte es auch mir, als ich das erste Mal mit den „Denkwerkzeugen" von Dr. Gerhard Wohland und Matthias Wiemeyer konfrontiert war. Doch wenige Minuten nach dem Eintauchen ins Lesen wurde ich plötzlich von einer warmen Welle des bekannten „Aha!"-Gefühls gepackt: Die Autoren haben das Problem unserer Zeit, die dynamische Entwicklung lokaler und globaler Märkte und deren Auswirkungen auf einzelne Unternehmen, richtig und unkonventionell erfasst.

[1] Siehe Kapitel 11.1 „Kundenorientierung: ein Experiment", Seite 52

Das Buch führt uns von den Wurzeln der modernen Industrialisierung à la Taylor bis zur Rezession in den letzten Jahren. Es gibt die Erfahrungen langjähriger Untersuchungen und Analysen aus aller Welt preis, zeigt Unternehmen, die den Herausforderungen mehr als gerecht wurden und schafft endlich Ordnung im Dschungel der Fachbegriffe. Es definiert Worte und Ausdrücke, mit denen allzu oft falsch hantiert wird.
Die Aussagen scheinen oft provozierend, ja sogar brutal zu sein. Aber nach einer kleinen Denkpause muss man zustimmen. Die von Dr. Wohland und Wiemeyer als Paradebeispiel vorgestellten Höchstleistungsunternehmen nutzen unorthodoxe Methoden in Entwicklung, Produktion und Management. Sie sollten jeden Manager der „klassischen Schulen" aufhorchen lassen. Das Buch ermöglicht es Managern aller Ebenen, die dort mit unglaublichem Erfolg eingesetzten Instrumente auch bei kränkelnden (oder dazu tendierenden) Gesellschaften möglichst schnell zu adaptieren.
„Denkwerkzeuge für dynamische Märkte – ein Wörterbuch" von Dr. Gerhard Wohland und Matthias Wiemeyer – ein Muss für jeden Manager, der nach vorne sieht und auf der Suche nach anderswo bewährten Methoden und Management-Instrumenten ist.

Ulrich Beilharz
(Geschäftsbereichsleiter IT Management, T-Systems, Stuttgart)
Wahrscheinlich liegt es in der Natur der Sache, für solche Themen im Zweifel zu wenig Zeit zu haben bzw. sich die Zeit nicht zu nehmen. Ich bin mir sicher, die Denkwerkzeuge werden ein Erfolg!
Man ist gezwungen, neue Perspektiven einzunehmen, um damit kreative Energie freizusetzen. Außerdem wird einem bildlich vor Augen geführt, welche großen Chancen vergeben werden, wenn man nicht bereit ist, über die sogenannten „weichen Faktoren" nachzudenken.

Jörg Bordt
(Senior Vice President Customer Care Management, Deutsche Telekom AG, T-Com, Geschäftsbereich T-Online, Bonn)
Die Autoren provozieren und stellen das, was gestern und heute gültig schien, auf eine sehr erfrischende Art auf den Prüfstand.
Wer jetzt aber neue Methoden erwartet, liegt daneben – es sei denn, die erwartete neue Methode lautet: selber Denken! Das Buch fordert einfach zum Querdenken auf. Querdenken weniger verstanden als revolutionär, als vielmehr „quer" zu den bisher (zugegebenermaßen nicht immer) angeblich Erfolg versprechenden „Weisheiten" der modernen Unternehmensführung!

Prof. Hans Brandt-Pook
(Fachbereich Produktion und Wirtschaft, Fachhochschule Lippe und Höxter, Lemgo)
Die Denkwerkzeuge von Gerhard Wohland und Matthias Wiemeyer sind ein wundervolles Buch!

In einer erfrischenden Sprache werden weit verbreitete Irrtümer entlarvt, bspw. zur Kundenorientierung von Unternehmen, zum Projektmanagement oder zur sogenannten Informationsflut. Die Denkwerkzeuge erläutern das andersartige Denken und Handeln erfolgreicher Unternehmungen – nicht deren Methoden! Das macht die Lektüre spannend und anregend.

Dr. Hartmut Breß
(Leiter Aus- und Weiterbildung, Wieland Werke AG, Ulm)
Diese Publikation eröffnet eine veränderte Perspektive auf das Management von Unternehmen. Die große Dynamik der internationalen Märkte erfordert vor dem praktischen Handeln ein entsprechendes dynamisches Denken. Die Autoren liefern hierfür die passenden Denkwerkzeuge, indem sie mit liebgewordenen Management-Überzeugungen brechen. Die Praktiker in den Betrieben werden veranlasst, Entscheidungen in der tagtäglichen Praxis immer wieder neu auf den Prüfstand zu stellen.

Stefan Decker
(Leiter Servicemanagement, T-Systems Austria, Wien)
Die Denkwerkzeuge für dynamische Märkte erscheinen auf den ersten Blick paradox – die Vernunft im Unsinn, Lösungsansätze wie Taylorismus als Problemursachen, Daten, die Informationen töten.
Die Autoren führen den Leser in eine neue Begriffswelt. Im Umfeld dynamischer Märkte müssen Begriffe und Unterscheidungen anders und präziser als üblich gedacht werden. Folgt der Leser den Autoren, lösen sich Widersprüche auf, und die in den Problemen bereits vorhandenen Lösungen werden sichtbar.
In ihrer exakten und doch sehr anschaulichen Sprache bringen die Autoren dem Leser mit vielen Beispielen die Theorie dynamischer Höchstleister verständlich näher. Jede Aussage wird (fast) mathematisch logisch formuliert und abgegrenzt, jedoch immer wieder anhand von Beispielen im praktischen Umfeld überprüft. So wird Theorie zur Praxis im Kopf. Der Leser beginnt, die Unterschiede zu erfassen und den Wert klarer Begriffe und Theorien als Basis für moderne Problemlösungen zu schätzen.
In diesem Sinn ist auch das Glossar formuliert und lädt immer wieder zum Nachblättern und zur Beschäftigung mit den Begriffen ein. Alles in allem ein Buch von Könnern, das dazu anregt, Höchstleistungen zu fördern.

Dr. Josef Fiala
(Vorstand der Generali Holding Vienna AG, Wien)
Ausgepowert nach einer Arbeitswoche gelang es Herrn Wohland trotzdem, mich in einem Seminar zum Thema Höchstleistungsorganisation mit seinen Ideen und Lösungsansätzen zu fesseln und zu begeistern.
Top-Performance als Teil unserer Unternehmenskultur hat uns in unserer Gesellschaft beschäftigt. Die dargelegten Definitionen sowie die Darstellungen der Entwicklungen

vom Gestern zum Heute haben interessiert, neugierig gemacht und schlussendlich überzeugt.
Dass diese Zugänge für Höchstleistungsorganisationen in der Industrie auch für die Versicherungswirtschaft übersetzbar waren, sprach eindeutig für die entwickelten Denkwerkzeuge. Ich habe viele positive Anregungen konkret für unser Haus mitgenommen.

Dr. Dietmar Freiburg
(Mitglied der Geschäftsleitung, GfK, Darmstadt)
Im Untertitel des Buches sowie im Vorwort weisen die Autoren darauf hin, dass sie das Buch eigentlich nur als „Wörterbuch" geplant hatten. Herausgekommen ist aber nicht nur eine „Werkzeugsammlung", wie die Autoren herausstellen, sondern auch – wie ich meine – ein „Lesebuch" der besonderen Art.
Den Autoren gelingt es in subtiler Weise, den Leser anzuregen, aufzuregen, immer wieder zu irritieren und die komplexe Thematik geschickt zu moderieren. Das hinterlässt nachhaltige Spuren – was wohl auch beabsichtigt ist.
So finden sich viele Passagen, die man durchaus zweimal lesen muss, wie beispielsweise diese: „Die Leistung von Organisation ist also die Herstellung selektiver Ignoranz." Erklärt wird dann, warum Organisationen im selben Umfeld mal besser und mal schlechter funktionieren und was die Gründe für das Kollabieren ganzer Unternehmen sind.
Erstaunlich, mit welch fundierter und umfassender Fach- und Sachkenntnis die Autoren die komplexen Zusammenhänge wie selbstverständlich aufbereiten und dem Leser in verständlicher und spannender Form neue Denkansätze vermitteln.
Insgesamt also ein „spannendes Wörterbuch", das durchaus als „gutes Lesebuch" durchgeht. Ein Muss für alle, die sich nicht mit Standardaussagen der vielen Managementexperten zufriedengeben wollen oder können. Interessant für alle, die im weitesten Sinn mit Führung und Organisationsentwicklung zu tun haben: HR-Experten, Unternehmens- und Organisationsberater und nicht zuletzt die Führungskräfte und Manager selbst.

Martin Frick
(CIO Winterthur Versicherungen, Winterthur)
Wir befinden uns je länger je mehr in einem Umfeld, das sich, nicht zuletzt im Kontext globaler Märkte, durch außerordentliche Komplexität und Dynamik auszeichnet. Unsere Branche ist hierfür ein klares Beispiel. Herkömmliche Vorgehensweisen kommen bald an ihre Grenzen.
Das vorliegende Wörterbuch wirft ein Licht darauf, warum dem so ist und welche zuweilen unorthodoxen Ansätze sich wählen lassen, um mit dieser Komplexität umzugehen. Ich wünsche uns den Mut, die beschriebenen Schritte zu gehen.

Burkhard Gantenbein

(Mitglied des Vorstandes, Generali Versicherung AG, Wien)

Was unter Managern heutzutage als selbstverständliche Konzepte und Methoden gesehen wird, wird in diesem Buch auf beeindruckende/überzeugende Art und Weise hinterfragt.

Endlich ein Buch, das nicht einfach die konventionellen/allgemeingültigen, wenn auch modernen, Management-Methoden und -Trends kritiklos übernimmt, sondern anregt, diese zu hinterfragen.

Die Auseinandersetzung mit der Steuerbarkeit von Unternehmen und die damit verbundene Frage des Verhältnisses Zentral-Dezentral gehört zu den anregendsten/spannendsten Teilen dieses hervorragenden und unkonventionellen Management-Buches.

Ein Buch, das zum Nachdenken zwingt sowie zur eigenständigen Meinungsbildung anregt.

Dean Goff

(Bereichsleiter Leben, Deutscher Ring Lebensversicherungs-AG, Hamburg)

Das Buch, oder besser sein Inhalt, regt dazu an, ausgetretene Pfade des Denkens zu verlassen. Schlagworte wie „Kundenorientierung", „Kulturveränderung" und viele mehr werden auf erfrischende und praxisnahe Weise infrage gestellt.

Dem nicht genug, gibt es Anregungen dazu, nach Verlassen eben dieser wohl bekannten Wege Neue zu finden – nicht allein mit Wissen, sondern auch mit Können und Talenten. Ein lesenswertes Buch, führt es doch an Orte, die andere umso schwerer erreichen können, als sie nicht allein durch Wissen erreichbar sind. Denkwerkzeuge also, die zumindest dazu animieren, Dinge nicht als Tatsache hinzunehmen, nur weil sie lange genug als solche dargestellt wurden.

Karl-Friedrich Grüter

(AXA Service AG Köln, Leiter IS-Poolmanagement)

Ein sehr interessanter Ansatz. Einmal kein Rezeptbuch, sondern ein Buch mit vielen Denkanstößen und der Freiheit, selbst daraus die entsprechenden „Gerichte zu kochen". Genial finde ich, daß es möglich ist, einzelne Denkanstöße in kurzer Zeit (10 Min.) aufzunehmen und z.B. beim Joggen oder auf der Nachhausefahrt zu verarbeiten. Also ein tolles Buch, welches sehr ökonomisch mit der knappen Ressource Zeit umgeht.

Inhaltlich kann ich aus meiner über 25-jährigen Berufserfahrung im Umgang mit Veränderungen in Organisationen bestätigen, dass es wertvolle Denkanstöße sind, die viel Zeit sparen und viele unnötige Ängste bei Mitarbeitern verhindern.

Letztlich ist das Buch „fresslustig" geschrieben. Es macht Spaß, es zu lesen.

Herzlichen Glückwunsch.

Andre W. Guyer
(Head of Global Business Process Transformation, Zurich Insurance Company, Zürich)
Eine anspruchsvolle und erfrischende Erweiterung gewohnter Denkansätze. Geeignet, den geneigten Praktiker aus dem dogmatischen Schlummer lieb gewordener Denkmuster herauszuführen, welche einer komplexen und dynamischen wirtschaftlichen Realität nicht mehr gerecht werden.

Dr. Stefan Horsthemke
(Managing Direktor Deutschland, AXA Art Versicherung AG, Köln)
Herzlichen Glückwunsch zu Ihren tollen „Denkwerkzeugen". Eine überaus spannende und interessante Lektüre. Spannend finde ich vor allem Ihre Herangehensweise an die Themen: nicht nur Management zum Nachmachen, sondern spannende Anregungen, die das Denken über die wirklich wichtigen Themen anregen. Es ist sozusagen eine Anleitung zum Können und nicht nur zum Wissensaufbau im Managementalltag eines Unternehmens.
Viele bekannte Denkansätze werden neu gedacht und gut erläutert. Vor allem die Kapitel Kompliziert und Komplex, Kultur und Können haben mir gut gefallen. Endlich werden auch die Begriffe definiert und erläutert – sehr gut gemacht. Bezüglich Bonifikations- und Anreizsystemen stimme ich Ihnen allerdings nur teilweise zu, würde mich aber gerne auch einer vertieften Diskussion stellen.

Wolfgang F. W. Jungnitsch
(Geschäftsführer, Kommunale Datenverarbeitungszentrale kdvz Rhein Erft Rur, Frechen)
Vielen Dank für die Möglichkeit, Ihr „Wörterbuch" kennenzulernen. Ich bin voll und ganz begeistert.
Ihr Buch als „Wörterbuch" zu bezeichnen, ist Tiefstapeln. Vielmehr ist es ein Lehrbuch, welches jeder Manager und Unternehmensleiter, der heute noch oder wieder erfolgreich sein möchte, zurate ziehen sollte. Klar strukturiert, querdenkerisch mit ungewöhnlichen Schlüssen – aber nicht utopisch oder weltfremd, so stellt sich mir Ihr Buch dar.
Hier liegt ein Werk vor, welches dem Jammern in unserem Land die richtige Antwort gibt! Nicht nur ein Lehrbuch, sondern ein Handbuch für eine erfolgreiche Zukunft.

Andreas Kindt
(Mitglied des Bereichsvorstandes, Deutsche Telekom AG, T-Com, Bonn)
Unsere Wirtschaft ist geprägt von ungebrochen hoher Dynamik. Viele Industrien verändern sich rasant, so auch die Telekommunikationsbranche. Durch technologische Entwicklungen wie das Internet und die zunehmende Konvergenz der Medien verändern sich Geschäftsmodelle grundlegend. Gleichzeitig steigt die Komplexität sprunghaft an. Dr. Gerhard Wohland und Matthias Wiemeyer gehen die sich daraus ergebenden Herausforderungen auf eine sehr erfrischende, andere Art an. Ihr „Wörterbuch" räumt auf, es enthält keine Handlungs-, sondern Denkempfehlungen. Sie zeigen die Grenzen der

Arbeitsteiligkeit auf und postulieren, dass heute kreative Wendigkeit, also Dynamik, wichtiger sei als Größe und minimale Kosten und dass Überraschung zur kreativen Waffe werde.
Ein Blick in die Realität beweist die hohe Relevanz dieser Aussagen. Sie zeigen auf, wie Bewährtes schädlich wird und dass der Erfolg von Höchstleistungs-Unternehmen weniger auf Wissen und mehr auf Können basiert. Das Können von Mitarbeitern zu erkennen und zu beurteilen, sei somit ein wichtiger Erfolgsfaktor der Wirtschaft von heute.
Wer in den dynamischen Märkten von heute erfolgreich sein will, muss kreativ sein und anders denken. Erfolgreiche Unternehmen zeichnen sich nicht dadurch aus, dass sie die klassischen Managementstrategien mustergültig umsetzen. Sie „belästigen ihre Konkurrenten ständig mit überraschenden Ideen". Wer derartige Denkanstöße sucht, dessen Geist wird in „Denkwerkzeuge für dynamische Märkte" fündig. Es nur als „Wörterbuch" zu bezeichnen, wäre ein Understatement.

Hans-Joachim Lindau
(Geschäftsführer INTEA GmbH, Kerpen)
Schon vor einigen Jahren berichtete mir Herr Wiemeyer von den „Denkwerkzeugen der Höchstleister". Seither nutzen wir diese Werkzeuge, um Ursachen und Zusammenhänge verschiedener Probleme präziser zu analysieren und bessere Lösungen zu finden.
Besonders fruchtbar für die Weiterentwicklung unserer Organisation war die gedankliche Unterscheidung zwischen Zentrum und Peripherie. Sie erklärt, wie die hohe Dynamik moderner Märkte konventionelle Organisations- und Steuerungsprinzipien überlastet. Wir haben das Modell als Rahmen genutzt, um für unser Unternehmen konkrete Alternativen zu entwickeln. Diese haben sich seither bestens bewährt.
In unserem Qualitätsmanagement nutzen wir das Werkzeug der „dualen Prozessgestaltung". Verbesserte Übersicht und eine größere Realitätsnähe der abgebildeten Prozesse haben die Akzeptanz unserer ISO-Zertifizierung erhöht. Außerdem können wir uns über spürbare Ergebnisverbesserungen freuen.

Beatrix Marx
(Leiterin Anwendungsentwicklung, Gerling, Köln)
Ein Wörterbuch? – Mehr als ein Wörterbuch! Eine geballte Ladung an Denkanstößen, wundervoll unterlegt mit Beispielen, die einem die Visualisierung leicht ermöglichen. Nicht belehrend, sondern vielmehr wegbegleitend und erklärend.
Ein „Muss" für jeden aufgeschlossenen Manager, der sich den veränderten Rahmenbedingungen der heutigen Zeit stellen will.

Rolf Meinert
(Head of Knowledge Management, Siemens AG, München)
Wenn Ihr Unternehmen alle 18 Monate eine neue Strategie und jedes Jahr Cost-Cutting-Maßnahmen braucht, ist es vielleicht an der Zeit, den Spaten aus der Hand zu legen und

aus dem selbst gegrabenen Loch zu klettern. Dieses Buch wirft Ihnen eine Strickleiter zu. Wer verantwortungsvoll Management-Fragestellungen auf der Höhe der Zeit nachgehen will, sollte dieses Buch gelesen haben.

Matthias Melzer

(Director Training, Campus Avaya-Tenovis, Darmstadt)

Schon seit langem bin ich skeptisch gewesen, ob die bekannten Methoden der Wirtschaft tatsächlich zu den aktuellen Herausforderungen unserer Zeit passen. Dieser Zweifel und so manche Erfahrung haben uns immer wieder dazu veranlasst, nach neuen, eigenen Wegen zu suchen.

Manche unserer Ideen haben wir dann erfolgreich in die Tat umgesetzt. Oft genug ist uns dabei klar geworden, dass niemand unsere Situation und unsere Herausforderungen besser kennt als wir und dass sich kein Beispiel zur Nachahmung anbot. Kurz gesagt: Wir mussten und wollten uns selbst helfen. Allerdings haben wir uns nie die Zeit genommen, die wahre Ursache dafür zu ergründen.

In dieser Hinsicht ist dieses Buch eine wahre Fundgrube, die endlich eine plausible Theorie anbietet und darüber hinaus eine Werkzeugsammlung beinhaltet, die die Umsetzung der Theorie in Aktionen unterstützt. Gäbe es dieses Buch nicht, dann müsste es endlich jemand schreiben.

Michael Werner Müller

(Geschäftsführer, Lean Manufacturing Consulting (LMC), Sindelfingen)

Dynamische Märkte erfordern agile Manager, die in relevanten Dimensionen zukunftsorientiert denken und handeln. Zur Erzielung echter Wettbewerbsvorteile bieten die „Denkwerkzeuge" innovative Ansätze, um sich selbst und die Firmenorganisation immer wieder aktiv infrage zu stellen.

Heinrich Nottbohm

(Leiter Motorenwerk Chemnitz, Volkswagen Sachsen)

Aufstieg und Fall einer genialen Idee.

In Folge der Globalisierung und der Konfrontation mit modernen, hoch flexiblen Märken haben die taylorschen Prinzipien ihre Effizienz verloren.

Durch den Aufbau einer spezifischen Leistungsidentität entwickeln Hochleistungsfirmen eine hohe kreative Wendigkeit (Dynamik) und nutzen diese zur Gestaltung des Marktes, dem ihre Wettbewerber (unter Leistungsdruck) folgen müssen.

Dieses Buch beantwortet die Frage: „Ist Können wichtiger als Wissen?" Es gibt eine hervorragende Orientierung zur Entwicklung einer dynamikrobusten Höchstleistungsidentität unter Verwendung professioneller Denkwerkzeuge.

Prof. Dr. Horst Oberquelle

(Department Informatik, Universität Hamburg)

Organisation, Planung, Steuerung, Wissen, Methoden ... Viele lieb gewordene Konzepte für erfolgreiches Unternehmertum und technische Unterstützung stehen auf dem Prüfstand. Für Höchstleistung in dynamischer Umgebung gewinnen Überraschungen, Können, Führen bis hin zum kreativen Missbrauch von Technologie an Bedeutung.

Dieses Buch wirft einen erfrischenden Blick auf aktuell brennende Probleme der Organisations-, Personal- und Technikentwicklung. Es liefert keine Patentrezepte, aber eine Reihe von Denkwerkzeugen, die kreativ genutzt werden können, um Höchstleistungen zu ermöglichen. Es ist eine Fundgrube für den Praktiker mit theoretischer Fundierung – geschrieben in einer provozierend klaren Sprache.

Ein Buch, das den Leser aufsaugt.

Dr. Mátyás Pálvölgyi

(Vorsitzender des Vorstandes, Generali-Providencia Versicherungs AG, Budapest)

In Mittel- und Osteuropa brachten die letzten 15 Jahre bedeutende Änderungen. Neben den politischen Umstellungen hat sich auch die Wirtschaft umgewandelt und dieser Wandel brachte viele neue Herausforderungen. Diese systembedingten Änderungen und die Einwirkung der Globalisierung führten zu einer hochdynamischen Umgebung für die Gesellschaften, die nun unter diesen veränderten Prämissen eine erfolgreiche Performance erzielen sollen.

Alte Dilemmata und Fragestellungen der Managementwissenschaft wurden durch dieses Buch in einem anderen, neuen Blickwinkel untersucht und neue Antworten gegeben. Anstatt der strikten Hierarchie sollte man durch vernünftige, marktorientierte Arbeitsteilung die effiziente Funktion einer Gesellschaft sicherstellen, eine Balance zwischen Zentrum und Peripherie ermöglichen.

Neben der Betonung, wie wichtig das Messen des Messbaren sei, werden die Manager ermutigt, erneut mehr auf ihr „Bauchgefühl" zu hören und auch den im Unbewussten lauernden Quergedanken Raum zu lassen. Die Führungskräfte werden wiederum gemahnt: Erfolgsrezepte können nicht mehr kopiert werden! Die goldene Regel, dass jede Organisation erst dann erfolgreich ist, wenn die Mitglieder starke, talentierte und emotionell intelligente Menschen sind, kommt zur Geltung wie noch nie zuvor. Der Schlüssel zum Erfolg ist die talentierte Mannschaft, die schnell und flexibel passende Antworten auf die überraschenden Aufgabestellungen eines dynamischen Umfeldes geben kann.

Das Buch lenkt die Aufmerksamkeit darauf, dass die bisher gut bewährten tayloristischen Methoden der Standardisierung nicht mehr als ausschließlich erfolgversprechend gelten können. Die Dynamik und Komplexität der Umgebung zwingt Organisationen zu höherer Eigenkomplexität – was nicht mit höherer Kompliziertheit verwechselt werden darf.

Ich denke, dass dieses Buch für Manager, die mit den neuen Herausforderungen ringen, ein Kompass im Wald der unterschiedlichen Lösungsansätze sein kann, der sie zur Wiese

des Erfolgs führt. Die kompakten und klaren Formulierungen und die handbuchartige Anwendungsmöglichkeit steigert die Benutzerfreundlichkeit dieses Buches für die immer mit Zeitknappheit kämpfenden Führungskräfte.
Ich empfehle, dieses Buch mit ruhigem Herzen mal neben einem Kaffee, in einer ruhigen halben Stunde in die Hand zu nehmen, um hineinzublättern. Man wird mit Sicherheit nicht enttäuscht. Eher bekommt man Appetit, auch in weiteren Verschnaufpausen zu der Gedankenwelt dieses Buches zurückzukehren, um sich gedankliche Anregungen zu holen.

Dr. Jörg Plester
(Leiter Versuchsbau und Wolfgang Geisler, Vorentwicklung Versuchsbau, Volkswagen AG, Wolfsburg)
Noch nie haben sich die Bedingungen, unter denen Unternehmen ihr Geschäft vollbringen müssen, so schnell und so dramatisch geändert wie heute. Dieses Buch gibt dem Leser Denkwerkzeuge an die Hand, mit denen er zu neuen, überraschenden Erkenntnissen über den Zustand des beobachteten Unternehmens und dessen Umfeld gelangen kann. Diese Erkenntnisse eröffnen wiederum neue Handlungsoptionen, um als Unternehmen eigenständige Wege zum Erfolg, d.h. zu einem dynamikrobusten Zustand zu finden.
Uns hat es jedenfalls in diesem Sinne geholfen. Lassen auch Sie sich überraschen.

Hans W. Röhrs
(Kaufmännischer Leiter, Der HOLZRING Handelsgesellschaft mbH, Bremen)
Ein erfrischendes Buch, das dazu einlädt, die eingefahrenen Bahnen und Denkweisen der traditionellen betriebswirtschaftlichen Lehre zu verlassen. Wir bewegen uns im Umfeld des klassischen mittelständischen Großhandels. Die Bewertung von Unternehmenskrisen in Ihren unterschiedlichen Ausprägungen fällt uns heute aufgrund der im Buch vorgeschlagenen präzisen Begriffsdefinitionen und -abgrenzungen leichter. Die Zusammenhänge können in neuem Licht betrachtet werden.
Für mich ein Buch als Denkanstoß für alle, die sich mit Unternehmensführung und -entwicklung beschäftigen. Und Spaß beim Lesen hat man auch.

Prof. Franz Röösli
(Hochschule für Wirtschaft, Basel)
Für moderne Führungskräfte sind die „Denkwerkzeuge“ eine Pflicht und ein Genuss zugleich. Fundiert werden wichtige Denkmuster und Begriffe für die erfolgreiche Führung von heute begreiflich gemacht. Ich wünsche Ihnen viel Erfolg mit dem Buch!

Chris Rupp
(General Manager, SOPHIST GmbH)
Das Buch „Denkwerkzeuge für dynamische Märkte – ein Wörterbuch“ ist fundiert,

durchdacht und setzt sich sehr positiv von der häufig eher oberflächlichen Managementliteratur ab. Ich habe es in zwei Nächten gelesen und sinniere seitdem sehr intensiv über einige der Thesen. Zudem haben mir die Erkenntnisse schon einige interessante, diskussionsreiche Abende beschert.
Ein Werk für all die Manager, die lieber etwas grundlegender nachdenken, als dem x-ten Managementtrend nachzulaufen. Ich empfehle dieses Buch jedem wirtschaftlich orientierten Denker.

Dr. Sebastian Schuh
(Generali Holding Vienna AG, Leiter Strategische Personalentwicklung und GENERALI AKADEMIE, Wien)
Wer sich mit moderner Unternehmensführung beschäftigt, kommt an diesem Buch nicht vorbei. Es zeigt klar auf, dass sich eine dynamikrobuste Höchstleistungsorganisation nicht durch eine einfache, unreflektierte Erhöhung der Anstrengung herstellen lässt, sondern nur durch die konsequente Anwendung entsprechender post-tayloristischer Denk- und Handlungsmuster. Mit ihrem kompendialen Glossar systemischen Managements belegen die Autoren, dass das Wissen für erfolgreiche Unternehmensführung in dynamischen Umwelten beziehungsweise Märkten bereits in der Welt ist und nicht erst neu erfunden werden muss.

Axel Schulz
(Inhaber, OPE-X, Schlossborn)
Als hätte jemand in der öden Wüste der Managementliteratur einen Getränkestand eröffnet.
Wer Managementbücher vor allem gegen Einschlafstörungen einsetzt, sollte von diesem Buch die Finger lassen. Es beschreibt präzise und kenntnisreich, dass viele Selbstverständlichkeiten des Managementalltags längst überholt sind.
Überraschend ist, dass die Denkanregungen sich nicht auf Marginalien, sondern vor allem auf Grundlegendes beziehen. Selbst Begriffen wie Entscheidung, Strategie, Unternehmen, Wertschöpfung oder Ziel gewinnen die Autoren neue Seiten ab. Ein kleines Bonmot:
„Entscheidung setzt Unwissen voraus. ... Entscheidungen sind immer dann nötig, wenn Wissen fehlt und trotzdem gehandelt werden muss ... [deshalb] erzeugen sie Verantwortung und erfordern Mut."
So mancher Manager versucht, sich die Last der Verantwortung zu erleichtern, indem er das Unwissen mit Zahlenakrobatik bekämpft. Allerdings: Wo Unwissen durch Wissen ersetzt werden kann, hat man es aber nicht länger mit Entscheidung zu tun. Dafür braucht man keine Manager, sondern Sachbearbeiter.

Ruth Strutz

(Abteilungsdirektorin Personalwesen, Württembergische und Badische Versicherungs-Aktiengesellschaft, Heilbronn)

Wenn neben Ihnen im Zug oder Flugzeug jemand ein Management-Buch liest und dabei immer wieder schmunzelt, lacht, mit sich selbst redet oder laut „Ja, ja genau!“ ruft, dann hat er wahrscheinlich dieses Buch in der Hand. Es enthält in zwölf kurzen und schlüssigen Kapiteln mehr Wahrheit und Klarheit zu den gängigsten Glaubenssätzen der Management-Lehre, als andere Autoren in zwölf Büchern unterbringen. Wer Handlungsanleitungen erwartet, wird enttäuscht. Wer Weisheiten eines weiteren Management-Gurus konsumieren möchte, wird es beiseite legen. Wer seinen Kopf sortieren und eigene Wege finden möchte, wird es lieben und immer wieder lesen.

Günther M. Szogs

(Direktor Leitung Skill Resources, Commerzbank AG, Frankfurt)

Wohland und Wiemeyer provozieren zum „Denken“: Mitdenken, Nachdenken, Umdenken, Vordenken. Offensichtlich eine vernachlässigte Disziplin. Sich darauf einzulassen, kann auch zum Widerspruch reizen. Aber darum geht es ja gerade: Nicht die kontext- und widerspruchsfreie Kopie von „best practice“ ist für eine hohe Unternehmensperformance gefragt, sondern die kritische Auseinandersetzung zur Erschließung der „best option“ für den Unternehmenserfolg.

19.3 Verzeichnisse

19.3.1 Abbildungen

19.3.2 Denkzettel

Siehe Kapitel 17.1 „Verzeichnis aller Denkzettel", Seite 84

19.4 Stichwortverzeichnis zum Glossar

W

Z

19.5 Die Autoren

Dr. Gerhard Wohland, Jahrgang 1946, Physiker, Softwareingenieur und Managementberater. Seit fast 20 Jahren löst er Unternehmensprobleme im Kontext hoher Dynamik. Wie man das macht, hat er durch neugieriges Beobachten der Höchstleister gelernt. So nennt er Unternehmen, die in dynamischer Umgebung den Marktdruck erzeugen, unter dem andere leiden. Heute ist er einer der führenden Spezialisten für dynamikrobuste Organisation.

Matthias Wiemeyer, Jahrgang 1964, hat Betriebswirtschaftslehre und Philosophie studiert und seine Karriere als Banker begonnen. Nach einer klassischen Managerkarriere war er für einige Jahre Unternehmensberater. In dieser Rolle begleitete er Unternehmen unterschiedlicher Branchen bei wirksamen Veränderungsprozessen für mehr Leistung. Er lebt in der Nähe von Basel und ist als freischaffender Trainer, Berater und Coach tätig.